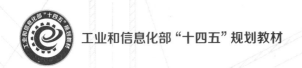工业和信息化部"十四五"规划教材

职业教育电类
系列教材

组态控制技术及应用

微课版

刘小春 张蕾 / 主编

李丹 王婧博 李晓丹 / 副主编

U0390240

ELECTROMECHANICAL

人民邮电出版社

北京

图书在版编目（CIP）数据

组态控制技术及应用：微课版 / 刘小春，张蕾主编
. -- 北京 ：人民邮电出版社，2023.12
职业教育电类系列教材
ISBN 978-7-115-61659-3

Ⅰ. ①组… Ⅱ. ①刘… ②张… Ⅲ. ①自动控制－高
等职业教育－教材 Ⅳ. ①TP273

中国国家版本馆CIP数据核字(2023)第069518号

内 容 提 要

本书选用应用广泛的国产 MCGS 通用版（并拓展嵌入版）为教学软件，以现场典型案例为载体，以培养学生技术应用能力为主线，详细介绍了 MCGS 组态软件技术应用及工程设计方法。本书将知识与技能融入典型项目，以项目为载体，以任务为引领，实现"教、学、做"一体化。全书共 5 个项目，项目一至项目四介绍了 MCGS 通用版组态工程的画面组态、数据对象定义、动画连接、脚本编写和设备组态等系统内容，项目五介绍了 MCGS 嵌入版的应用。本书配有完善的在线开放学习资源，并提供了二维码，读者扫描二维码可观看微课视频。

本书既可以作为高等职业院校电气自动化技术、机电一体化技术、智能控制技术专业的教材，也可作为自动化工控技术相关从业人员的参考书。

◆ 主　编　刘小春　张　蕾
　　副主编　李　丹　王婧博　李晓丹
　　责任编辑　王丽美
　　责任印制　王　郁　马振武
◆ 人民邮电出版社出版发行　　北京市丰台区成寿寺路 11 号
　　邮编　100164　　电子邮件　315@ptpress.com.cn
　　网址　https://www.ptpress.com.cn
　　三河市君旺印务有限公司印刷
◆ 开本：787×1092　1/16
　　印张：16.5　　　　　　　　2023 年 12 月第 1 版
　　字数：413 千字　　　　　　2023 年 12 月河北第 1 次印刷

定价：59.80 元

读者服务热线：(010)81055256　印装质量热线：(010)81055316
反盗版热线：(010)81055315
广告经营许可证：京东市监广登字 20170147 号

前言 PREFACE

《国家职业教育改革实施方案》即"职教 20 条"倡导使用新型活页式、工作手册式教材，并配套开发信息化资源。"职教 20 条"指明了职业教育教材建设的方式及方向。按照"职教 20 条"的文件精神，遵循高职教育"学生为主体"的目标，本书具有如下特点。

1. **活页式教材结构**。全书选用应用广泛的国产 MCGS 通用版（并拓展嵌入版）为教学软件，选取现场典型工作任务，按"项目+任务"的结构进行编写。编写体例设计为"项目描述、学习目标、任务（任务目标、学习导引、任务实施、拓展与提升、成果检查、思考与练习）"，符合学生认知规律，偏重实践技能培养。各项目之间、项目的各任务之间具有一定难易程度递进或逻辑顺序，教师可以根据教学安排只完成部分项目或任务，实现教学内容的有机拆解，达到活页式教材的使用目的。

2. **"岗课赛证"融通**。高效对接工控从业人员职业工作岗位能力培养，并结合轨道交通电气设备装调等"1+X"考证标准，以及中国中车股份有限公司（简称"中国中车"）电气类技能竞赛、全国高职院校电气及机电类技能竞赛规程要求，遴选教材项目，实现教学内容"岗课赛证"融通。

3. **"校企合作"与现场零距离接轨**。深入企业调研，并聘请企业现场工程师为参编人员，校企双元合作开发教材，为教材编写中典型工作任务的选取与提炼提供保障，同时保证内容的正确性、技术的时效性，最大可能地实现教学与岗位需求的零距离对接。

4. **落实立德树人根本任务**。本书全面贯彻党的二十大精神，每个项目都有与教材内容紧密相关的拓展知识，从职业素养、安全生产、科学精神、爱岗敬业、工匠精神、家国情怀、民族自信等多方面将素质教育融入教材，融入课堂教学。

5. **立体化富媒体资源**。教材配套中国大学 MOOC（慕课）在线开放课程，读者可扫描书中二维码观看相应的微课视频，教师可登录人邮教育社区（www.ryjiaoyu.com）获取教学 PPT、部分思考与练习答案等。大量数字化资源与纸质教材相得益彰，助力实现"教师易教，学生易学"的终极服务目标。

本书将知识与技能要求融入项目实施过程，内容适合理实一体化教学，彰显应用型课程的特色。教学学时数建议为 60～80 学时，具体分配方案可参考下面的学时分配表。

项目	课程内容	学时
项目一	物料传送控制系统组态设计与调试	12~16
项目二	水位控制系统组态设计与调试	12~16
项目三	机械手控制系统组态设计与调试	8~12
项目四	自动喷涂系统组态设计与调试	16~20
项目五	工件分拣系统组态设计与调试	12~16
合计		60~80

　　本书由湖南铁道职业技术学院刘小春、张蕾任主编，湖南铁道职业技术学院李丹、王婧博、李晓丹任副主编，湖南铁道职业技术学院陈庆、易韬，湖南铁路科技职业技术学院龚事引，中车时代电动汽车股份有限公司肖乾亮参编，全书由刘小春统稿。

　　由于编者水平有限，书中难免有疏漏和欠缺之处，敬请广大读者提出宝贵意见。

编　者
2023 年 1 月

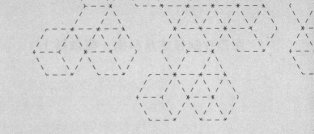

目录 CONTENTS

物料传送控制系统组态设计与调试

••• 项目描述 •••

　　送料小车担任着货物的取、送工作，在现代企业生产车间中应用广泛。本项目的具体要求是：某生产车间根据产品加工类别，分为取料区、半成品加工区和成品加工区 3 个区域。在进行产品加工时，送料小车从原材料取料区取出被加工件，并根据待加工产品类别将其送到不同加工区。取料区存放着毛坯料、雏形料和配件料 3 种货品。本项目假设送料小车从取料区取出的是雏形料，小车右行，将雏形料送至半成品加工区进行半成品加工。加工结束后，小车继续右行，将半成品送至成品加工区，进行成品加工，加工结束后小车返回，一个工作周期结束。如果在运行期间按下停止按钮，该工作单元在本工作周期结束后停止运行。取料区、半成品加工区和成品加工区的限位控制分别由限位开关 SQ1、SQ2 和 SQ3 实现。系统采用 S7-200 CPU224XP AC/DC/RLY PLC 完成控制，工作流程如图 1.1 所示。

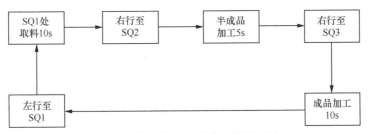

图1.1　物料传送控制系统工作流程

物料传送控制系统组态设计要求如下。

1. 绘制用户窗口界面为"物料传送控制系统"，显示分拣系统示意图。

2. 按下启动按钮时，取料区限位开关 SQ1 动作，小车从取料区取出雏形料，取料时间为 10s。10s 后小车右行，将雏形料送至半成品加工区。到达半成品加工区时，限位开关 SQ2 动作，开始半成品加工，加工时间为 5s。5s 后小车右行，将其送至成品加工区，到达成品加工区时，限位开关 SQ3 动作，进行成品加工，加工时间为 10s。加工结束后小车返回，如此循环。

3. 按下停止按钮，该工作单元在本工作周期结束后停止运行。

4. 上位机对系统运行状态进行指示。

（1）按下启动按钮后，系统进入运行状态，系统运行指示灯绿色常亮，停止时熄灭。

（2）小车前进、后退有对应的移动动画。

（3）小车到达取料区或加工区时，对应的限位开关有动作指示，同时显示取料时间和加工时间。

最终参考效果如图 1.2 所示。

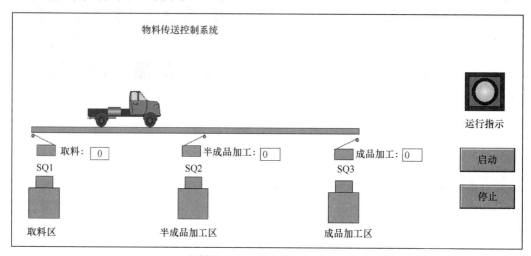

图1.2　物料传送控制系统组态监控参考效果图

••• 学习目标 •••

【知识目标】

1. 了解组态软件的基本知识。
2. 掌握 MCGS 通用版组态软件安装方法。
3. 掌握 MCGS 通用版组态软件工作台各部分简单开发流程。
4. 掌握定时器策略构件的使用。
5. 熟悉 MCGS 脚本程序语法规则及简单脚本编写。

【能力目标】

1. 会下载和安装 MCGS 通用版组态软件。
2. 能使用 MCGS 通用版组态软件开发简单监控界面。
3. 会根据系统要求设计并添加数据对象。
4. 能根据要求设置画面图形动画属性。
5. 会使用定时器策略构件。
6. 会编写简单的脚本控制程序。
7. 会连接西门子 S7-200 PLC 设备，完成系统联调。

【素质目标】

1. 培养信息化素养。
2. 培养脚踏实地、兢兢业业的匠心。
3. 培养坚持不懈的信念。
4. 培养严谨、专注、精益求精、追求极致的工匠精神。
5. 培养分析问题、解决问题的能力。

••• 任务 1.1 MCGS 组态软件安装与工程运行 •••

任务目标

1. 认识通用版 MCGS 组态软件。
2. 掌握 MCGS 通用版组态软件的安装方法。
3. 熟练完成 MCGS 通用版组态软件的安装与简单使用。
4. 了解工程的建立、组态、下载与运行。

学习导引

　　组态就是用应用软件中提供的工具、方法，完成工程中某一具体任务的过程。在组态概念出现之前，要实现某一任务，都是通过编写程序来实现的。编写程序不但工作量大、周期长，而且容易犯错误，不能保证工期。随着工业自动化水平的迅速提高、计算机在工业领域的广泛应用，人们对工业自动化的要求越来越高，种类繁多的控制设备和过程监控装置在工业领域的应用，使得传统的工业控制软件已无法满足用户的各种需求。组态软件的出现解决了这个问题，对于过去需要几个月才能完成的工作，通过组态几天就可以完成。

　　与硬件生产相对照，组态与组装类似，用户能根据自己的控制对象和控制目的任意组态，从而完成最终的自动化控制工程。组态软件具有专业性，一种组态软件只能适合某种领域的应用，工业控制中形成的组态结果是用于实时监控的。MCGS 是北京昆仑通态自动化软件科技有限公司研发的一套基于 Windows 平台、用于快速构造和生成上位机监控系统的组态软件系统，主要用于现场数据的采集与监测、前端数据的处理与控制，具有功能完善、操作简便、可视性好、可维护性强的突出特点。通过与其他相关硬件设备的结合，可以快速、方便地开发各种用于现场采集、数据处理和控制的设备。用户只需要通过简单的模块化组态就可构造自己的应用系统，如灵活组态各种智能仪表、数据采集模块、无纸记录仪、无人值守的现场采集站、人机界面等专用设备。

　　本任务包括以下内容。

1. 认识 MCGS 组态软件，了解其结构和工程组成。
2. 下载和安装 MCGS 通用版组态软件。
3. 创建一个 MCGS 通用版组态工程并运行。

任务实施

一、认知 MCGS 组态软件

1. 什么是 MCGS 组态软件

　　通用监控系统（Monitor and Control Generated System，MCGS）是一套用于快速构造和生成计算机监控系统的组态软件。它能够在基于 Microsoft 的各种 32 位 Windows 平台上运行。

　　MCGS 通过对现场数据的采集处理，以动画显示、报警处理、流程控制和报表输出等多种方式向用户提供解决实际工程问题的方案。它充分利用了 Windows 图形功能完备、界面一致性好和易学易用的特点，比以往使用专用机开发的工业控制系统更具有通用性。

MCGS 具有操作简便、可视性好、可维护性强、功能强大和可靠性高等突出特点，已成功应用于石油化工、钢铁、电力系统、水处理、环境监测、机械制造、交通运输、能源原材料、农业自动化和航空航天等领域。

目前，MCGS 组态软件已成功推出了 MCGS 通用版、MCGS 网络版和 MCGS 嵌入版三类产品。这三类产品风格相同、功能各异。

（1）MCGS 网络版处于监控系统最顶层，主要完成整个系统的信息收集与发布。

（2）MCGS 通用版处于中间层，主要完成通用工作站的数据采集和加工、实时和历史数据处理、报警和安全机制设置、流程控制、动画显示、曲线显示和报表输出等日常性监控事务。

（3）MCGS 嵌入版处于监控系统的最底层，主要完成现场数据的采集、前端数据的处理和控制。

三者完美结合，融为一体，实现了整个工业监控系统从设备采集、工作站数据处理和控制、上位机网络管理和 Web 浏览的所有功能，很好地实现了自动控制一体化的功能。

2. MCGS 组态软件的结构

MCGS 包括组态环境和运行环境两个部分。两部分互相独立，又紧密相关。MCGS 的构成如图 1.3 所示。

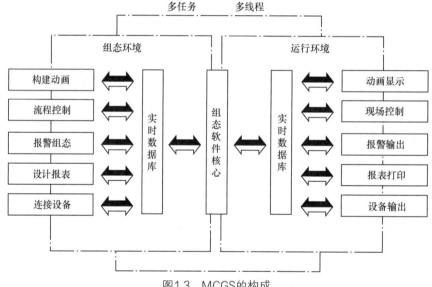

图1.3　MCGS的构成

组态环境相当于一套完整的工具软件。它帮助用户设计和构造自己的应用系统，用户的所有组态配置过程都在组态环境中进行。用户组态生成的结果是一个数据库文件，称为组态结果数据库。

运行环境是一个独立的运行系统，它按照组态结果数据库中用户指定的方式进行各种处理，完成用户组态设计的目标和功能。运行环境本身没有任何意义，必须与组态结果数据库一起作为一个整体，才能构成用户应用系统。一旦组态工作完成，运行环境和组态结果数据库就可以离开组态环境而独立运行在监控计算机上。

MCGS 组态软件所建立的工程由主控窗口、设备窗口、用户窗口、实时数据库和运行策略5 部分构成。每一部分分别进行组态操作，完成不同的工作，具有不同的特性，如图 1.4 所示。

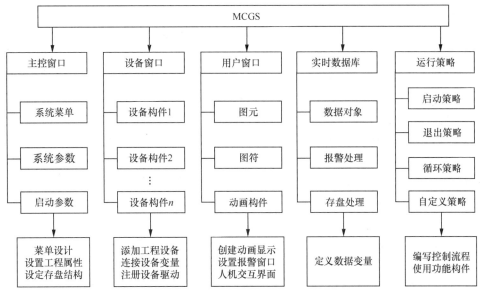

图1.4　MCGS工程的五大部分及各部分功能

　　窗口是屏幕中的一块区域，是一个"容器"，直接提供给用户使用。在窗口内，用户可以放置不同的构件，创建图形对象并调整画面的布局，组态配置不同的参数以完成不同的功能。

　　在 MCGS 的单机版中，每个应用系统只能有一个主控窗口和一个设备窗口，但可以有多个用户窗口和多个运行策略，实时数据库中也可以有多个数据对象。MCGS用主控窗口、设备窗口和用户窗口来构成一个应用系统的人机交互图形界面，组态配置各种不同类型和功能的对象或构件，同时可以对实时数据进行可视化处理。图 1.5 是 MCGS 通用版组态软件工作台界面。

图1.5　MCGS通用版组态软件工作台界面

　　MCGS 组态软件各部分功能如下。

　　① 主控窗口。主控窗口确定了工业控制中工程作业的总体轮廓，以及运行流程、菜单命令、特性参数和启动特性等内容，是应用系统的主框架。

　　② 设备窗口。设备窗口是 MCGS 与外部设备联系的媒介，专门用来放置不同类型和功能的设备构件，实现对外部设备的操作和控制。设备窗口通过设备构件把外部设备的数据采集进来，送入实时数据库，或把实时数据库中的数据输出到外部设备。一个应用系统只有一个设备窗口，运行时，系统自动打开设备窗口，管理和调度所有设备构件使其正常工作，并在后台独立运行。对用户而言，设备窗口是不可见的。

　　③ 用户窗口。用户窗口用于实现数据和流程的"可视化"。用户窗口中可以放置 3 种不同类型的图形对象：图元、图符和动画构件。图元和图符为用户提供了一套完善的设计制作图形画面和定义动画的方法。动画构件对应于不同的动画功能，它们是从工程实践经验中总结出的常用的动画显示与操作模块，用户可以直接使用。通过在用户窗口内放置不同的图形对象，来搭建多个窗口，用户可以构造各种复杂的图形界面，用不同的方式实现数据和流程的"可视化"。

　　④ 实时数据库。实时数据库是 MCGS 的核心，相当于一个数据处理中心，同时也起到公

用数据交换区的作用。MCGS用实时数据库来管理所有实时数据。从外部设备采集来的实时数据送入实时数据库，系统其他部分操作的数据也来自于实时数据库。实时数据库自动完成对实时数据的报警处理和存盘处理，同时它还根据需要把有关信息以事件的方式发送给系统的其他部分，以便触发相关事件，进行实时处理。因此，实时数据库所存储的单元，不仅是变量的数值，还包括变量的特征参数（属性）及对该变量的操作方法（报警属性、报警处理和存盘处理等）。这种将数值、属性、方法封装在一起的数据我们称之为数据对象。实时数据库采用面向对象的技术，为其他部分提供服务，提供了系统各个功能部件的数据共享平台。

⑤ 运行策略。运行策略是对系统运行流程实现有效控制的手段。运行策略本身是系统提供的一个框架，其里面放置由策略条件构件和策略构件组成的"策略行"，通过对运行策略的定义，使系统能够按照设定的顺序和条件操作实时数据库，控制用户窗口的打开、关闭，并确定设备构件的工作状态等，从而实现对外部设备工作过程的精确控制。

图1.6是MCGS通用版组态软件自带样例工程的各部分界面图。

(a) 主控窗口

(b) 设备窗口

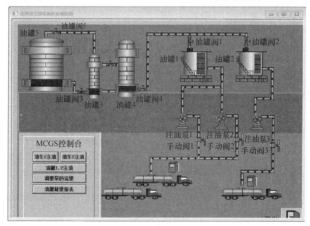
(c) 用户窗口

(d) 实时数据库

(e) 运行策略

图1.6　MCGS通用版组态软件自带样例工程的各部分界面

组态工作开始时，系统只为用户搭建了一个能够独立运行的空框架，但提供了丰富的动画部件与功能部件。

3. MCGS 组态软件常用术语

（1）工程。工程是用户应用系统的简称。引入工程的概念，可使复杂的计算机专业技术更贴近于普通工程用户。在 MCGS 组态环境中生成的文件称为工程文件，后缀为".MCG"，存放于 MCGS 目录的 Work 子目录中，如："D:\MCGS\Work\MCGS 例程 1.MCG"。

（2）对象。对象是操作目标与操作环境的统称。如窗口、构件、数据、图形等皆称为对象。

（3）选中对象。鼠标单击窗口或对象，使其处于可操作状态的操作称为选中对象，被选中的对象（包括窗口）称为当前对象。

（4）组态。在窗口环境内，进行对象的定义、绘制和编辑，并设定其状态特征（属性）参数的工作称为组态。

（5）属性。属性是指对象的名称、类型、状态、性能及用法等特征的统称。

（6）菜单。菜单是执行某种功能的命令集合。如系统菜单中的"文件"菜单命令，是用来处理与工程文件有关的任务的执行命令；位于窗口顶端菜单条内的菜单命令称为顶层菜单，一般分为独立的菜单项和下拉菜单两种形式，下拉菜单还可分成多级，每一级称为次级子菜单。

（7）构件。构件是指具备某种特定功能的程序模块，可以用 VB、Delphi 等程序设计语言编写，通过编译，生成 DLL、OCX 等文件。用户对构件设置一定的属性，并与定义的数据变量相连接，即可在运行中实现相应的功能。

（8）策略。策略是指对系统运行流程进行有效控制的措施和方法，包括启动策略、循环策略、退出策略、用户策略、事件策略、热键策略等。

① 启动策略。启动策略是指在进入运行环境后首先运行的策略，只运行一次，一般完成系统初始化的处理。该策略由 MCGS 自动生成，具体处理的内容由用户充填。

② 循环策略。循环策略是指按照用户指定的周期时间，循环执行策略块内的内容，通常用来完成流程控制任务。

③ 退出策略。退出策略是指退出运行环境时执行的策略。该策略由 MCGS 自动生成、自动调用，一般由该策略模块完成系统结束运行前的善后处理任务。

④ 用户策略。用户策略是指由用户定义、用来完成特定功能的策略。用户策略一般由按钮、菜单和其他策略来调用执行。

⑤ 事件策略。事件策略是指当开关型变量发生跳变时（1 到 0，或 0 到 1）执行的策略，只运行一次。

⑥ 热键策略。热键策略是指当用户按下定义的组合热键（如"Ctrl+D"）时执行的策略，只运行一次。

（9）可见度。可见度是指对象在窗口内的显现状态，分可见与不可见。

（10）变量类型。MCGS 定义的变量有 5 种类型：数值型、开关型、字符型、事件型和组对象。

（11）事件对象。事件对象用来记录和标识某种事件的产生或状态的改变，如开关量的状态发生变化。

（12）组对象。组对象用来存储具有相同存盘属性的多个变量的集合，内部成员可包含多个其他类型的变量。组对象只是对有关联的某一类数据对象的整体表示方法，而实际的操作均针对每个成员进行。

（13）动画刷新周期。动画刷新周期是指动画更新速度，即颜色变换、物体运动、液面升降的快慢等，以毫秒为单位。

（14）父设备。父设备是指本身没有特定功能，但可以和其他设备一起与计算机进行数据交换的硬件设备，如串口父设备。

（15）子设备。子设备是指必须通过一种父设备与计算机进行通信的设备。如：岛电 SR25 仪表、研华 4017 模块等。

（16）模拟设备。在对工程文件进行测试时，提供可变化的数据的内部设备是模拟设备。其可提供多种变化方式。

（17）数据库存盘文件。数据库存盘文件是指 MCGS 工程文件在硬盘中存储时的文件，类型为 MDB 文件，一般以"工程文件的文件名+D"进行命名，存储在 MCGS 目录下 Work 子目录中。

4. 组建组态工程的一般流程

（1）工程项目系统分析。其主要内容包括：分析工程项目的系统构成、技术要求和工艺流程，弄清系统的控制流程和测控对象的特征，明确监控要求和动画显示方式，分析工程中的设备采集及输出通道与软件中实时数据库变量的对应关系，分清哪些变量是要求与设备连接的，哪些变量是软件内部用来传递数据及动画显示的。

（2）工程立项搭建框架。即建立新工程，主要内容包括：定义工程名称、封面窗口名称和启动窗口（封面窗口退出后接着显示的窗口）名称，指定存盘数据库文件的名称及存盘数据库，设定动画刷新的周期。经过此步操作，可在 MCGS 组态环境中，建立由 5 部分组成的工程结构框架。封面窗口和启动窗口可等到建立了用户窗口后，再行建立。

（3）设计菜单基本体系。为了对系统运行的状态及工作流程进行有效的调度和控制，通常要在主控窗口内编制菜单。编制菜单分两步进行：第一步搭建菜单的框架，第二步对各级菜单命令进行功能组态。在组态过程中，可根据实际需要，随时对菜单的内容进行增加或删除，不断完善工程的菜单。

（4）制作动画显示画面。动画制作分为静态图形设计和动态属性设置两个过程。前一过程类似于"画画"，用户通过 MCGS 组态软件中提供的基本图形元素及动画构件库，在用户窗口内"组合"成各种复杂的画面；后一过程为设置图形的动画属性，与实时数据库中定义的变量建立相关性的连接关系，作为动画图形的驱动源。

（5）编写控制流程程序。在运行策略窗口内，从策略构件箱中选择所需功能的策略构件，构成各种功能模块（称为策略块），由这些模块实现各种人机交互操作。MCGS 还为用户提供了编程用的功能构件（称为"脚本程序"功能构件），使用简单的编程语言来编写工程控制程序。

（6）完善菜单按钮功能。其包括对菜单命令、监控器件、操作按钮的功能组态；实现历史数据、实时数据、各种曲线、数据报表和报警信息输出等功能；建立工程安全机制；等等。

（7）编写程序调试工程。利用调试程序产生的模拟数据，检查动画显示和控制流程是否正确。

（8）连接设备驱动程序。选定与设备相匹配的设备构件，连接设备通道，确定数据变量的数据处理方式，完成设备属性的设置。此项操作在设备窗口内进行。

（9）工程完工综合测试。最后测试工程各部分的工作情况，完成整个工程的组态工作，实施工程交接。

二、MCGS 通用版组态软件安装

1.1 MCGS 通用版组态软件安装

MCGS 组态软件是专为标准 Microsoft Windows 系统设计的 32 位应用软件。因此，它必须运行在 Microsoft Windows95、Windows NT 4.0 或以上版本的 32 位操作系统中。推荐使用中文 Windows98、中文 Windows NT 4.0 或以上版本的操作系统。MCGS 通用版组态软件安装程序可到昆仑通态官网下载。具体安装步骤如下。

（1）将 MCGS 通用版组态软件安装文件压缩包解压之后，运行 Setup.exe 文件，如图 1.7 所示。

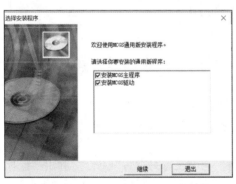

图1.7　MCGS通用版组态软件安装

（2）MCGS 安装初始界面如图 1.8 所示，选中"安装 MCGS 主程序""安装 MCGS 驱动"复制框。

（3）选择安装路径，安装主程序及驱动。单击图 1.8 所示界面下方的"继续"按钮，出现安装向导，如图 1.9 所示。单击图 1.9 中的"下一步"按钮，安装程序将提示指定安装目录，用户不指定时，系统默认安装到 D:\MCGS 目录下，如图 1.10 所示。

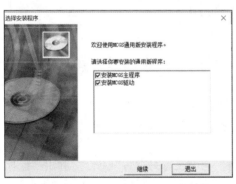

图1.8　安装初始界面

图1.9　安装向导

（4）安装结束。软件安装结束后，在安装页面的底部可以查看到"完成"按钮，单击该按钮即完成安装。

安装完成后，Windows 系统的桌面上添加了图 1.11 所示的两个图标，分别用于启动 MCGS 组态环境和运行环境。

同时，Windows 系统"开始"菜单中也添加了相应的 MCGS 程序组，如图 1.12 所示。MCGS 程序组包括 5 项：MCGS 组态环境、MCGS 运行环境、MCGS 电子文档、MCGS 自述文档及卸载 MCGS 组态软件。MCGS 运行环境

图1.10　安装目录

和 MCGS 组态环境为软件的主体程序，MCGS 自述文档描述了软件发行时的最后信息，MCGS 电子文档则包含了有关 MCGS 最新的帮助信息。

图1.11　MCGS组态环境和运行环境快捷方式图标　　图1.12　"开始"菜单中的MCGS程序组

三、MCGS 通用版组态工程创建与运行

1. 新建工程

1.2　新建工程与运行工程

MCGS 中用"工程"来表示组态生成的应用系统，创建一个新工程就是创建一个新的用户应用系统，打开工程就是打开一个已经存在的应用系统。工程文件的命名规则和 Windows 系统相同，MCGS 自动给工程文件名加上后缀".MCG"。每个工程都对应一个组态结果数据库文件。

> ⚠ 注意
>
> 在 Windows 系统桌面上，通过以下 3 种方式中的任一种都可以进入 MCGS 组态环境。
> ① 鼠标双击 Windows 系统桌面上的"MCGS 组态环境"图标。
> ② 选择"开始"→"程序"→"MCGS 组态软件"→"MCGS 组态环境"命令。
> ③ 按快捷键"Ctrl+Alt+G"。

（1）双击桌面"MCGS 组态环境"快捷方式图标，打开 MCGS 通用版组态环境，进入样例工程。

（2）选择"文件"→"新建工程"命令，如果 MCGS 安装在 D 盘根目录下，则会在 D:\MCGS\Work\下自动生成新建工程，默认的工程名为"新建工程 X.MCG"（X 表示新建工程的顺序号，如 0、1、2 等），如图 1.13 所示。

（3）进入新建工程工作台界面后，选择"文件"→"工程另存为"命令，弹出"保存为"对话框，按希望的路径保存文件。输入文件名，如"物料传送控制系统"，单击"保存"按钮，工程建立完毕，如图 1.14 所示。在保存新工程时，可以更换工程文件的名称。默认情况下，所

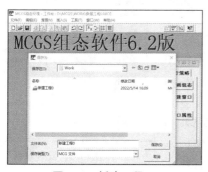

图1.13　新建工程

图1.14　另存工程

有的工程文件都存放在 MCGS 安装目录下的 Work 子目录里，用户也可以根据自身需要指定存放工程文件的目录。

2. 运行工程

单击工具栏中的"进入运行环境"按钮，组态工程运行，显示图 1.15 所示的界面。由于还未对此工程进行开发，故没有可显示的窗口。

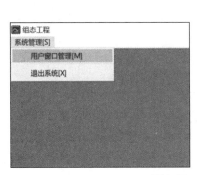

图1.15　运行工程

拓展与提升

一、国内品牌组态软件

MCGS：由深圳昆仑通态自动化软件科技有限公司开发，在市场上主要搭配硬件销售。

三维力控：由北京三维力控科技有限公司开发，核心软件产品初创于 1992 年。

组态王（KingView）：由北京亚控科技发展有限公司开发。该公司成立于 1997 年，目前在国产软件市场中占据着一定地位。

紫金桥（RealInfo）：由大庆紫金桥软件技术有限公司开发。该公司由中国石油天然气集团有限公司大庆石油化工总厂出资成立。

世纪星：由北京世纪长秋科技有限公司开发。该产品自 1999 年开始销售。

其他还有 Controx（开物）、易控等。

其中，万维公司的 InTouch 是较早进入我国的组态软件，组态王是国内第一款较有影响力的组态软件，三维力控也是国内较早出现并应用广泛的软件。而 MCGS 自 1995 年被开发出以来，在自动化组态软件中的发展趋势无论是在技术水平上，还是在销售业绩、市场知名度上，都长期保持领先。目前 MCGS 嵌入版在国内市场上处于绝对领先的位置，得到很多大型工控硬件厂家的大力支持。MCGS 网络版由于采用先进的 Web 浏览技术，具有易开发、免维护的众多优点，也是在国内长期占据绝对优势的产品。

二、国外品牌组态软件

InTouch：由 Wanderer（万维公司）开发，基于 IBM PC 及其兼容计算机的、应用于工业及过程自动化领域的人机界面（HMI）软件。

IFix：由 Intellution 公司开发，现被美国 GE 公司收购。

Citect：由悉雅特集团（Citect）开发。

WinCC：由西门子自动化与驱动集团（A&D）开发。

ASPEN-tech：由艾斯本公司开发。

Movicon：是由意大利自动化软件供应商 PROGEA 公司开发的监控软件。

成果检查（见表1.1）

表 1.1　MCGS 组态软件安装与工程运行成果检查表（10 分）

内容	评分标准	学生自评	小组互评	教师评分
组态软件的下载与安装（5分）	找到企业网站，下载 MCGS 通用版软件；独立成功安装 MCGS 软件。下载与安装过程需指导的扣 2~5 分			
工程创建与运行（5分）	新建组态工程并进入运行环境。认识组态环境和运行环境图标，会创建工程并运行。操作不正确之处每处扣 2 分			
合计				

思考与练习

1. MCGS 组态软件有哪 3 种类型？分别用于什么环境？

2. 什么是 MCGS 组态环境与运行环境？

3. MCGS 通用版软件工作台由哪几部分构成？其核心是什么？

4. 安装 MCGS 组态软件时，除了安装主程序外，还需安装什么？

••• 任务1.2　物料传送控制系统窗口组态及数据对象定义 •••

任务目标

1. 分析物料传送控制系统要求，整体构思上位机系统监控界面。

2. 使用用户窗口工具箱中的简单图形绘制物料传送控制系统监控界面。

3. 根据物料传送控制系统项目要求，设计数据对象名称及类型，添加基本的数据对象。

学习导引

本项目送料小车在 3 个点之间往复运动，小车前进、后退由电机驱动，小车到达每个点时相应的限位开关会动作，这些都需要在上位机中完成运行监视。上位机也可以实现系统的启动和停止控制，因此本任务包括以下内容。

1. 创建"物料传送控制系统"组态工程。

2. 建立用户窗口。根据物料传送控制系统监控要求，使用工具箱图形绘制用户窗口监控界面，包含启动和停止按钮、小车、限位开关、取料和加工时间显示、前进和后退显示等。

3. 根据物料传送控制系统组态工程调试的控制与显示基本需求，在实时数据库中添加对应数据对象，分别用于连接按钮、小车、限位开关、取料和加工时间显示、前进和后退显示等。

任务实施

一、建立工程

（1）双击桌面"MCGS 组态环境"图标，打开 MCGS 通用版软件组态环境，进入样例工程。

（2）选择"文件"→"新建工程"命令，新建工程并保存，如图 1.13 和图 1.14 所示，并将工程文件命名为"物料传送控制系统"。

二、绘制物料传送控制系统画面

1. 创建用户窗口

在工作台界面，单击"用户窗口"标签，在打开的"用户窗口"选项卡右侧单击"新建窗口"按钮，如图 1.16（a）所示。选中新建的"窗口 0"，单击

> 1.3 绘制物料传送控制系统画面

"窗口属性"按钮，弹出"用户窗口属性设置"对话框，将"基本属性"选项卡中的"窗口名称"修改为"物料传送控制"；在"窗口背景"中将背景颜色根据开发需求设置为白色，也可以设置其他需要的颜色；在"窗口位置"区域选中"最大化显示"单选项，"窗口边界"区域选中"可变边"单选项，表示进入运行环境后，窗口按最大化显示，窗口边界可以通过拖动改变窗口大小。如图 1.16（b）所示，单击"确认"按钮退出。

完成用户窗口的创建，如图 1.16（c）所示。

(a) 新建用户窗口

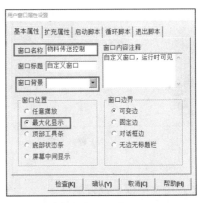

(b) 设置新建用户窗口基本属性

(c) 修改后的用户窗口名称

图1.16　新建用户窗口、设置其基本属性及修改其窗口名称

2. 绘制物料传送控制系统画面

选中"物料传送控制"用户窗口图标，单击"动画组态"按钮（或直接双击"物料传送控制"窗口图标）进入"物料传送控制"窗口，开始组建监控画面。

（1）制作窗口标题

一个复杂的工程可能需要制作多个用户窗口。制作窗口标题便于使用者进入用户窗口界面后快速了解该窗口的作用。

窗口标题文字的位置、字体、大小和颜色可以任意设置，但要保证布局合理、清晰可见、画面美观。

① 单击工具栏中的"工具箱"按钮，打开绘图工具箱。反复单击"工具箱"按钮，可弹出或隐藏绘图工具箱。

② 单击绘图工具箱内的"标签"按钮A，鼠标光标呈"十"字形，拖曳鼠标，在窗口顶端中心位置绘制出一个一定大小的矩形。

③ 在光标闪烁位置输入文字"物料传送控制系统"，按回车键或在窗口任意位置单击，文字输入完毕，如图1.17（a）所示。

④ 如果需要修改输入文字，则单击已输入的文字，然后按回车键就可以进行编辑，也可以单击鼠标右键，在弹出的快捷菜单中选择"改字符"命令，如图1.17（b）所示。

(a) 输入文字

(b) 改字符

图1.17 输入文字并改字符

⑤ 选中文字框，设置属性。

在工具栏中单击"填充色"按钮，设定文字框的背景颜色为"没有填充"；

单击"线色"按钮，设置文字框的边线颜色为"没有边线"。

单击"字符字体"按钮A³，设置文字字体为"宋体"；字形为粗体；大小为"二号"。

单击"字符颜色"按钮，将文字颜色设为"深蓝色"（第1排第6列）。

单击"字体位置"按钮，弹出左对齐、居中和右对齐3个图标，选择第二个图标"居中"。设置完成后的效果如图1.18所示。

⑥ 如果文字的整体位置不理想，可按住鼠标左键拖曳，或利用"←""→""↓""↑"键向需要的方向移动。

⑦ 如果文字框太大或太小，可以拖动文字框周围的白色矩形改变大小。

⑧ 鼠标单击窗口其他任意空白位置，结束文字编辑。

标签的属性设置也可以通过双击选中的标签，进入"动画组态属性设置"对话框修改。

删除文字只要用鼠标选中文字，按"Delete"键即可。

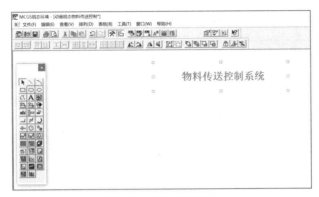

图1.18 设置文字属性

（2）绘制物料传送控制系统

① 绘制传送轨道。单击工具栏中的"工具箱"按钮 ❌，再单击"矩形"按钮 □，此时鼠标光标呈"十"字形，在窗口适当位置按住鼠标左键并拖曳出一个比较长的矩形，填充颜色可选择默认的灰色，用来表示传送轨道。

② 绘制限位开关。单击绘图工具箱中的"矩形"按钮 □，此时鼠标光标呈"十"字形。在窗口适当位置按住鼠标左键并拖曳出一个一定大小的矩形，鼠标单击窗口其他任何一个空白地方，结束第 1 个矩形的编辑。

单击绘图工具箱中"画线"按钮 ╲，此时鼠标光标呈"十"字形，在窗口适当位置按住鼠标左键并拖曳出一条一定长度的直线。单击"线色"按钮 ▣，在下拉选项中选择"黑色"。单击"线型"按钮 ▤，选择合适的线型。调整线的位置：按"←""→""↓""↑"键或按住鼠标拖动，使此斜线绘制起点位于矩形的角点上。调整线的长短：将光标移到一个手柄处，待光标呈"十"字形时，沿线长度方向拖动。调整线的角度：按"Shift"键和"←""→""↓""↑"键，或将光标移到一个手柄处，待光标呈"十"字形后，向需要的方向拖动。

单击绘图工具箱中的"椭圆"按钮 ○，此时鼠标光标呈"十"字形。在窗口适当位置按住鼠标左键并拖曳出一个一定大小的圆，移动圆的位置，使圆接于斜线另一端。

将绘制的矩形、圆、斜线组合成限位开关。同时选中矩形、斜线和圆后单击工具栏中的"构成图符"按钮 🔲，或单击鼠标右键，从弹出的快捷菜单中选择"排列"→"构成图符"命令，生成第 1 个限位开关。

选中第 1 个限位开关，复制、连续粘贴两次，生成第 2、第 3 个限位开关。

选中第 2 个限位开关，单击鼠标右键，在弹出的快捷菜单中选择"排列"→"旋转"→"左右镜像"命令。依此设置第 3 个限位开关的方向，所形成的窗口界面如图 1.19 所示。

③ 绘制取料区、半成品加工区和成品加工区。单击绘图工具箱中的"矩形"按钮 □，此时鼠标光标呈"十"字形。在窗口适当位置按住鼠标左键并拖曳出一个一定大小的矩形，单击窗口其他任何一个空白地方，结束第 1 个矩形的编辑。第 2 个矩形的绘制方法同上。

调整两个矩形的大小和位置，同时选中两个矩形后单击鼠标右键，在弹出的快捷菜单中选择"排列"→"构成图符"命令，生成取料区的图符。

选中取料区图符，复制、粘贴生成半成品加工区和成品加工区图符。同时选中取料区、半成品加工区和成品加工区 3 个图符，单击工具栏中的"上对齐"按钮，将 3 个图符上对齐，鼠标拖动或使用键盘"←""→"键，将 3 个图符分别放置在 3 个限位开关下方，如图 1.20

所示。

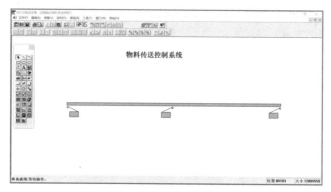

图1.19　传送轨道与限位开关

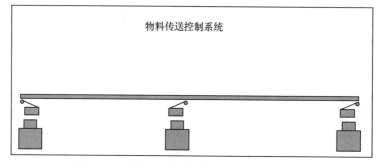

图1.20　取料区、半成品加工区和成品加工区

④ 绘制小车。单击绘图工具箱中的"插入元件"按钮，弹出"对象元件库管理"对话框，双击对话框左侧"对象元件列表"中的"车"，展开该列表项，如图 1.21 所示，从中按需求选择一辆车，如"拖车 3"，单击"确定"按钮，再次进入"对象元件列表"，选择与"拖车 3"车头方向相反的车"拖车 4"，生成第 2 辆小车。

选中两辆小车，单击鼠标右键，在弹出的快捷菜单中分别选择"排列"→"对齐"→"左对齐"和"上对齐"命令，最后将小车移动到轨道左上方，如图 1.22 所示。

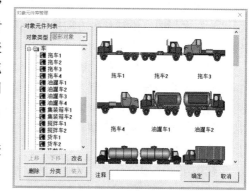

图1.21　选择拖车3和拖车4

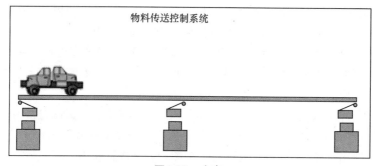

图1.22　小车

（3）绘制启动、停止按钮

单击工具箱中第 6 行第 1 列的"按钮"按钮 ↲，在绘图区移动鼠标光标，待其呈"十"字形后，单击，拖出一个按钮。双击该按钮，弹出"标准按钮构件属性设置"对话框，如图 1.23 所示，修改"按钮标题"为"启动"，单击"确认"按钮退出。调整按钮大小及位置。复制启动按钮，将复制的按钮标题修改为"停止"，调整停止按钮的位置，最后将两个按钮左对齐，排列在界面右侧，如图 1.24 所示。

图1.23 "标准按钮构件属性设置"对话框

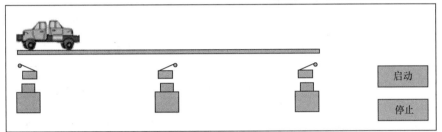

图1.24 启动和停止按钮

（4）绘制指示灯

单击工具箱中第 4 行第 1 列的"插入元件"按钮，弹出"对象元件库管理"对话框，双击对话框左侧"对象元件列表"中的"指示灯"，如图 1.25 所示，展开该列表项，选择一个指示灯，如"指示灯 2"，单击"确定"按钮。调整指示灯的大小和位置，将指示灯放在启动按钮上方位置。

（5）标签

绘制以下标签：限位开关标签、时间文字标签、时间显示标签、工作区标签和运行指示灯标签。

① 限位开关标签。单击工具箱内的"标签"按钮 A，当鼠标光标呈"十"字形后，拖曳鼠标在 SQ1 下方附近适当位置，根据需要拉出适当大小的矩形，在光标闪烁位置开始输入文字"SQ1"，输入完毕后按回车键或鼠标单击窗口其他任意位置结束。

再选中标签，单击鼠标右键，在弹出的快捷菜单中选择"属性"命令，弹出"动画组态属性设置"对话框，如图 1.26 所示，设置填充颜色为"无填充色"、"边线颜色"为"无边线颜色"，可以修改字符颜色，如图 1.27 所示，也可以单击"字体"按钮 A°，在"字体"对话框中修改字体，如图 1.28 所示。

用同样的方法绘制 SQ2 和 SQ3 标签，或者直接复制 SQ1 的文字标签，粘贴生成另外 1 个标签，再选中生成后的标签，单击鼠标右键，在弹出的快捷菜单中选择"改字符"命令，修改文字为"SQ2"。用同样的方法制作 SQ3。

② 时间文字标签。单击工具箱内的"标签"按钮 A，当鼠标光标呈"十"字形后，拖曳鼠标，在 SQ1 右侧适当位置根据需要拖出适当大小的矩形，在光标闪烁位置输入文字"取料："，输入完毕后按回车键或鼠标单击窗口其他任意位置完成文字输入。再次选中标签，单击鼠标右键，在弹出的快捷菜单中选择"属性"命令，打开"动画组态属性设置"对话框，设置"边线

颜色"为"无边线颜色"；并根据需要设置颜色、字体等静态属性。用同样的方法制作"半成品加工："“成品加工："文字标签。

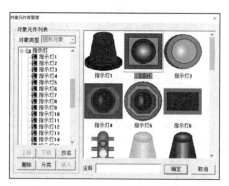

图1.25　选择系统运行指示灯

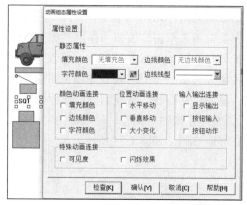

图1.26　"动画组态属性设置"对话框

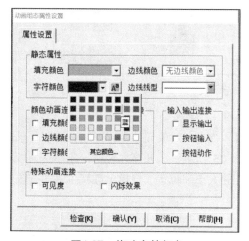

图1.27　修改字符颜色

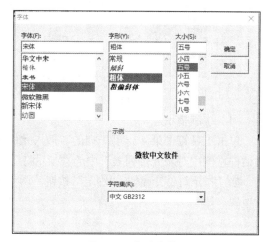

图1.28　修改字体

③ 时间显示标签。在文字"取料："右边制作空白的标签，设置"填充颜色"为"无填充色"，"边线颜色"为"黑色"，字符颜色和字体不修改。将空白标签复制到文字"半成品加工："和"成品加工："右边。

用同样的方法制作"半成品加工："及右侧的空白标签和"成品加工："及右边的空白标签，分别放置在 SQ2 和 SQ3 右侧。

④ 工作区标签。用同样的方法制作"取料区""半成品加工区""成品加工区"工作区标签，并放置在对应区域下方。按需求设置标签边线、颜色与字体等。此处"填充颜色"选择"无填充色"，"边线颜色"选择"无边线颜色"，"字符颜色"选择"黑色"，字体选择"宋体、加粗、四号"。

⑤ 运行指示灯标签。用同样的方法制作"运行指示"标签，静态属性设置与"取料区"标签相同。

所有标签制作完毕的效果如图 1.29 所示。

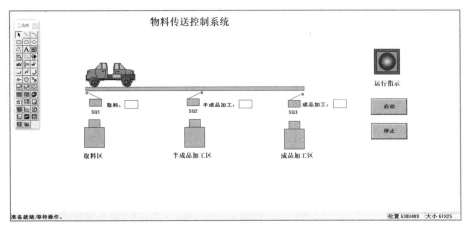

图1.29 标签制作效果

三、定义物料传送控制系统数据对象

前述已知实时数据库是 MCGS 工程的数据交换和数据处理中心。数据变量是构成实时数据库的基本单元,建立实时数据库的过程也是定义数据变量的过程。定义数据变量的内容主要包括:指定数据变量的名称、类型、初始值和数值范围,确定与数据变量存盘相关的参数,如存盘的周期、存盘的时间范围和保存期限等。下面介绍定义物料传送控制系统数据对象的具体步骤。

根据物料传送控制系统的控制及显示要求,本系统的基本信号有启动和停止两个按钮信号,一个运行指示灯信号、小车右行和左行信号及 3 个限位开关信号等。

为了实现脚本程序的模拟调试,需要设置 3 个定时器模拟取料和加工时的延时,因此需添加 3 个定时器的启动条件、复位条件、计时时间及时间到信号。

窗口界面制作了两辆车头方向相反的小车,但是每次只能有一辆小车可见,故必须设置表示小车可见的信号。

系统运行时,监控界面小车要跟随向右或向左移动,故还必须增加使小车水平方向移动的动画实现信号。

1.4 添加数据对象

因此,系统初始数据对象如表 1.2 所示,在工程组态过程中,可根据需要随时增加数据对象。

表 1.2 系统初始数据对象

名称	类型	注释
启动	开关型	控制系统启动,按下为 1,松开为 0
停止	开关型	控制系统停止,按下为 1,松开为 0
运行指示	开关型	系统处在运行状态
左行	开关型	控制小车电机正转
右行	开关型	控制小车电机反转
左行可见	开关型	小车左行时可见
右行可见	开关型	小车右行时可见
SQ1	开关型	取料区限位开关
SQ2	开关型	半成品加工区限位开关

续表

名称	类型	注释
SQ3	开关型	成品加工区限位开关
定时器启动1	开关型	取料定时器启动
定时器启动2	开关型	半成品加工定时器启动
定时器启动3	开关型	成品加工定时器启动
定时器复位1	开关型	取料定时器复位
定时器复位2	开关型	半成品加工定时器复位
定时器复位3	开关型	成品加工定时器复位
时间到1	开关型	取料时间到
时间到2	开关型	半成品加工时间到
时间到3	开关型	成品加工时间到
计时时间1	数值型	取料定时器计时时间
计时时间2	数值型	半成品加工定时器计时时间
计时时间3	数值型	成品加工定时器计时时间
水平移动量	数值型	小车水平移动量

（1）进入"实时数据库"。回到工作台，单击"实时数据库"标签，进入"实时数据库"选项卡，如图 1.30 所示。其中列出的已有数据对象的名称是系统本身自建的变量。

（2）添加表 1.2 中定义的数据对象（变量）。鼠标单击"实时数据库"选项卡空白处，再单击"新增对象"按钮，左侧列表中出现新的数据对象"Data1"，如图 1.31 所示，多次单击"新增对象"按钮，则增加多个数据变量，系统默认定义的名称为"Data1""Data2""Data3"等。

图1.30   "实时数据库"选项卡

图1.31   新增对象

（3）设置数据对象属性。选中新增的数据对象，单击右侧的"对象属性"按钮，或双击选中的数据对象，进入"数据对象属性设置"对话框。按表 1.2 进行变量"启动"按钮的设置，"对象初值"设置为"0"，表示初始状态下，启动按钮未动作；"对象类型"选择"开关"，存盘属性和报警属性不需要修改，"对象内容注释"可根据方便后续理解、查阅的需求写入，如图 1.32 所示，单击"确认"按钮。

（4）重复步骤（2）和（3），按表 1.2 的名称及类型，依次新增"停止""运行指示""左行可见""右行可见""SQ1""SQ2""SQ3""定时器启动1""定时器复位1""时间到1"等开关型数据对象，其"对象初值"都设置为"0"；新增"水

图1.32   "启动"数据对象设置

平移动量""计时时间1""计时时间2""计时时间3"等数值型数据对象,其"对象初值"设置为"0";将表 1.2 中的所有变量全部添加及设置完毕后,得到的实时数据库如图 1.33 所示。

图1.33 实时数据库

拓展与提升

一、绘图工具箱

1. 工具箱中的按钮

在用户窗口中创建图形对象之前,需要从工具箱中选取需要的图形,进行图形对象的创建工作。MCGS 提供了两个工具箱:放置图元和动画构件的绘图工具箱和常用图符工具箱,如图 1.34 所示。从这两个工具箱中选取所需的构件或图符,在用户窗口内进行组合,就构成用户窗口的各种图形界面。

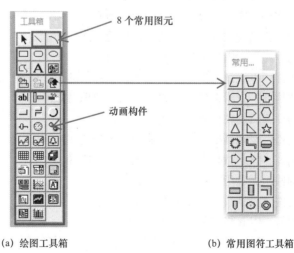

(a) 绘图工具箱   (b) 常用图符工具箱

图1.34 工具箱

单击工具栏中的"工具箱"按钮,打开放置图元和动画构件的绘图工具箱,如图 1.34(a)

所示。其中，第 2～9 个按钮对应于 8 个常用的图元对象，后面的 26 个按钮对应于系统提供的动画构件。

（1）图元是指构成图形对象的最小单元。多种图元的组合可以构成新的、复杂的图形对象。MCGS 为用户提供了下列 8 种图元对象。

① 直线。

② 弧线。

③ 矩形。

④ 圆角矩形。

⑤ 椭圆。

⑥ 折线或多边形。

⑦ 文本。

⑧ 位图。

（2）图符对象是指多个图元对象按照一定规则组合在一起所形成的图形对象。图符对象是作为一个整体而存在的，可以随意移动和改变大小。多个图元可构成图符，图元和图符又可构成新的图符，新的图符可以分解还原成组成该图符的图元和图符。

MCGS 系统内部提供了 27 种常用的图符对象，放在常用图符工具箱中，称为系统图符对象，为快速构图和组态提供方便，如图 1.34（b）所示。系统图符是专用的，不能分解，以一个整体参与图形的制作。系统图符可以和其他图元、图符一起构成新的图符。

动画构件实际上就是将工程监控作业中经常操作或观测用的一些功能性器件软件化，做成外观相似、功能相同的构件，存入 MCGS 的"工具箱"中，供用户在图形对象组态配置时选用，完成一个特定的动画功能，如"指示灯"用于指示颜色的变化或闪烁等。

动画构件本身是一个独立的实体，它比图元和图符包含有更多的特性和功能。MCGS 目前提供的动画构件如下。

① 输入框构件：用于输入和显示数据。

② 流动块构件：实现模拟流动效果的动画显示。

③ 百分比填充构件：实现按百分比控制颜色填充的动画效果。

④ 标准按钮构件：接受用户的按键动作，执行不同的功能。

⑤ 动画按钮构件：显示内容随按钮的动作变化。

⑥ 旋钮输入构件：以旋钮的形式显示输入数据对象的值。

⑦ 滑动输入器构件：以滑动块的形式显示输入数据对象的值。

⑧ 旋转仪表构件：以旋转仪表的形式显示数据。

⑨ 动画显示构件：以动画的方式切换显示所选择的多幅画面。

⑩ 实时曲线构件：显示数据对象的实时数据变化曲线。

⑪ 历史曲线构件：显示历史数据的变化趋势。

⑫ 报警显示构件：显示数据对象所产生的报警信息。

⑬ 自由表格构件：以表格的形式显示数据对象的值。

⑭ 历史表格构件：以表格的形式显示历史数据，可以用来制作历史数据报表。

⑮ 存盘数据浏览构件：用表格的形式浏览存盘数据。

⑯ 文件播放构件：用于播放 BMP、JPG 格式的图像文件和 AVI 格式的动画文件。

⑰ 下拉框：从多个选项中选择一个进行操作。

⑱ 多行文本：用于显示、编辑超过一行的文本内容，最大不超过 64KB。

⑲ 存盘数据处理：通过 MCGS 变量，对数据实现各种操作和数据统计处理。

⑳ 条件曲线：按用户指定的时间、数值、排序等条件，以曲线的形式显示数据。

㉑ 格式文本：用于显示带有格式信息的文本（RTF）文件。

㉒ 相对曲线：显示一个或若干变量相对于某一指定变量的函数关系。

㉓ 计划曲线：根据用户预先设定的数据变化情况，运行时自动地对相应的变量值进行设置。

㉔ 设置时间：用于设置时间范围。

㉕ 选择框：以下拉框的形式，选择打开选定窗口、运行指定的策略或在一组字符串中选择其中之一。

㉖ 通用棒图：将数据变量的值，实时地以棒图或累加棒图的形式显示出来。

（3）按钮 🔼：对应于选择器，用于在编辑图形时选取用户窗口中指定的图形对象。

按钮 🖳：用于从对象元件库中读取存盘的图形对象。

按钮 🖳：用于把当前用户窗口中选中的图形对象存入对象元件库中。

按钮 ⬆：用于打开和关闭系统常用图符工具箱，如图 1.34（b）所示。

2. 构成和分解图符

在工具箱中选中所需要的图元、图符或者动画构件，利用鼠标在用户窗口中拖曳出一定大小的图形，就创建了一个图形对象。

用系统提供的图元和图符，画出新的图形，选择"排列"→"构成图符"命令，构成新的图符，可以将新的图形组合为一个整体使用。如果要修改新建的图符或者取消新建图符的组合，选择"排列"→"分解图符"命令，可以把新建的图符分解回组成它的图元和图符。

⚠ 注意

系统常用图符工具箱中提供的 27 个常用图符不能进行分解。动画构件不能和图元、图符等组成新的图符。

3. 从对象元件库中读取和插入图符

MCGS 设置了称为对象元件库的图形库，用来解决组态结果的重新利用问题。在组态开发过程中，可以把常用的、制作完好的图形对象甚至整个用户窗口存入对象元件库中，需要时，再从对象元件库中取出来直接使用。从对象元件库中读取图形对象的操作方法如下。

单击"工具箱"中的按钮 🖳，弹出"对象元件库管理"对话框，选中对象类型后，从相应的对象元件列表中选择所要的图形对象，单击"确定"按钮即可将该图形对象放置在用户窗口中。

当需要把制作完好的图形对象插入到对象元件库时，先选中所要插入的图形对象，激活按钮 🖳，然后单击该按钮，弹出"把选定的图形对象保存到对象元件库？"提示框，如图 1.35（a）所示。单击"确定"按钮，弹出"对象元件库管理"对话框，默认的对象名为"新图形"。但可以对新放置的图形对象进行修改名字、位置移动等操作，如图 1.35（b）所示。单击"确定"按钮，把新的图形对象存入到对象元件库中。如上述制作的限位开关可以添加至对象元件库中，以备其他组态工程使用。

(a) "把选定的图形对象保存到对象元件库？"提示框　　　(b) "对象元件库管理"对话框

图1.35　保存元件

二、数据对象的类型

在 MCGS 中，数据对象有开关型、数值型、字符型、事件型和数据组对象 5 种类型。不同类型的数据对象，属性不同，用途也不同。

1. 开关型数据对象

记录开关信号（0 或非 0）的数据对象称为开关型数据对象，通常与外部设备的数字量输入、输出通道连接，用来表示某一设备当前所处的状态。开关型数据对象也用于表示 MCGS 中某一对象的状态，如对应于一个图形对象的可见度状态。

开关型数据对象没有工程单位和最大、最小值属性，没有限值报警属性，只有状态报警属性。

2. 数值型数据对象

数值型数据对象除了存放数值及参与数值运算外，还提供报警信息，并能够与外部设备的模拟量输入、输出通道相连接。在 MCGS 中，数值型数据对象的数值范围：负数是 $-3.402\ 823\times10^{38}\sim-1.401\ 298\times10^{-45}$，正数是 $1.401\ 298\times10^{-45}\sim3.402\ 823\times10^{38}$。

数值型数据对象有最大和最小值属性，其值不会超过设定的数值范围。当数值型数据对象的值小于最小值或大于最大值时，其值分别取为最小值或最大值。

数值型数据对象有限值报警属性，可同时设置下下限、下限、上限、上上限、上偏差和下偏差 6 种报警限值，当数值型数据对象的值超过设定的限值时，产生报警；当数值型数据对象的值回到所设的限值之内时，报警结束。

3. 字符型数据对象

字符型数据对象是存放文字信息的单元，用于描述外部对象的状态特征，其值为多个字符组成的字符串，字符串长度最长可达 64KB。字符型数据对象没有工程单位和最大、最小值属性，也没有报警属性。

4. 事件型数据对象

事件型数据对象是用来记录和标识某种事件发生或状态改变的时间信息。例如，开关量的状态发生变化，用户有按键动作、有报警信息产生等，都可以看作一种事件发生。事件发生的信息可以直接从某种类型的外部设备获得，也可以由内部对应的策略构件提供。

事件型数据对象的值是由 19 个字符组成的定长字符串，用来保留当前最近一次事件所发生的时刻："年,月,日,时,分,秒"。年用四位数字表示，月、日、时、分、秒分别用两位数字表示，之间用逗号分隔。如"1997,02,03,23,45,56"，即表示该事件发生于 1997 年 2 月 3 日 23 时 45 分

56 秒。当相应的事件没有发生时，该对象的值固定设置为"1970,01,01,08,00,00"。

事件型数据对象没有工程单位和最大、最小值属性，没有限值报警，只有状态报警。但不同于开关型数据对象，事件型数据对象对应的事件发生一次，其报警也发生一次，且报警的发生和结束是同时完成的。

5. 数据组对象

数据组对象是 MCGS 引入的一种特殊类型的数据对象，类似于一般编程语言中的数组和结构体，用于把相关的多个数据对象集合在一起，作为一个整体来定义和处理。例如在实际工程中，描述一个锅炉的工作状态有温度、压力、流量、液面高度等多个物理量，为便于处理，定义"锅炉"为一个组对象，用来表示"锅炉"这个实际的物理对象，其内部成员则由上述物理量对应的数据对象组成，这样，在对"锅炉"对象进行处理（如进行组态存盘、曲线显示、报警显示）时，只需指定数据组对象的名称"锅炉"，就包括了对其所有成员的处理。

数据组对象只是在组态时对某一类对象的整体表示方法，实际的操作则是针对每一个成员进行的。如在报警显示动画构件中，指定要显示报警的数据对象为数据组对象"锅炉"，则该构件显示数据组对象包含的各个数据对象在运行时产生的所有报警信息。

> ⚠ **注意**
>
> 数据组对象是多个数据对象的集合，应包含两个以上的数据对象，但不能包含其他的数据组对象。一个数据对象可以是多个不同数据组对象的成员。

成果检查（见表1.3）

表 1.3　物料传送控制系统窗口组态及数据对象定义成果检查表（20 分）

内容	评分标准	学生自评	小组互评	教师评分
工程建立（1分）	新建工程，并按指定要求完成工程命令，按路径保存好。不符合要求之处每处扣 0.5 分			
用户窗口创建及属性设置（1分）	新增用户窗口，并按要求设置基本属性，包含窗口名称、窗口背景、窗口位置。不符合要求之处每处扣 0.5 分			
传送轨道和限位开关绘制（4分）	轨道高度和长度合理；限位开关大小合理、连接处美观，处于轨道下方，横向排列均匀。不符合要求之处每处扣 1 分			
小车制作（1分）	2 辆小车车头方向相反，重叠放置于轨道左上方。不符合要求之处每处扣 0.5 分			
按钮制作（1分）	2 个按钮大小合理，排列整齐。不符合要求之处每处扣 0.5 分			
文本标签（2分）	文字正确，大小合理，文字能全部显示，与被标注对象位置排列合理。不符合要求之处每处扣 1 分			
数据对象定义（10分）	数据对象名称合理、属性设置正确，满足要求。不合理或不能满足要求之处每处扣 1 分			
合计				

1. MCGS 系统提供的图形对象分为哪 3 种类型？

2. 如何修改错误的文字？

3. 开关型数据对象与数值型数据对象有什么区别？按钮、开关应该设置为哪种类型的数据对象？电压应该设置为哪种类型的数据对象？

4. 用图元"矩形"制作一个按钮，在其正中间添加文字"启动"；添加名为"启动"的数据对象，"对象类型"为"开关"。

5. 在窗口中添加文字"人民邮电出版社"，要求无填充色、无边线，字体颜色为"黑色"，字体为"隶书"，字形为"常规"，大小为"小二"号。

••• 任务 1.3　物料传送控制系统动画组态 •••

任务目标

1. 对物料传送控制系统的控制及显示要求进行分析，整体构思系统动画。

2. 按控制及显示要求正确设置物料传送控制系统各图形动画连接。

学习导引

由图形对象搭制而成的图形画面是静止不动的，需要对这些图形对象进行动画设计，真实地描述外部对象的状态变化，达到过程实时监控的目的。MCGS 实现图形动画设计的主要方法是将用户窗口中的图形对象与实时数据库中的数据对象建立相关性连接，并设置相应的动画属性。在系统运行过程中，图形对象的外观和状态特征由数据对象的实时采集值驱动，从而实现了图形的动画效果。

本任务要求在用户窗口单击"启动"按钮、"停止"按钮能完成系统的启动运行与停止；单击"启动"按钮时，取料区限位开关 SQ1 动作，模拟小车从取料区取出雏形料，取料时间为 10s；10s 后小车右行，将雏形料送至半成品加工区，到达半成品加工区时，限位开关 SQ2 动作，加工时间为 5s；5s 后小车右行，将其送至成品加工区，到达成品加工区时，限位开关 SQ3 动作，进行成品加工，加工的时间为 10s；成品加工结束后小车返回初始位置，如此循环。如果在运行期间单击"停止"按钮，系统在本工作周期结束后停止运行。取料区、半成品加工区和成品加工区的限位控制分别由限位开关 SQ1、SQ2 和 SQ3 控制。本工程中需要绘制动画效果的部分如下。

1. 设置"启动"按钮、"停止"按钮操作属性，操作按钮时改变对应数据对象的值。

2. 运行指示灯使用"填充颜色"动画连接实现颜色变化，用来指示系统运行状态。

3. 为显示小车向前和向后的移动动画效果，2 辆小车需设置"水平移动"的动画连接；为显示小车左行和小车右行时相应车头方向的小车在移动，应设置小车的"可见度"属性。

4. 为表示小车到达取料区、半成品加工区、成品加工区，设置限位开关 SQ1、SQ2、SQ3 的颜色变化，此功能使用"填充颜色"动画连接实现。

5. 为实时显示取料或加工的进度，在每个位置设置了计时时间的显示。此动画使用标签的

"显示输出"动画连接。

任务实施

一、按钮及指示灯动画连接

1. "启动"按钮、"停止"按钮属性设置

① 在"物料传送控制系统"用户窗口中，双击"启动"按钮，弹出"标准按钮构件属性设置"对话框，如图1.36所示。

② 在"操作属性"选项卡中，选中"数据对象值操作"复选框，选择操作类型为"按1松0"，如图1.37所示。

1.5 按钮及指示灯动画连接

图1.36 "标准按钮构件属性设置"对话框

图1.37 "启动"按钮操作属性设置

③ 单击"？"按钮，弹出按钮数据对象列表，如图1.38所示，双击选择"启动"数据对象，再单击图1.37中的"确认"按钮后退出对话框。

在"物料传送控制系统"用户窗口中双击"停止"按钮，进入"标准按钮构件属性设置"对话框，选择数据对象操作类型为"按1松0"，单击"？"按钮，双击选择"停止"数据对象，单击"确认"按钮后退出对话框。到此，"启动"按钮、"停止"按钮的动画连接设置完毕。

2. 指示灯动画连接

① 双击用户窗口中的运行指示灯，弹出"单元属性设置"对话框。打开"动画连接"选项卡，选中第1行，设置三维圆球可见度的连接，行末出现"？"和">"按钮，如图1.39所示。

图1.38 按钮数据对象列表

② 单击">"按钮，弹出"动画组态属性设置"对话框，在"属性设置"选项卡中可设置第1个三维圆球的属性，如图1.40所示。

③ 选择"可见度"选项卡。在"表达式"一栏，单击"？"按钮，弹出当前用户定义的所有数据对象列表，双击"运行指示"数据对象（或在表达式下直接输入文字"运行指示"）。在"当表达式非零时"区域，选中"对应图符可见"单选项，如图1.41所示，单击"确认"按钮后退出该对话框。

图1.39　"单元属性设置"对话框

图1.40　运行指示灯属性设置

选中图 1.39 中动画连接的第 2 行，同样设置第 2 个三维圆球的动画连接。单击第 2 行的"三维圆球"，行末出现"？"和">"按钮，单击">"按钮，弹出"动画组态属性设置"对话框，选择"可见度"选项卡，在"表达式"一栏，单击"？"按钮，弹出当前用户定义的所有数据对象列表，双击"运行指示"数据对象。在"当表达式非零时"区域，选中"对应图符不可见"单选项，如图 1.42 所示，单击"确认"按钮退出。至此运行指示灯动画连接结束。

图1.41　运行指示灯可见度设置

图1.42　第2个三维圆球可见度设置

二、小车动画连接

1.　水平移动动画连接

① 打开"查看"菜单，选中"状态条"选项，窗口右下方出现选中对象的位置和大小的数据，如图 1.43 所示。

② 选中轨道，查看状态条数据，显示为"**位置 230X239　大小 660X12**"（该数据根据实际绘制的图形位置和大小显示），说明轨道长度为 660 像素，高度为 12 像素。再选中小车，从状态条观察到小车长度为 150 像素，则 510 像素（660 像素–150 像素）是小车从轨道最左端移动到最右端的距离。

③ 选中车头朝右的小车（以下简称"小车 1"），如果无法选中，可先移动车头朝左的小车（以下简称"小车 2"），将两辆小车位置错开，设置完毕再恢复原位置。双击小车 1，进入"单元属性设置"对话框。

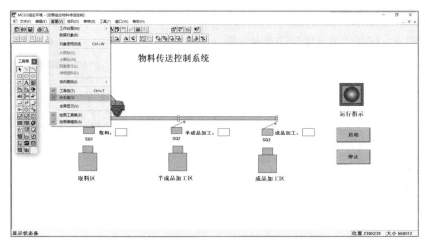

图1.43　状态条

④ 打开"动画连接"选项卡，选中第 1 行的"组合图符"，如图 1.44 所示。

⑤ 单击第 1 行右侧的"＞"按钮，在弹出的对话框中选择"水平移动"选项卡，如图 1.45 所示。

图1.44　小车1"动画连接"选项卡

图1.45　小车1"水平移动"选项卡

⑥ 将"水平移动"选项卡中的"表达式"改为"水平移动量"，"最大移动偏移量"改为"510"，如图 1.46 所示。即表示最开始小车在初始位置，当"水平移动量"数据对象值按一定规律增加至 100 时，小车将往右移动至轨道最右端。"水平移动量"数据对象变化的规律在后续脚本或程序中设置。

选中小车 2，按同样的方法设置小车 2 水平移动动画属性。"表达式"和"水平移动连接"对应的数据对象与小车 1 相同。

2. 小车可见度动画连接

系统运行过程中，只能出现一辆小车，因此需要对小车设置可见度。选中小车 1，在图 1.45 中，选择"属性设

图1.46　小车1水平移动动画属性设置

置"选项卡，在"特殊动画连接"区域选中"可见度"复选框，如图 1.47 所示。打开"可见度"选项卡，在"表达式"一栏填入"右行可见=1or 水平移动量=0"；在"当表达式非零时"区域选中"对应图符可见"单选项，表示当小车右行或小车位于最左端时，小车 1 可见，如图 1.48 所示。

再选中小车 2，用同样的方法添加可见度动画连接，在"表达式"一栏输入"左行可见"，在"当表达式非零时"区域中，选中"对应图符可见"单选项，表示当小车左行时，小车 2 可见，如图 1.49 所示，单击"确认"按钮保存。

图1.47　添加可见度动画连接

图1.48　小车1可见度设置

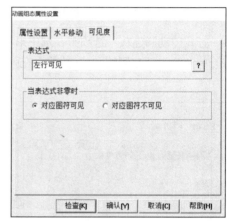

图1.49　小车2可见度设置

三、限位开关动画连接

添加每个限位开关的颜色变化动画，用来表示小车到达该位置。添加限位开关按钮操作属性，用来完成模拟运行调试。

1. 填充颜色动画连接

① 双击 SQ1 限位开关，弹出"动画组态属性设置"对话框，选中"填充颜色"和"按钮动作"复选框，如图 1.50 所示。

② 打开"填充颜色"选项卡，"表达式"选择"SQ1"，在"填充颜色连接"区域，单击"增加"按钮，添加"0"和"1"两个分段点，分段点"0"对应颜色选择灰色，分段点"1"对应颜色选择红色，如图 1.51 所示。

2. 按钮动作动画连接

图1.50　添加限位开关动画连接

打开"按钮动作"选项卡，选中"数据对象值操作"复选框，操作类型选择"取反"，连接对象选择"SQ1"，如图 1.52 所示。

图1.51（彩图）

1.7 限位开关动画连接

图1.51 SQ1填充颜色属性设置　　　　图1.52 SQ1按钮动作属性设置

按同样的方法完成 SQ2 和 SQ3 两个图符的填充颜色和按钮动作属性设置，"填充颜色"表达式连接和"数据对象值操作"连接分别对应"SQ2"和"SQ3"。

四、时间显示动画连接

将用于时间显示的标签与定时器当前计数值的数据对象连接，用于实时显示取料时间、半成品加工时间和成品加工时间。

（1）双击文字"取料："右侧的空白标签，进入"动画组态属性设置"对话框，选中"显示输出"复选框，如图 1.53 所示。

（2）进入"显示输出"选项卡，设置动画连接。"表达式"选择"计时时间1"；"输出值类型"选择"数值量输出"；"输出格式"用于设置输出数据的对齐方式、整数和小数位数，此处选择"向中对齐"，"整数位数"和"小数位数"都为"0"，表示数字水平方向向中对齐，无小数位，整数位无限制，如图 1.54 所示。

1.8 时间显示动画连接

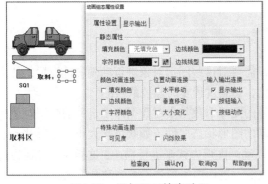

图1.53 添加显示输出动画　　　　图1.54 显示输出动画设置

用同样的方法设置第 2 个和第 3 个计时时间的显示动画，分别连接"计时时间 2"和"计时时间 3"。

动画设置完毕，回到工作台"用户窗口"，用鼠标右键单击"物料传送控制"用户窗口，弹出快捷菜单，选择"设置为启动窗口"命令，如图 1.55 所示。

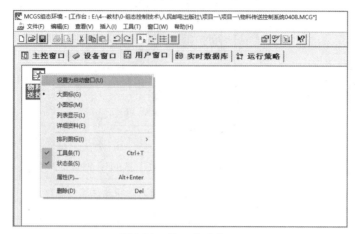

图1.55　设置启动窗口

单击工具栏中的"进入运行环境"按钮，打开设置了启动窗口属性的"物料传送控制"用户窗口。SQ1 为红色，小车 1 在轨道左端可见，小车 2 不可见，运行指示灯为红色，计时时间都显示为 0，如图 1.56 所示。

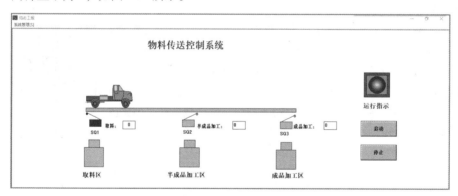

图 1.56（彩图）

图1.56　物料传送控制系统组态工程运行初始状态

拓展与提升

由图形对象搭建而成的图形界面是静止的，需要对这些图形对象进行动画属性设置，使它们"动"起来，真实地描述外界对象的状态变化，达到过程实时监控的目的。

所谓动画连接，实际上是将用户窗口内创建的图形对象与实时数据库中定义的数据对象建立起对应的关系，在不同的数值区间内设置不同的图形状态属性（如颜色、大小、位置移动、可见度、闪烁效果等），将物理对象的特征参数以动画图形方式来进行描述，这样在系统运行过程中，用数据对象的值来驱动图形对象的状态改变，进而产生形象逼真的动画效果。

为了简化用户程序设计工作，MCGS 将工程控制与实时监测作业中常用的物理器件，如按钮、操作杆、显示仪表和曲线表盘等制成独立的图形存储于图库中，供用户调用，这些能实现不同动画功能的图形称为动画构件。在组态时，只需要建立动画构件与实时数据库中数据对象的对应关系，就能完成动画构件的连接。每个动画构件支持的连接属性可能不同，如"实时曲

线"构件,需要指明该构件运行时记录哪个数据对象的
变化曲线;"报警显示"构件,需要指明该构件运行时显
示哪个数据对象的报警信息。以下介绍图元和图符的动
画连接。

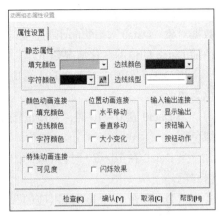

如图 1.57 所示,图元、图符对象所包含的动画连接
方式有颜色动画连接、位置动画连接、输入输出连接和
特殊动画连接四大类,共 11 种。

一个图元、图符对象可以同时定义多种动画连接,
由图元、图符组合而成的图形对象,最终的动画效果是
多种动画连接方式的组合效果。根据实际需要,灵活地
对图形对象定义动画进行连接,就可以呈现各种逼真的
动画效果。

图1.57 图元、图符对象的动画连接种类

⚠ 注意
  在组态配置中,应当避免相互矛盾的属性设置,例如,当一个图元、图符对象处于
不可见状态时,其他各种动画效果就无法体现出来。

建立动画连接的操作步骤如下。

① 双击图元、图符对象,弹出"动画组态属性设置"对话框。

② 对话框上端用于设置图形对象的静态属性,下面 4 个区域所列内容用于设置图元、图符
对象的动画属性。例如,图 1.50 中选中了"填充颜色""按钮动作"两种动画连接复选框,实
际运行时,对应的限位开关图形将根据数据对象 SQ1 值的变化呈现出颜色变化效果,且鼠标操
作图形对象可改变对应数据对象 SQ1 的值。

③ 每种动画连接都对应于一个"属性设置"选项卡,当选择了某种动画属性时,在对话框
上端就增添了相应的标签,用鼠标单击标签,即可弹出相应的属性设置选项卡。

④ 在"表达式"名称栏内输入所要连接的数据对象名称,也可以用鼠标单击右端的"？"
按钮,弹出数据对象列表框,双击所需的数据对象,即可把该对象名称自动输入"表达式"一
栏内。

⑤ 设置有关的属性。

⑥ 单击"检查"按钮,进行正确性检查。检查通过后,单击"确认"按钮,完成动画连接。

一、颜色动画连接

颜色动画连接,就是指将图形对象的颜色属性与数据对象的值建立相关性,使图元、图符
对象的颜色属性随数据对象值的变化而变化,用这种方式实现颜色不断变化的动画效果。

颜色属性包括填充颜色、边线颜色和字符颜色 3 种,只有"标签"图元对象才有字符颜色
动画连接。对于"位图"图元对象,无须定义颜色动画连接。

⚠ 注意
  当一个图元、图符对象没有某种动画连接属性时,定义对应的动画连接不产生任何
动画效果。

如图 1.58 所示的设置，定义了图形对象的填充颜色和数据对象"Data0"之间的动画连接运行后，图形对象的颜色随 Data0 的值的变化情况如下。

当 Data0 小于或等于 0 时，对应的图形对象的填充颜色为黑色；

当 Data0 在 0～10 时，对应的图形对象的填充颜色为绿色；

当 Data0 在 10～20 时，对应的图形对象的填充颜色为粉红色；

当 Data0 在 20～30 时，对应的图形对象的填充颜色为蓝色；

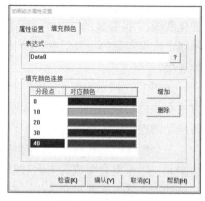

图1.58　填充颜色属性设置

当 Data0 大于或等于 30 时，对应的图形对象的填充颜色为红色。

图形对象的填充颜色由数据对象 Data0 的值来控制，或者说是用图形对象的填充颜色来表示对应数据对象的值的范围。

与填充颜色连接的数据对象也可以是一个表达式，用表达式的值来决定图形对象的填充颜色（单个对象也可作为表达式）。当表达式的值为数值型数据

图 1.58（彩图）

对象时，最多可以定义 32 个分段点，每个分段点对应一种颜色；当表达式的值为开关型数据对象时，只能定义两个分段点，即 0 或非 0 两种不同的填充颜色。

二、位置动画连接

位置动画连接包括图形对象的水平移动、垂直移动和大小变化 3 种属性，实现的效果是使图形对象的位置和大小随数据对象值的变化而变化。用户只要控制数据对象值的大小和变化速度，就能精确地控制所对应图形对象的大小、位置及变化速度。

用户可以定义一种或多种动画连接，图形对象的最终动画效果是多种动画属性的合成效果。例如，同时定义水平移动和垂直移动两种动画连接，可以使图形对象沿着一条特定的曲线轨迹运动，假如再定义大小变化的动画连接，就可以使图形对象在做曲线运动的同时改变其大小。

1. 水平移动和垂直移动

水平移动和垂直移动两个方向的动画连接方法相同，如图 1.59 所示。首先要确定对应连接对象的表达式，然后再定义表达式的值所对应的位置偏移量。以图 1.59 中的组态设置为例，当表达式"Data0"的值为 0 时，图形对象的位置向右移动 0 个像素点（即不动）；当表达式"Data0"的值为 100 时，图形对象的位置向右移动 100 个像素点；当表达式"Data0"的值为其他值时，利用线性插值公式即可计算出相应的移动位置。

图1.59　水平移动属性设置

⚠ 注意

偏移量是以组态时图形对象所在的位置为基准（初始位置）的，单位为像素点，向左为负方向，向右为正方向（对于垂直移动，向下为正方向，向上为负方向）。当把图

1.59 中的 "100" 改为 "–100" 时，则随着 Data0 值从小到大的变化，图形对象的位置从基准位置开始向左移动 100 个像素点。

2. 大小变化

图形对象的大小变化是以百分比的形式来衡量的，把组态时图形对象的初始大小作为基准（100%即为图形对象的初始大小）。

改变图形对象大小的方法有两种：一种是按比例整体缩小或放大，称为缩放方式，如图 1.60 所示；另一种是按比例整体剪切，显示图形对象的一部分，称为剪切方式。两种方式都是以图形对象的初始实际大小为基准的。

在图 1.60 中，当表达式 "Data0" 的值小于或等于 0 时，"最小变化百分比" 设为 "0"，即图形对象的大小为初始大小的 0%，此时，图形对象实际上是不可见的；当表达式 "Data0" 的值大于或等于 100 时，"最大变化百分比" 设为 "100"，则图形对象的大小与初始大小相同。不管表达式的值如何变化，图形对象的大小都在最小变化百分比与最大变化百分比之间变化。

图1.60 大小变化属性设置

在缩放方式下，是对图形对象的整体按比例缩小或放大来实现大小变化的。当图形对象的变化百分比大于 100%时，图形对象的实际大小是初始状态放大的结果；当小于 100%时，是初始状态缩小的结果。

在剪切方式下，不改变图形对象的实际大小，只按设定的比例对图形对象进行剪切处理，显示整体的一部分。变化百分比等于或大于 100%，则把图形对象全部显示出来。

三、输入、输出连接

为使图形对象能够用于数据显示，并且使操作人员方便操作系统，更好地实现人机交互功能，系统增加了设置输入、输出属性的动画连接，有显示输出、按钮输入和按钮动作 3 种方式。

1. 显示输出

显示输出属性设置如图 1.61 所示，它只适用于 "标签" 图元，显示表达式值的结果。输出格式由表达式值的类型决定，当输出值的类型设定为数值型时，应指定小数位的位数和整数位的位数；当为字符型输出值时，直接把字符串显示出来；当为开关型输出值时，应分别指定开和关时所显示的内容。

图1.61 显示输出属性设置

在图 1.61 中，"标签" 图元对应的表达式是 "Data1"，输出值的类型设定为 "开关量输出"，当表达式 "Data1" 的值为关时，"标签" 图元的显示内容为 "Off"；当表达式 "Data1" 的值为开时，"标签" 图元显示的内容为 "On"。

2. 按钮输入

采用按钮输入方式使图形对象具有输入功能。在系统运行时，当用户单击设定的图形对象时，将弹出输入对话框，可在其中输入与图形建立连接关系的数据对象的值。

所有的图元、图符对象都可以建立按钮输入动画连接，在"动画组态属性设置"对话框的"属性设置"选项卡，选中"输入输出连接"中的"按钮输入"复选框，则在该对话框顶端出现"按钮输入"标签栏，单击该标签进入"按钮输入"选项卡，如图 1.62 所示。

如果图元、图符对象定义了按钮输入方式的动画连接，在运行过程中，当鼠标光标移动到该对象上面时，光标的形状由"箭头"形变成"手掌"形，此时再单击鼠标左键，则弹出输入对话框。对话框的形式由数据对象的类型决定。

在图 1.62 中，与图元、图符对象连接的是数值型数据对象"Data0"，提示信息可按需要输入"输入 Data0 的值"，输入值的范围设置在 0 ~ 100 之间。

图1.62　按钮输入属性设置

当进入运行状态时，单击对应图元、图符对象，将弹出图 1.63 所示的输入操作界面，上端显示的标题为组态时设置的提示信息。

当数据对象的类型为开关型时，如在提示信息一栏设置为"请选择启动按钮的状态"，"开时信息"设置为"按下"；"关时信息"设置为"松开"，则运行时会弹出图 1.64 所示的输入操作界面。

图1.63　运行时数值型数据对象按钮输入操作界面　图1.64　运行时开关型数据对象按钮输入操作界面

当数据对象为字符型时，例如提示信息为"请输入数据对象 Data2 的值"，则运行时会弹出图 1.65 所示的输入操作界面。

3. 按钮动作

按钮动作的方式不同于按钮输入，后者是在鼠标光标到达图形对象上时，单击进行信息输入，而按钮动作是响应用户的鼠标按键动作或键盘按键动作，完成预定的功能操作，能执行的动作如图 1.66 所示，共 7 个功能。

图1.65　运行时字符型数据对象按钮输入操作界面　　图1.66　按钮动作功能类型

⚠ **注意**

在实际应用中，一个按钮动作可以同时完成多项功能操作，但应注意避免设置相互矛盾的操作。虽然相互矛盾的功能操作不会引起系统出错，但最后的操作结果是不可预测的。

四、特殊动画连接

在 MCGS 中，特殊动画连接包括可见度和闪烁效果两种方式，用于实现图元、图符对象的可见与不可见交替变换和图形闪烁效果，图形的可见度变换也是闪烁动画的一种。MCGS 中每一个图元、图符对象都可以定义特殊动画连接的方式。

1. 可见度连接

可见度属性设置如图 1.67 所示，在"表达式"栏中，将图元、图符对象的可见度和数据对象（或者由数据对象构成的表达式）建立连接，而在"当表达式非零时"区域的选项栏中，根据表达式的结果来选择图形对象的可见度方式。

图1.67　可见度属性设置

通过图 1.67 的设置，就可以利用数据对象 Data1 值的变化，来控制图形对象的可见状态。

⚠ **注意**

当图形对象没有定义可见度连接时，该对象总是处于可见状态。

2. 闪烁效果连接

在 MCGS 中，实现闪烁的动画效果有两种方法：一种是不断改变图元、图符对象的可见度来实现闪烁效果；另一种是不断改变图元、图符对象的填充颜色、边线颜色或者字符颜色来实现闪烁效果，其属性设置方式如图 1.68 所示。

图形对象的闪烁速度是可以调节的，MCGS 给出了快速、中速和慢速 3 种闪烁速度来供调节。

闪烁效果属性设置完毕，在系统运行状态下，当所连接的数据对象（或者由数据对象构成的表达式）的值为非0 时，图形对象就以设定的速度开始闪烁，而当表达式的值为 0 时，图形对象就停止闪烁。

图1.68　闪烁效果属性设置

⚠ **注意**

在"闪烁实现方式"区域中，"字符颜色"的闪烁效果设置只对"标签"图元对象有效。

成果检查（见表 1.4）

表 1.4　物料传送控制系统动画组态成果检查表（20 分）

内容	评分标准	学生自评	小组互评	教师评分
按钮动画连接（4 分）	2 个按钮分别连接正确的数据对象，操作类型为"按 1 松 0"。不正确或不符合要求的每处扣 1 分			
指示灯动画连接（2 分）	设置了颜色填充动画，表达式连接正确，颜色选择合理。不正确或不符合要求的每处扣 1 分			
小车动画连接（6 分）	2 辆小车都设置了水平移动和可见度动画，表达式连接正确，动画属性设置正确。不正确或不符合要求的每处扣 1 分			
限位开关动画连接（2 分）	3 个限位开关都设置了填充颜色动画，表达式连接正确，颜色选择合理。不正确或不符合要求的每处扣 1 分			
时间显示动画连接（6 分）	3 处时间显示设置了显示输出动画，表达式连接正确，属性设置合理。不正确或不符合要求的每处扣 1 分			
合计				

思考与练习

1. 图元"标签"可以设置哪些动画？

2. 本任务中是如何设置小车 1 和小车 2 的可见度属性的？

3. 用"椭圆"工具制作 2 个大小为 40 像素×40 像素的圆，静态属性中"填充颜色"分别为"红色"和"绿色"，添加"可见度"特殊动画，表达式连接"运行指示灯"，红色圆设置为"当表达式非零时"，"对应图符不可见"，绿色圆设置为"当表达式非零时"，"对应图符可见"。将 2 个圆重叠，选中 2 个圆合成单元。

4. 制作 2 个空白标签，第 1 个标签添加"按钮输入"动画，连接数据对象"数值"，输入值类型为"数值量输入"，最小为"0"，最大为"100"。第 2 个标签添加"显示输出"动画，连接数据对象"数值"，输出类型为"数值量输出"，小数位数为 1 位。进入组态环境，单击第 1 个标签输入数字 10，观察第 2 个标签的显示。

••• 任务 1.4　物料传送控制系统运行调试 •••

任务目标

1. 完成物料传送控制系统组态工程模拟调试。

2. 完成 MCGS+PLC 的物料传送控制系统联机调试。

学习导引

"运行策略"是用户为实现对系统运行流程自由控制所组态生成的一系列功能块的总称。运行策略的建立，使系统能够按照设定的顺序和条件，操作实时数据库，控制用户窗口的打开、关闭以及设备构件的工作状态，从而达到对系统工作过程精确控制及有序调度管理的目的。MCGS 为用户提供了进行策略组态的专用窗口和工具箱，其中脚本程序是一种策略构件。

在 MCGS 中，脚本程序是组态软件中的一种内置编程语言引擎，是一种语法上类似 BASIC 的编程语言。MCGS 脚本程序为有效地编制各种特定的流程控制程序和操作处理程序提供了方便的途径。当某些控制和计算任务通过常规组态方法难以实现时，使用脚本语言，能够增强整个系统的灵活性，解决其常规组态方法难以解决的问题。

"设备窗口"是 MCGS 的重要组成部分，在设备窗口中建立系统与外部硬件设备的连接关系，使系统能够从外部设备读取数据并控制外部设备的工作状态，实现对工业过程的实时监控。对已经编好的设备驱动程序，MCGS 使用设备构件管理工具进行管理。在实际应用中，也可以很方便地定制并增加所需的设备构件，不断充实设备工具箱。

物料传送控制系统运行调试任务包括以下内容。

1. 编写脚本程序并模拟调试。编写脚本程序，实现从 MCGS 按下系统单击"启动"按钮后，运行指示灯显示绿色，监控界面小车按要求前进和后退，当到达限位开关位置时，限位开关颜色变化，小车停下，显示计时时间；单击"停止"按钮，运行指示灯显示红色，小车完成当前工作周期回到原位停止。

2. 将 PLC 控制设备与 MCGS 上位机连接，使用 PLC 设备完成系统控制程序的编写，使用 MCGS 上位机按项目要求完成启动和停止的简单控制及系统运行监视，并完成系统控制与运行监视的联调。

任务实施

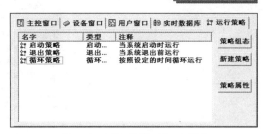

1.9 添加策略并设置定时器

一、物料传送控制系统模拟运行调试

1. 添加定时器策略和脚本策略

① 回到 MCGS 工作台，打开"运行策略"选项卡，如图 1.69 所示。

② 鼠标右键单击"循环策略"选项，在弹出的快捷菜单中选择"属性"命令，弹出"策略属性设置"对话框，设置策略循环时间为 100ms，即每 100ms 执行一次，如图 1.70 所示，完成此步骤后关闭本对话框。

图1.69 "运行策略"选项卡

③ 双击"循环策略"选项，进入循环策略组态窗口。鼠标右键单击 图标，在弹出的快捷菜单中选择"策略工具箱"和"新增策略行"命令。用同样的方法再次新增 3 个策略行（也可以直接在工具栏单击 按钮新增策略行）。

④ 按住鼠标左键，从策略工具箱中拖出"定时器"并移动至一个策略行图标最右边的

上，再单击鼠标左键，完成添加，得到一个定时器策略行。用同样的方法新增其他两个定时器。最后，将策略工具箱的"脚本程序"策略构件添加至空策略块。最终的效果图如图 1.71 所示。

图1.70　设置策略循环时间　　　　　　　图1.71　添加策略行和策略构件的效果图

2. 设置定时器策略

双击第 1 个定时器策略，对定时器进行图 1.72 所示的设置。用同样的方法设置另外两个定时器，如图 1.73 和图 1.74 所示。

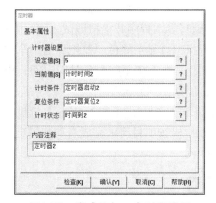

图1.72　取料定时器设置　　　　　　　　　图1.73　半成品加工定时器设置

图1.74　成品加工定时器设置

3. 编写物料传送控制脚本程序

返回循环策略组态界面，双击"脚本程序"策略块，打开脚本程序编辑窗口。按各部分控制及显示要求编写程序。

① 系统运行与停止脚本程序。

1.10 脚本编写与调试

```
if 启动=1 then
运行指示=1
endif
if 停止=1 then
停止标志=1
endif
if 停止标志=1 and SQ1=1 then
运行指示=0
停止标志=0
endif
```

第 1 段 if…then…endif 表示如果操作了"启动"按钮，则"运行指示"数据对象保持为 1；第 2 段 if…then…endif 表示如果操作了"停止"按钮，则"停止标志"变为 1 且保持，则在小车运行过程中操作的"停止"按钮具有记忆功能；第 3 段表示已经操作"停止"按钮，且小车已经回到了取料初始位置，则"运行指示"数据对象恢复为 0。

此处为记忆在小车运行过程中已经按下"停止"按钮，使小车完成当前周期后回到原位停止，增加了一个数据对象"停止标志"。单击脚本程序编辑窗口下方"检查"按钮，将提示"停止标志"为未知表达式，如图 1.75 所示。单击"确定"按钮，回到实时数据库，添加开关型数据对象"停止标志"。

图1.75 脚本程序检查

```
if <表达式> then
    <语句>
endif
```

上述为一种条件语句。它表示当表达式的值为非 0 时，条件成立，执行 then 后的语句，否则，条件不成立，将不执行该条件块中包含的语句，开始执行该条件块后面的语句。

⚠ 注意

所有英文字母、符号、数字都需使用半角输入。

② 小车水平移动动画脚本程序。

```
if 右行=1 then
水平移动量=水平移动量+1
endif
if 左行=1 then
水平移动量=水平移动量-1
endif
```

第 1 段 if…then…endif 表示当小车右行时，每个循环策略周期（已设置为 100ms）数据对象"水平移动量"增加 1 个像素；第 2 段表示小车左行时，每 100ms 数据对象"水平移动量"减少 1 个像素。

③ 小车可见度动画脚本程序。

```
if 右行=1 or SQ1=1 or SQ2=1 or SQ3=1 then
右行可见=1
左行可见=0
endif
if 左行=1  then
左行可见=1
右行可见=0
endif
```

④ 定时器控制与小车前进、后退控制脚本程序。

```
if 运行指示=1 and SQ1=1 then
定时器启动 1=1
定时器复位 3=0
endif
if 时间到 1=1 then
右行=1
SQ1=0
定时器启动 1=0
定时器复位 1=1
endif
if 右行=1 and SQ2=1  then
定时器启动 2=1
定时器复位 1=0
右行=0
endif
if 时间到 2=1 then
右行=1
SQ2=0
定时器启动 2=0
定时器复位 2=1
endif
if 右行=1 and SQ3=1  then
定时器启动 3=1
定时器复位 2=0
右行=0
endif
if 时间到 3=1 then
左行=1
SQ3=0
定时器启动 3=0
定时器复位 3=1
endif
if 左行=1 and SQ1=1 then
左行=0
endif
```

第 1 段 if…then…endif 表示小车在初始位置，并且操作了"启动"按钮，启动取料定时器，开始计时，同时把上个周期中的最后一个定时器 3 复位条件清零。第 2 段 if…then…endif 表示定时器 1 计时时间达到设定的 10s，启动小车右行，离开 SQ1 位置。定时器 1 停止计时并复位清零。SQ2 位置和 SQ3 位置的脚本结构相同，但 SQ3 处定时结束后启动的程序是小车左行。最后 1 段表示小车返回到初始位置时停止左行。

脚本程序编写完毕，单击"检查"按钮，查看组态编写是否有误，再单击"确定"按钮，退出脚本程序窗口。

4. 运行调试

单击工具栏中"进入运行环境"按钮，进入"物料传送控制"监控界面。初始界面显示小车 1 在初始位置，SQ1 动作（显示红色），小车 2 不可见，运行指示灯为红色。

① 单击"启动"按钮，运行指示灯变为绿色，定时器 1 计时时间增加。

② 定时器 1 计时达到 10s，小车 1 启动右行，单击 SQ1 使其复位；小车 1 到达 SQ2 位置，鼠标单击 SQ2，小车 1 停下，定时器 2 开始计时，计时时间 2 增加。

③ 计时时间 2 达到 5s，小车 1 再次启动右行，单击 SQ2 使其复位；小车 1 到达 SQ3 位置，鼠标单击 SQ3，小车 1 停下，计时时间 3 增加。

④ 定时器 3 计时 10s 结束，小车左行，单击 SQ3 使其复位，此时小车 1 不可见，小车 2 可见；小车 2 到达 SQ1 位置，鼠标单击 SQ1，小车启动第 2 个周期的运行。

⑤ 小车运行过程中单击"停止"按钮，根据小车运行位置，操作不同限位开关，使小车完成当前周期，回到原位停止运行。

如小车运行与系统控制要求不符，应返回循环策略组态界面修改脚本程序，直至小车运行与项目要求一致。

二、物料传送控制系统联调

前述已知在 MCGS 组态软件设备窗口中建立系统与外部硬件设备的连接关系，能实现系统从外部设备读取数据并控制外部设备的工作状态，从而实现对工业过程的实时监控。MCGS 组态软件提供了大量的、工控领域常用的设备驱动程序。

在 MCGS 中，实现设备连接的基本方法是：在设备窗口内配置外部连接的设备构件，并根据外部设备的类型和特征，设置相关的属性，将设备的操作方法如硬件参数配置、数据转换、设备调试等都封装在构件之中，以对象的形式与外部设备建立数据的传输通道连接。

系统运行过程中，设备构件由设备窗口统一调度管理，通过通道连接，向实时数据库提供从外部设备采集到的数据，从实时数据库查询控制参数，发送给系统其他部分，进行控制运算和流程调度，实现对设备工作状态的实时检测和过程的自动控制。

物料传送控制系统联调选用西门子 CPU224XP 作为控制设备，完成主要控制要求，上位机组态软件主要完成监控功能，故可将脚本程序的控制部分转由 PLC 控制设备编程实现，而在组态策略中只保留动画脚本和可见度脚本。为方便系统操作，在上位机保留系统启动和停止按钮。

1. 物料传送控制系统地址分配及与组态数据对象对照表

使用 PLC 控制系统设计时，需分析系统输入、输出信号，列出输入/输出（I/O）分配表。使用系统联调时，组态监控软件作为上位机，PLC 作为下位机，两者通过通道连接，向上位机的实时数据库提供从外部设备采集到的数据，或从实时数据库查询数据发送给外部设备或系统其他部分。因此首先需要设计 PLC 变量与组态软件数据对象的对照表，即通道连接表。

由物料传送控制系统上位机监控需求可知，1 个运行指示灯信号、3 个限位开关信号、3 个定时器计时信号、小车右行和左行的信号状态都需要从 PLC 采集送给组态软件数据对象，从而实现监控界面对应动画的显示；而上位机的启动和停止按钮信号需要传送至 PLC，从而通过程序实现系统的启动和停止控制，据此设计得到表 1.5。其中，由于上位机不能对输入继电器进行改写操作，故上位机的启动和停止都需连接 PLC 中允许改写的变量，在此选用 M0.0、M0.1。

表 1.5　物料传送控制系统变量分配及与组态软件数据对象对照表

地址		数据对象	地址		数据对象
连接外部信号	连接上位机信号		连接外部信号	连接上位机信号	
I0.0	M0.0	启动	Q0.0		右行
I0.1	M0.1	停止	Q0.1		左行
I0.2		SQ1	Q0.2		运行指示
I0.3		SQ2			
I0.4		SQ3			
—	VW0	计时时间 1			
—	VW2	计时时间 2			
—	VW4	计时时间 3			

2. 系统接线图

根据表 1.5 中的 I/O 信号分配表完成 PLC 控制系统电路图设计，并完成系统接线。PLC 控制系统接线图如图 1.76 所示，PLC 和计算机之间通过 PC/PPI 电缆连接。

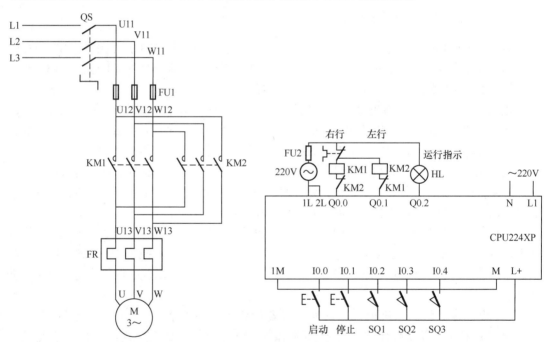

图1.76　PLC控制系统接线图

3. PLC 程序设计

① 制作符号表，如图 1.77 所示。其中，M0.2 用于将启动按钮的点动信号变为保持信号，对应组态软件的"运行标志"；M0.3 用于将停止信号的点动信号变为保持信号，对应组态软件的"停止标志"。

② PLC 程序如图 1.78 所示。

	⊖	⊜	符号	地址	注释
1			启动	I0.0	
2			停止	I0.1	
3			MCGS启动	M0.0	.
4			MCGS停止	M0.1	
5			运行标志	M0.2	
6			停止标志	M0.3	
7			SQ1	I0.2	
8			SQ2	I0.3	
9			SQ3	I0.4	
10			右行	Q0.0	
11			左行	Q0.1	
12			运行指示	Q0.2	
13			取料区定时	T37	
14			半成品加工区定时	T38	
15			成品加工区定时	T39	
16			取料计时时间	VW0	
17			半成品加工计时时间	VW2	
18			成品加工计时时间	VW4	

图1.77 物料传送控制系统PLC程序符号表

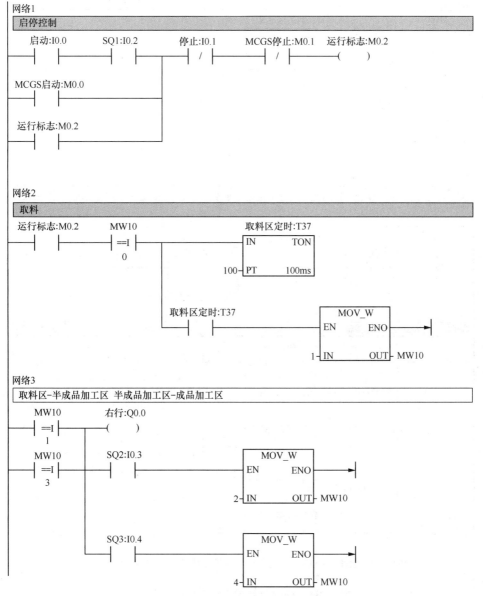

图1.78 物料传送控制系统PLC程序

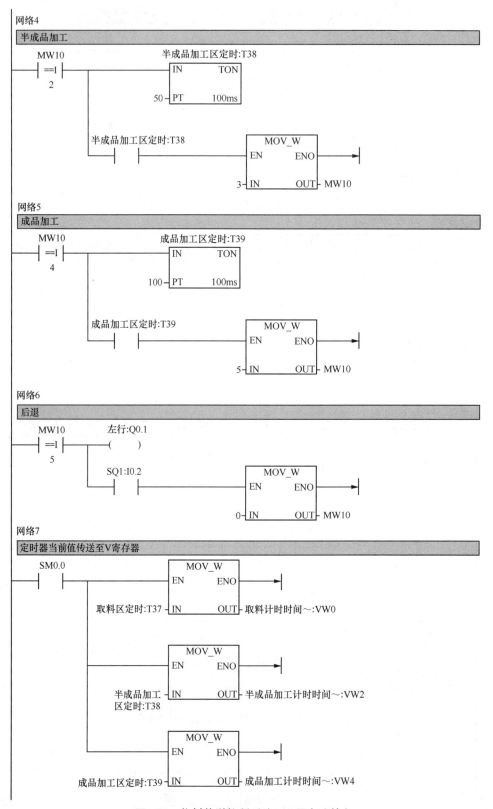

图1.78　物料传送控制系统PLC程序（续）

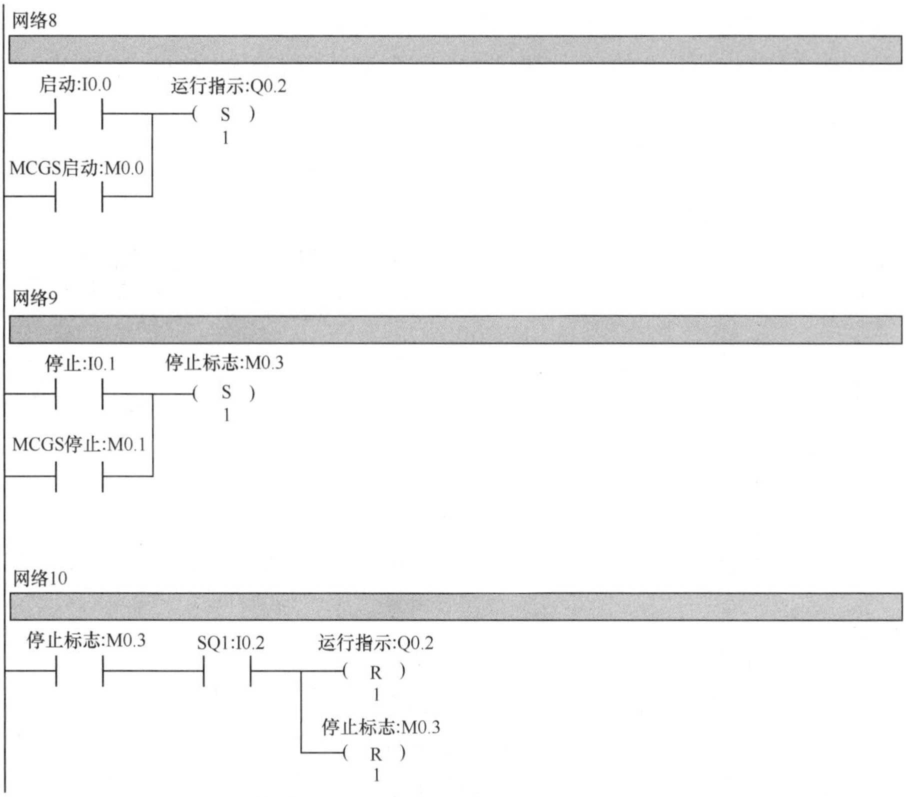

网络8
启动:I0.0
运行指示:Q0.2
S
1
MCGS启动:M0.0
网络9
停止:I0.1
停止标志:M0.3
S
1
MCGS停止:M0.1
网络10
停止标志:M0.3
SQ1:I0.2
运行指示:Q0.2
R
1
停止标志:M0.3
R
1

图1.78　物料传送控制系统PLC程序（续）

4. 组态设备

（1）添加设备

1.11　组态设备

① 单击工作台的“设备窗口”标签，进入设备窗口。

② 单击“设备组态”按钮，如图 1.79（a）所示，进入设备组态窗口。

③ 在设备组态窗口中，从工具栏中单击“工具箱”图标，打开设备工具箱，如图 1.79（b）所示。

主控窗口
设备窗口
用户窗口
实时数据库
设备组态
新建窗口
设备窗口
设备组态：设备窗口
设备工具箱
设备管理

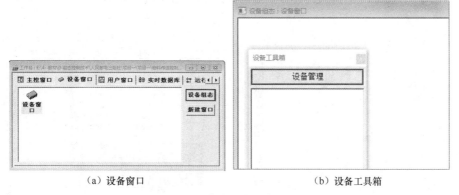

（a）设备窗口　　（b）设备工具箱

图1.79　设备窗口及设备工具箱

④ 单击“设备管理”按钮，从打开的可选设备中选中“西门子_S7200PPI”和“通用串口父设备”，双击添加至右侧的“选定设备”列表，如图 1.80 所示。单击“确认”按钮，此时“西

门子_S7200PPI"和"通用串口父设备"出现在设备工具箱中。

⑤ 依次双击设备工具箱中的"通用串口父设备"和"西门子_S7200PPI"，将其添加至设备组态窗口，如图 1.81 所示。

图1.80　添加设备至设备管理窗口

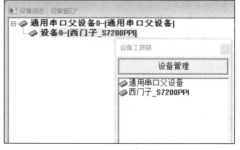

图1.81　添加父设备和子设备至设备组态窗口

（2）设置属性

① 设置父设备属性。在设备组态窗口中双击"通用串口父设备 0-[通用串口父设备]"，打开"通用串口设备属性编辑"对话框，按图 1.82 设置父设备基本属性，串口端口号修改为 PLC 连接的实际端口号，通信波特率与 PLC 波特率相同，修改为 9.6kbit/s，数据位位数为 8 位，停止位位数为 1 位，偶校验。

② 在设备组态窗口双击"设备 0-[西门子_S7200PPI]"，打开对应的子设备属性编辑对话框，子设备的名称及初始工作状态等属性可以按需求修改，"设备地址"按实际 PLC 地址填写。在"基本属性"选项卡选中第 1 行，单击最右边的 按钮，如图 1.83（a）所示，进入"西门子_S7200PPI 通道属性设置"对话框，如图 1.83（b）所示。

图1.82　设置父设备基本属性

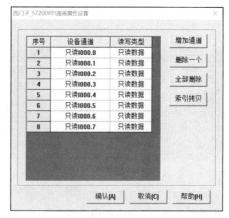

(a) 子设备基本属性　　　　　　　　　(b) 通道属性设置对话框

图1.83　子设备基本属性及通道属性设置对话框

③ 单击"全部删除"按钮，删除原有通道，然后单击"增加通道"按钮，依次增加表 1.5 中的所有通道，添加方法如图 1.84～图 1.87 所示。最后得到的子设备通道属性设置表如图 1.88 所示。

图1.84　添加I0.2～I0.4（只读）　　　　图1.85　添加Q0.0～Q0.2（只读）

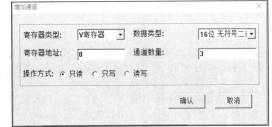

图1.86　添加M0.0～M0.1（只写）　　　　图1.87　添加VW0～VW4（只读）

④ 打开"通道连接"选项卡，在"对应数据对象"下每行单击鼠标右键，在打开的快捷菜单中分别选择"SQ1""SQ2""SQ3""右行""左行""运行指示""启动""停止""计时时间 1""计时时间 2""计时时间 3"数据对象，如图 1.89 所示。添加完毕后，单击"确认"按钮。

图1.88　子设备通道属性设置表　　　　图1.89　"通道连接"选项卡

5. 组态修改

使用 PLC 程序完成物料传送控制系统主要控制功能后，对组态工程进行修改，删除不需要的控制脚本。

（1）删除上位机 MCGS 中 3 个定时器策略行。

选中定时器 1 构件，单击鼠标右键，在打开的快捷菜单中选择"删除策略行"命令，如图 1.90 所示。然后依次删除定时器 2 和定时器 3 策略行。

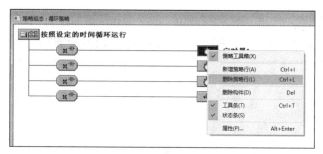

图1.90　删除定时器策略

（2）修改脚本程序（删除控制脚本，保留动画脚本）。

双击"脚本程序"策略构件，进入脚本程序窗口。删除其他脚本，仅保留如下脚本程序，实现小车水平方向移动动画及小车1或小车2可见度动画。

```
if 右行=1 then
水平移动量=水平移动量+1
endif
if 左行=1 then
水平移动量=水平移动量-1
endif
if 右行=1 or SQ1=1 or SQ2=1 or SQ3=1 then
右行可见=1
左行可见=0
endif
if 左行=1  then
左行可见=1
右行可见=0
endif
```

6. 运行调试

初始状态：小车在原位，SQ1动作。

1.12　物料传送控制系统联调

① 将PLC程序下载至硬件中，关闭PLC编程软件，打开物料传送控制系统组态工程，进入运行环境，SQ1显示红色，小车1可见，小车2不可见。

② 按下外部启动按钮（或在组态界面单击"启动"按钮），运行指示灯点亮，物料传送控制系统开始取料；监控界面运行指示灯为绿色，计时时间1从0开始增加。

③ 计时时间1达到100（10s），取料结束，送料小车往半成品加工区运动，SQ1自动复位；监控界面中小车1也右行。

④ 当送料小车到达SQ2位置时，SQ2显示红色，送料小车停止右行，开始半成品加工；监控界面中小车1停止右行，计时时间2从0开始增加。

⑤ 计时时间2达到50（5s），送料小车再次启动右行，SQ2自动复位；监控界面中小车1也右行。

⑥ 当送料小车到达SQ3位置时，SQ3显示红色，送料小车停止右行，开始成品加工；监控界面中小车1停止右行，计时时间3从0开始增加。

⑦ 定时器3计时时间到100（10s）后，送料小车启动后退，SQ3自动复位；监控界面中小车1不可见，小车2左行。

⑧ 当送料小车到达 SQ1 位置时，送料小车停止后退；监控界面中 SQ1 显示红色，小车 2 停止左行并变为不可见状态，小车 1 可见。计时时间 1 再次从 0 开始增加，开始第二个工作周期。

⑨ 在运行过程中，按下外部停止按钮（或在组态界面单击"停止"按钮），送料小车完成当前工作流程回到 SQ1 位置，系统停止运行，运行指示灯熄灭。

拓展与提升

一、脚本程序基本语句

由于 MCGS 脚本程序是为了实现某些多分支流程的控制及操作处理，因此其包括了几种最简单的语句：赋值语句、条件语句、退出语句和注释语句，同时，为了提供一些高级的循环和便利功能，还提供了循环语句。所有的脚本程序都可由这 5 种语句组成，当需要在一个程序行中包含多条语句时，各条语句之间须用":"分开，程序行也可以是没有任何语句的空行。大多数情况下，一个程序行只包含一条语句，赋值程序行中根据需要可在一行上放置多条语句。

1. 赋值语句

赋值语句的形式为：数据对象=表达式。赋值语句用赋值号（"="）来表示，它具体的含义是：把"="右边表达式的运算值赋给左边的数据对象。赋值号左边必须是能够读写的数据对象，如：开关型数据、数值型数据以及能进行写操作的内部数据对象，而组对象、事件型数据对象、只读的内部数据对象、系统函数及常量，均不能出现在赋值号的左边，因为不能对这些对象进行写操作。

赋值号的右边为一表达式，表达式的类型必须与左边数据对象值的类型相符合，否则系统会提示"赋值语句类型不匹配"的错误信息。

2. 条件语句

条件语句有如下 3 种形式。

```
if <表达式> then <赋值语句或退出语句>
if <表达式> then
    <语句>
endif
if <表达式> then
    <语句>
else
    <语句>
endif
```

条件语句中的 4 个关键字"if""then""else""endif"不分大小写。如拼写不正确，检查程序会提示出错信息。

条件语句允许多级嵌套，即条件语句中可以包含新的条件语句，MCGS 脚本程序的条件语句最多可以有 8 级嵌套，为编制多分支流程的控制程序提供了可能。

if 语句的表达式一般为逻辑表达式，也可以是值为数值型的表达式，当表达式的值非 0 时，条件成立，执行 then 后的语句；否则，条件不成立，将不执行该条件块中包含的语句，开始执行该条件块后面的语句。

值为字符型的表达式不能作为 if 语句中的表达式。

3. 循环语句

循环语句为 while 和 endwhile，其结构为：

```
while 〖条件表达式〗
….
endwhile
```

当条件表达式成立时（非零），循环执行 while 和 endwhile 之间的语句，直到条件表达式不成立（为零），退出。

4. 退出语句

退出语句为 exit，用于中断脚本程序的运行，停止执行其后面的语句。一般在条件语句中使用退出语句，以便在某种条件下，停止并退出脚本程序的执行。

5. 注释语句

以单引号"'"开头的语句称为注释语句，注释语句在脚本程序中只起到注释说明的作用，实际运行时，系统不对注释语句做任何处理。

二、设备构件的属性设置

在设备窗口内配置了设备构件之后，接着应根据外部设备的类型和性能，设置设备构件的属性。不同的硬件设备，属性内容大不相同，但对大多数硬件设备而言，其对应的设备构件应包括如下各项组态操作。

① 设置设备构件的基本属性；
② 建立设备通道和实时数据库之间的连接；
③ 设置设备通道数据处理内容；
④ 调试硬件设备。

在设备组态窗口内，选择设备构件，单击工具栏中的"显示属性"按钮或者选择"编辑"→"属性"命令，或者双击该设备构件，即可打开所选构件的属性设置对话框，如图 1.91 所示。该对话框中有 4 个属性标签，即"基本属性""通道连接""设备调试"和"数据处理"，需要分别设置。

1. 设备构件的基本属性

图 1.91 显示了设置设备构件属性的"基本属性"选项卡。在 MCGS 中，设备构件的基本属性分为两类：一类是各种设备构件共有的属性，有设备名称、设备内容注释、运行时设

图 1.91　设备构件属性设置

备初始工作状态、最小数据采集周期；另一类是每种构件特有的属性，如中泰 PC-6319 模拟量输入接口板特有的属性有 AD 转换方式、AD 前处理方式、IO 基地址、AD 输入方式、AD 输入量程、AD 重复采集次数。

大多数设备构件的属性在"基本属性"选项卡中就可完成设置，而有些设备构件的一些属性无法在"基本属性"选项卡中设置，需要在设备构件内部的属性页中设置，MCGS 把这些属性称为设备内部属性。在"基本属性"选项卡中，单击"内部属性"对应的按钮即可弹出对应的内部属性设置对话框（如没有内部属性，则无对话框弹出）。选中"内部属性"，单击"帮助"按钮即可弹出设备构件的使用说明，每个设备构件都有详细的在线帮助供用户在使用时参考。

"初始工作状态"是指进入 MCGS 运行环境时，设备构件的初始工作状态。设为"启动"时，设备构件自动开始工作；设为"停止"时，设备构件处于非工作状态，需要在系统的其他地方（如运行策略中的设备构件内）来启动设备开始工作。

在 MCGS 中，系统对设备构件的读写操作是按一定的时间周期来进行的，"最小采集周期"是指系统操作设备构件的最短时间周期。运行时，设备窗口用一个独立的线程来管理和调度设备构件的工作，在系统的后台按照设定的采集周期，定时驱动设备构件采集和处理数据，因此设备采集任务将以较高的优先级执行，得以保证数据采集的实时性和严格的同步要求。实际应用中，可根据需要对设备的不同通道设置不同的采集或处理周期。

2. 设备构件的通道连接

MCGS 设备中一般都包含有一个或多个用来读取或者输出数据的物理通道，MCGS 把这样的物理通道称为设备通道，如模拟量输入装置的输入通道、模拟量输出装置的输出通道、开关量输入/输出装置的输入/输出通道等，这些都是设备通道。

设备通道只是数据交换用的通路，而数据输入到哪儿和从哪儿读取数据以供输出，即进行数据交换的对象，则必须由用户指定和配置。

实时数据库是 MCGS 的核心，各部分之间的数据交换均须通过实时数据库。因此，所有的设备通道都必须与实时数据库连接。所谓通道连接，即由用户指定设备通道与数据对象之间的对应关系，如本项目中的图 1.89。

在实际应用中，开始可能并不知道系统所采用的硬件设备，可以利用 MCGS 系统的设备无关性，先在实时数据库中定义所需要的数据对象，组态完成整个应用系统，在最后的调试阶段，再把所需的硬件设备接上，进行设备窗口的组态，建立设备通道和对应数据对象的连接。

一般来说，设备构件的每个设备通道及其输入或输出数据的类型是由硬件本身决定的，所以连接时，连接的设备通道与对应的数据对象的类型必须匹配，否则连接无效。

为了便于处理中间计算结果，并且把MCGS中数据对象的值传入设备构件供数据处理使用，MCGS 在设备构件中引入了虚拟通道的概念。顾名思义，虚拟通道就是实际硬件设备不存在的通道。虚拟通道在设备数据前处理中可以参与运算处理，为数据处理提供灵活有效的组态方式。

在图 1.89 中单击"快速连接"按钮，弹出"快速连接"对话框，可以快速建立一组设备通道和数据对象之间的连接；单击"索引拷贝"按钮，可以把当前选中的通道所建立的连接复制到下一通道，再对数据对象的名称进行索引增加；单击"删除连接"按钮，可删除当前选中的通道已建立的连接或删除指定的虚拟通道。

在 MCGS 对设备构件进行操作时，不同通道可使用不同处理周期。通道处理周期是"基本属性"选项卡中设置的最小采集周期的倍数，如设为 0，则不对对应的设备通道进行处理。为提高处理速度，建议把不需要的设备通道的处理周期设置为 0。

3. 设备构件的数据处理

图 1.92 所示为"数据处理"选项卡。

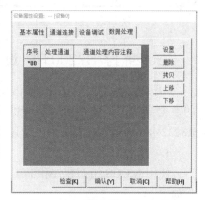

图1.92 "数据处理"选项卡

在实际应用中，经常需要对从设备中采集到的数据或输出到设备的数据进行前处理，以得到实际需要的工程物理量，如从 AD 通道采集进来的数据一般都为电压（mV）值，需要进行量程转换或查表计算等处理才能得到所需的物理量。用鼠标双击带"*"的一行可以增加一个新的处理，双击其他行可以对已有的设置进行修改（也可以单击"设置"按钮进行）。MCGS 处理时是按序号的大小顺序进行的，可以通过"上移"和"下移"按钮来改变处理的顺序。

通道数据可以进行 8 种形式的数据处理，包括多项式计算、倒数计算、开方计算、滤波处理、工程转换计算、函数调用、标准查表计算、自定义查表计算，如图 1.93 所示。可以任意设置以上 8 种处理的组合，MCGS 按从上到下的顺序进行计算处理，每行计算结果作为下一行计算输入值，通道值等于最后计算结果值。

单击每种处理方法前的数字按钮，即可把对应的处理内容增加到右边的处理内容列表中，可以通过"上移"和"下移"按钮改变处理顺序，通过"删除"按钮删除选定的处理项，单击"设置"按钮，弹出处理参数设置的对话框，其中，倒数、开方、滤波处理不需设置参数，故没有对应的对话框弹出。

4. 设备构件的调试

在设备组态的过程中，使用"设备调试"选项卡能很方便地对设备进行调试，以检查设备组态设置是否正确、硬件是否处于正常工作状态，同时，在有些"设备调试"选项卡中，可以直接对设备进行控制和操作，方便了设计人员对整个系统的检查和调试。

如图 1.94 所示，只读通道表示从设备读取并送给数据对象的值；只写通道，表示上位机数据对象的值传送给外部设备；通道 0 表示通信状态。

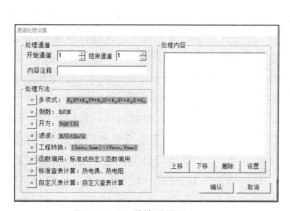

图1.93　通道处理设置

图1.94　"设备调试"选项卡

三、西门子 S7200 PPI 设备构件

本设备构件用于 MCGS 操作和读写西门子 S7_21X、S7_22X 系列 PLC 设备的各种寄存器的数据或状态，使用西门子 PPI 通信协议，采用西门子标准的 PC/PPI 通信电缆或通用的 RS232/485 转换器，可方便、快速地和 PLC 通信。

1. 硬件连接

使用 MCGS 组态软件和 PLC 通信之前，必须保证通信连接正确，和西门子 PLC 的通信连接如下。

（1）使用西门子标准 PC/PPI 电缆通信：使用 PC/PPI 电缆进行通信时，必须保证 PC/PPI 上的 DIP 开关、上位机软件与 PLC 中的设置一致。在 PC/PPI 电缆上有 DP 开关，可设置通信的波特率，具体的设置方法如图 1.95 所示。

西门子 S7200 PPI 设备构件和一台 PLC 进行通信的方法如图 1.96 所示。

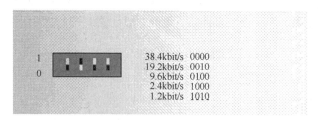

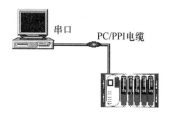

图1.95　DP开关设置通信波特率　　　　　图1.96　和一台 PLC进行通信

西门子 S7200 PPI 设备构件和多台 PLC 进行通信的方法如图 1.97 所示。

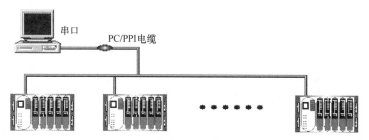

图1.97　和多台PLC进行通信

使用西门子标准 PC/PPI 通信电缆最多可同时接 32 台 S7200 PLC（每台 PLC 设置成不同的通信地址），多台 PLC 之间使用西门子公司提供的连接器进行连接。

（2）使用通用 RS232/485 转换器连接。西门子 S7200 PPI 设备构件和一台 PLC 进行通信：即 RS485 的 A+（DATA+）与 PLC 9 针端口的第 3 脚连接，B−（DATA−）与 PLC 9 针端口的第 8 脚连接，如图 1.98 所示。

西门子 S7200 PPI 设备构件和多台 PLC 进行通信：即 RS485 的 A+（DATA+）与总线上所有 PLC 9 针端口的第 3 脚连接，B−（DATA−）与总线上所有 PLC 9 针端口的第 8 脚连接，如图 1.99 所示。

图1.98　与一台PLC通信的连接引脚

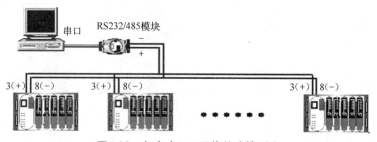

图1.99　与多台PLC通信的连接引脚

使用西门子通用的 RS232/485 转换器最多可同时接 32 台 S7200 PLC（每台 PLC 设置成不同的通信地址），多台 PLC 之间使用西门子公司提供的连接器进行连接。

2. 设置 PLC 中的通信参数和 PLC 地址

PLC 的地址必须通过 STEP7-Micro/WIN32 编程软件来设置，由于新买的 PLC 的地址全部为 2，所以在设置 PLC 的地址时，一次只能和一个 PLC 连接，地址一般设成 1~31 中的任何一个数，其他无效。

设置方法如下。

（1）按上述方法连接 PLC 设备。

（2）运行 STEP7-Micro/WIN32 编程软件。

（3）从导航栏的"查看"菜单下找到"通信"选项，双击该选项打开"通信"对话框，如图 1.100 所示。

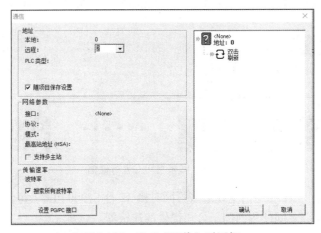

图1.100　PLC"通信"对话框

（4）在弹出的对话框的左下方有当前通信参数的设置状态。若设置不对，单击 PLC"通信"对话框左下方的"设置 PG/PC 接口"按钮，在弹出的对话框［见图 1.101（a）］中，选择"PC/PPI cable.PPI.1"，设置属性（Properties）。在弹出的对话框中修改参数。本地地址=0，传输率=9.6kbit/s，按实际选择端口。PPI 电缆上 DIP 跳线也设置成上面的状态，单击"OK"按钮返回。

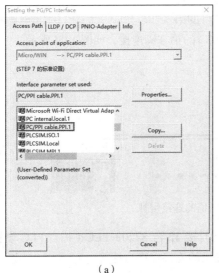

（a）　　　　　　　　　　　　　　　（b）

图1.101　设置PG/PC接口

（5）回到图 1.100 所示"通信"对话框，在"双击刷新"位置双击，开始检测总线上是否连接有 200 系列的 PLC，若有则可以开始更改此台 PLC 的地址。

（6）打开主菜单的 PLC，选择"Type"，在弹出的对话框中，选择对应型号的 PLC，然后单击"OK"按钮退出。

（7）从导航栏的"查看"菜单下找到"系统块"选项，双击该选项，在弹出的对话框中，设置 PLC 对应端口的地址，根据需要设置成 1~31 中的任何一个。单击"确认"按钮退出，如图 1.102 所示。

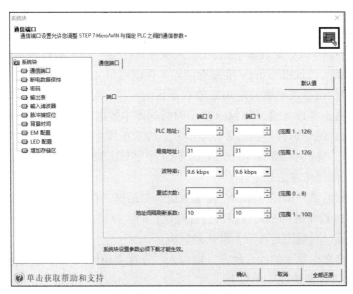

图1.102　"系统块"设置

（8）在编辑软件工具栏单击"下载"按钮 。

（9）在弹出的对话框中选择"系统块"选项，单击"OK"按钮开始下载。

3. 设置 PPI 通信驱动程序

（1）按本项目方法添加父设备和子设备。

（2）完成串口父设备属性设置。COM 口根据实际情况而定，设置波特率为 9 600bit/s，数据位位数为 8 位，停止位位数为 1 位，偶校验。

（3）西门子_S7200PPI 属性设置。要使 MCGS 能正确操作 PLC 设备，需按如下步骤使用和设置本构件的属性。

① 设备名称。可根据需要来对设备进行重新命名，但不能和设备窗口中已有的其他设备构件同名。

② 采集周期。采集周期为运行时 MCGS 对设备进行操作的时间周期，单位为毫秒，一般在静态测量时设为 1 000ms，在快速测量时设为 200ms。

③ PLC 地址。PLC 地址为总线上挂的 PLC 的地址。

④ 通信超时时间。通信超时时间为根据波特率而定的等待时间，波特率为 9 600bit/s 时，超时时间一般设置为 15~20ms，波特率为 19 200bit/s 时，超时时间为 5~10ms。

⑤ 初始工作状态。它用于设置设备的起始工作状态：设置为启动时，在进入 MCGS 运行环境时，MCGS 即自动开始对设备进行操作；设置为停止时，MCGS 不对设备进行操作，但可

以用 MCGS 的设备操作函数和策略在 MCGS 运行环境中启动或停止设备。

（4）内部属性。内部属性用于设置 PLC 的读写通道，以便后续进行设备通道连接，从而把设备中的数据送入实时数据库中的指定数据对象或把数据对象的值送入设备指定的通道输出。

西门子_S7200PPI 设备构件把 PLC 的通道分为"只读""只写"和"读写"3 种情况，"只读"用于把 PLC 中的数据读入到 MCGS 的实时数据库中；"只写"用于把 MCGS 实时数据库中的数据写入到 PLC 中；"读写"则可以从 PLC 中读数据，也可以往 PLC 中写数据。当第一次启动设备工作时，把 PLC 中的数据读回来，以后若 MCGS 不改变寄存器的值则把 PLC 中的值读回来，若 MCGS 要改变当前值则把值写到 PLC 中。这种操作的目的是，用户 PLC 程序中有些通道的数据在计算机第一次启动，或计算机中途死机时不能复位，另外可以节省变量的个数。

本设备构件可操作 PLC 的变量包括：I 输入映像寄存器（只读）；Q 输出映像寄存器（可读可写）；M 位存储器（可读可写）；V 变量存储器（可读可写）。

本设备构件中的设备通道指的是 PLC 寄存器区的 1 位，寄存器中的 1 个字节、2 个字节或 4 个字节。通过建立这些设备通道和 MCGS 实时数据库中数据对象的连接，从而做到对 PLC 中寄存器区的读和写。PLC 寄存器区的 1 位只能和实时数据库中开关型数据对象建立连接，而寄存器区的 1 个字节（8bit）、2 个字节 16（bit）或 4 个字节（32bit）和实时数据库中数值型数据对象建立连接，具体操作方法如下。

① 单击"增加通道"按钮，弹出"增加通道"对话框，在该对话框中做如下操作。

a：选择要对 PLC 中的哪个寄存器区进行操作，即选择寄存器类型。

b：选择是只读、只写还是读写，默认是只读。

c：指定操作该寄存器区的什么地方，即输入"寄存器地址"，例如要以字操作的方式读或写 VW15，则在"寄存器地址"中写 15。

d：指定数据类型，即从哪一位或哪一个寄存器开始操作。

e：指定通道数量，即设置一次连续增加多少个 PLC 通道。

通道添加方法如本项目实施中图 1.84～图 1.87 所示 。

② 单击"删除一个"按钮（见图 1.83），可以删除已建立并选中的一个 PLC 通道。

③ 单击"全部删除"按钮，可以删除全部已建立的 PLC 通道。

④ 单击"索引拷贝"按钮，可以在当前选定通道的基准上，按顺序索引的原则，增加一个新的 PLC 通道。

（5）设备调试。设备调试在构件属性对话框的"设备调试"选项卡中进行，以检查和测试本构件和 PLC 的通信连接工作是否工作。本构件对 PLC 设备的调试分为读和写两个部分，如在"通道连接"选项卡中，显示的是读 PLC 通道，则在"设备调试"选项卡中显示的是 PLC 中这些指定单元的数据状态；如在"通道连接"选项卡中显示的是写 PLC 通道，则在"设备调试"选项卡中把对应的数据写入到指定 PLC 寄存器中。

⚠ 注意

　　对于 PLC 读写通道，在设备调试时不能往下写。

4．设备命令

本设备构件提供了 2 个特定的设备命令，用于读写 PLC 中指定的寄存器区中的任何一个通道。由于设备命令的优先级最高，所以可以提高速度，尤其对"写"通道。这些设备命令的格式如下。

Read（寄存器名+地址=数据存放变量）

Write（寄存器名+地址=数据存放变量）

寄存器名：I，Q，M。

V 寄存器的表示形式有 BB（二进制字节）、BD（BCD 码字节）、WB（二进制字）、WD（BCD 码字）、DB（二进制双字）和 DD（BCD 码双字）。

寄存器地址含义：位操作时为 xx.0 ~ xx.7，如 1.2, 3.7, 12.6 等；字节操作时若地址为 12，表示操作 VB12；字操作时：若地址为 13，表示操作 VWB13 对应内存中的 VB13，14；双字操作时：若地址写为 5，表示操作 VD5 对应内存中的 VB5，6，7，8。

数据存放变量意义：读操作时把读回来的数据放入该变量中。写操作时，存放要写的数据。该参数可以不是变量，而是具体的数据。

Read(q0.3=tt1) 读 Q0.3，结果放入数据对象 tt1 中；

Write(q0.3=tt1) 把数据对象 tt1 的当前值写入 Q0.3。

本设备构件提供的设备命令可在"设备操作"策略构件的"执行指定设备命令"处输入调用，如图 1.103 所示；也可在脚本程序内输入调用。如"!SetDevice(设备名，6，"Write(Q0.1=1)")"表示 Q0.1 寄存器置 1，"!SetDevice(设备名，6，"Write(BB6=123)")"，令寄存器 VB6=123。

图1.103 执行指定设备命令

【多年如一日，把工作做到极致】

川藏铁路铺设难度创造了新的世界之最。隧道爆破专业人才彭祥华从 1994 年 7 月参加工作以来，多年如一日坚守在工程建设一线，参加了横南铁路、朔黄铁路、菏日铁路、青藏铁路、川藏铁路（拉林段）等 10 余项国家重点工程建设。像这样奋斗在生产一线的杰出劳动者还有很多，其精湛的技艺和积极探求的精神，令人肃然起敬。

成果检查（见表1.6）

表 1.6 物料传送控制系统运行调试成果检查表（40 分）

内容	评分标准	学生自评	小组互评	教师评分
模拟运行脚本编写与调试（10分）	定时器构件设置正确，脚本程序编写正确，系统模拟运行能实现控制要求。功能不正确之外每处扣 2 分			
PLC 程序编写与调试（10分）	正确编写程序并下载至 PLC，完成程序调试。编程软件使用不熟练、下载不熟练、不会按要求完成操作调试或功能不正确之处每处扣 2 分			

续表

内容	评分标准	学生自评	小组互评	教师评分
设备组态（10分）	正确设置串口通信父设备属性。不正确之处每处扣1分。 正确设置子设备基本属性及通道，并完成通道连接，不正确之处每处扣1分			
运行调试（10分）	系统联调流程正确，操作熟练，系统联调功能正确。不符合要求或不正确之处每处扣2分			
合计				

思考与练习

1. 修改小车水平移动动画的变化值，如将"+1"和"−1"改为"+2"和"−2"，如下所示，小车运行有什么变化？

```
if 右行=1 then
水平移动量=水平移动量+1
endif
if 左行=1 then
水平移动量=水平移动量-1
endif
```

2. 思考以下两段脚本程序的执行结果是否相同。

第①段：

```
if 启动=1 then
运行指示=1
endif
```

第②段：

```
if 启动=1 then 运行指示=1
```

3. 仿照定时器的设置，在 MCGS 策略行中设置一个计数器，计数对象名为"启动"，计数事件为"开关型数据对象正跳变"，计数设定值为"5"，计数当前值连接"当前值"，计数状态为"计数次数到"，复位条件为"计数复位"。在窗口制作一个按钮，名为"启动"，连接数据对象"启动"，操作类型为"按1松0"；制作另一个按钮，名为"复位"，连接数据对象"计数复位"，操作类型为"按1松0"；制作一个标签，输入文字"当前值"，添加"显示输出"动画，连接数据对象"当前值"。进入运行环境，连续单击"启动"按钮，观察标签数值变化，单击"复位"按钮，观察标签数值变化。

4. 当使用 FX 系列编程口连接三菱 FX_{2N} 系列 PLC 时，查看 MCGS 帮助系统"FX 系列 232 协议"，设置串口通信父设备的基本属性。

水位控制系统组态设计与调试

●●● **项目描述** ●●●

储藏罐在工厂、生活中应用很广泛，例如储水罐、屋顶水箱、酒厂容器、化工容器等。本项目对象为一个双储水罐（水罐1和水罐2）的水位控制系统。水罐1由水泵的开启控制注水。如果水罐1和水罐2之间的调节阀打开，则水罐1内的水流入水罐2。水罐2出水管道上的出水阀打开，则水罐2内的水流出。该系统基本结构如图2.1所示。

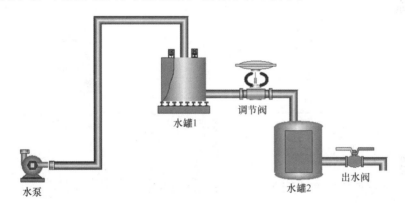

图2.1　水位控制系统基本结构

对水位控制系统有如下控制要求。

（1）操作属性：出水阀为手动无电接点阀门，调节阀为电磁线圈控制的电磁阀，水泵为三相异步电机，由接触器控制。

（2）水位控制：水罐1水位要求控制在1～10m，水罐2水位要求控制在1～6m。

（3）报警：水位1大于9m或者水位1小于2m，进行水罐1水位报警；水位2大于5m或者水位2小于1m，进行水罐2水位报警。报警值可以由负责人实时修改。

（4）水位显示：能够实时检测水罐1、水罐2水位，并进行显示。

（5）报表输出：生成水罐1和水罐2水位数据的实时报表和历史报表，供显示和打印；使用存盘数据浏览动画构件，查询历史数据；在数据显示窗口制作数据刷新按钮，可查询最新生成数据。

（6）曲线显示：生成水位参数的实时曲线和历史曲线。

（7）两个用户窗口之间可通过菜单或控制面板按钮开关进行自由切换；从控制面板可关闭用户窗口或直接退出运行环境。

水位控制系统组态监控界面的参考效果如图 2.2 所示。

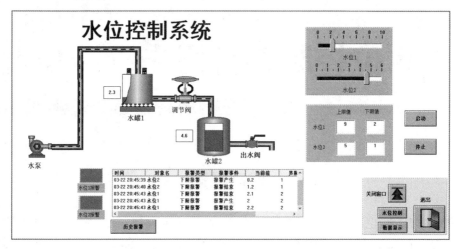

(a) 水位控制界面

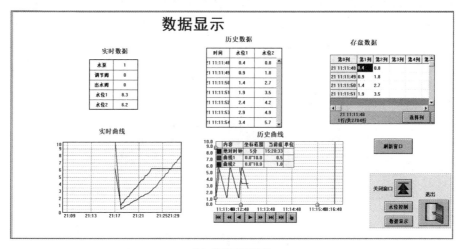

(b) 数据显示界面

图2.2 水位控制系统组态监控参考效果图

●●● 学习目标 ●●●

【知识目标】

1. 掌握各种数据对象的属性设置。
2. 熟悉各种动画属性设置。
3. 掌握报警的各种设置方法。
4. 掌握报表的设置。
5. 掌握曲线的设置。

【能力目标】

1. 能根据系统要求熟练开发监控界面。
2. 能熟练完成各种图形元件的属性设置。

3. 会根据系统要求设置各种报警。

4. 能熟练应用报表和曲线对系统数据及变化进行监控。

5. 能熟练编写脚本程序。

6. 能熟练组态 PLC 设备。

7. 能根据系统控制要求完成调试。

【素质目标】

1. 培养勤恳认真、脚踏实地的工作作风。

2. 培养严谨细致、精益求精的工匠精神。

3. 培养安全、规范作业的意识。

4. 培养分析问题、解决问题的能力。

••• 任务 2.1 水位控制系统窗口组态及数据对象定义 •••

任务目标

1. 对水位控制系统进行分析，整体构思系统监控界面。

2. 使用用户窗口工具箱完成水位控制系统主要设备布置与连接，并做必要的标注。

3. 根据水位控制系统项目要求，添加基本的数据对象。

学习导引

本任务组态包括以下内容。

1. 建立"水位控制系统"组态工程。

2. 根据水位控制系统组态监控界面参考效果图，建立"水位控制"用户窗口。

3. 在"水位控制"用户窗口中完成系统主要设备的布置：2 个不同容量的水罐；1 台水泵；水泵与水罐 1 之间的水管，水罐 1 与水罐 2 之间的水管，水罐 2 的出水管；水罐 1 和水罐 2 之间的调节阀，水罐 2 出水管上的出水阀。所有的图形都可以从用户窗口工具箱的元件库中调用。

4. 使用"标签"对主要设备进行标注。

5. 根据水位控制系统组态工程调试的基本需求，在实时数据库中添加对应数据对象。

任务实施

一、水位控制系统用户窗口组态

1. 建立工程

（1）双击桌面"MCGS 组态环境"图标，打开 MCGS 通用版组态环境，进入样例工程。

（2）在菜单栏中选择"文件"→"新建工程"命令，如图 2.3 所示。

（3）进入新建工程工作台界面后，选择"文件"→"工程另存为"命令，打开文件"保存为"对话框，按希望的路径保存文件。输入文件名，如"水位控制系统"，如图 2.4 所示，单击"保存"按钮，工程建立完毕。

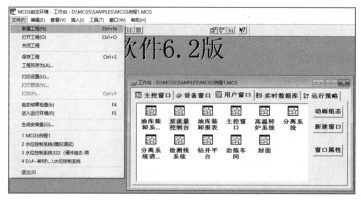

图2.3　新建工程

图2.4　保存工程

2. 创建用户窗口

在工作台界面，单击"用户窗口"标签，打开对应的选项卡，再单击"新建窗口"按钮，如图 2.5 所示。

选中新建的"窗口 0"，单击鼠标右键，在弹出的快捷菜单中选择"属性"命令，打开"用户窗口属性设置"对话框。在"基本属性"选项卡中，将 "窗口名称"修改为"水位控制"，单击"确认"按钮，如图 2.6 所示。

图2.5　新建用户窗口

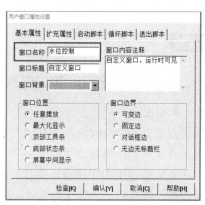

图2.6　设置新建用户窗口名称（一）

再次新建窗口，并选中窗口，单击鼠标右键，在弹出的快捷菜单中选择"属性"命令，打开"用户窗口属性设置"对话框，在"基本属性"选项卡中，将"窗口名称"修改为"数据显示"，单击"确认"按钮，完成"水位控制"和"数据显示"两个用户窗口的创建，如图 2.7 所示。

图2.7　设置新建用户窗口名称（二）

3．绘制水位控制画面

选中"水位控制"用户窗口图标，单击"动画组态"按钮（或直接双击"水位控制"窗口图标），进入"水位控制"窗口，开始组建监控画面。

2.1　绘制水位控制画面

① 制作水罐。在工具栏单击"工具箱"按钮 ✗，打开绘图工具箱，在其中单击"插入元件"按钮 ▤，进入"对象元件库管理"对话框，选中"储藏罐"，显示所有水罐，拖动滑块，按需求选中罐 17（或其他罐体，此处建议选择带彩色块的罐，用于后续显示水位高低变化），如图 2.8 所示。单击"确定"按钮，此时，罐 17 出现在"水位控制"窗口界面。重复以上过程，选中"罐 53"作为水罐 2。

② 制作阀门。再次打开"对象元件库管理"对话框，从"阀"中选取"阀 58""阀 44"，作为调节阀和出水阀。

③ 制作水泵。打开"对象元件库管理"对话框，从"泵"中选取"泵 40"，作为水罐 1 注水泵。

选中水泵，拖动周围白色矩形块，改变水泵大小，再依次调节水罐 1 和水罐 2 的大小。拖动水泵、水罐 1 和水罐 2 到合适位置，完成泵和水罐的布局。

④ 制作水管。从"对象元件库管理"对话框的"管道"类中选择"管道 98"，在"水位控制"用户窗口中将管道 98 的横向部分与水泵出口对齐，选中管道，将鼠标光标移至黄色菱形块处，待鼠标光标变为"十"字形，按住鼠标左键拖动，改变管道直径，如图 2.9 所示。用同样的方法也可改变纵向管道直径。

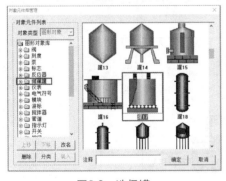

图2.8　选择罐

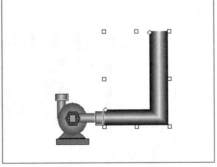

图2.9　设置连接水管

图 2.9（彩图）

选中管道，复制、粘贴，再次选中粘贴后的管道，单击鼠标右键，在打开的快捷菜单中选择"排列"→"旋转"命令，通过镜像或左右旋转，获得与第一段弯管相连的管道，并对齐，如图 2.10 和图 2.11 所示。

继续以上过程，完成泵与水罐 1、水罐 1 与水罐 2 连接管道、水罐 2 出水管道的制作。

在水罐 1 与水罐 2 连接管道上放置调节阀，水罐 2 出水管道上放置出水阀。按图 2.12 所示方法调节各图形元件的层次，最终获得图 2.13 所示的整体效果。

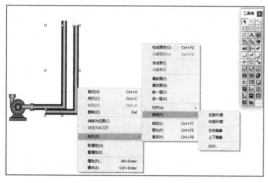

图2.10　复制并调整管道方向

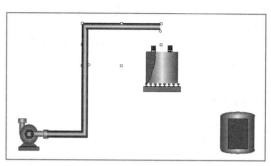

图2.11　管道连接

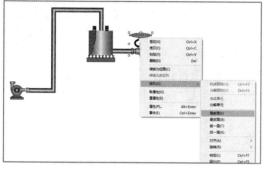

图2.12　调整层次

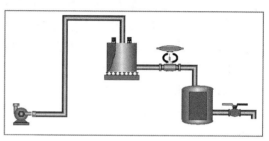

图2.13　整体效果

⑤ 文字标注。单击工具箱内的"标签"按钮 **A**，待鼠标光标呈"十"字形，拖曳鼠标，在窗口上端适当位置根据需要拉出适当大小的矩形，在光标闪烁位置开始输入文字"水位控制系统"。输入完毕，按回车键或用鼠标单击窗口其他任意位置结束。再选中标签，单击鼠标右键，在打开的快捷菜单中选择"属性"命令，打开相应的对话框，设置颜色、字体、边线等静态属性。

用同样的方法，在水泵、水罐 1、调节阀、水罐 2、出水阀下方进行文字标注。文字标注最终效果如图 2.14 所示。

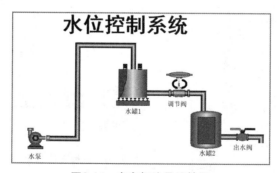

图2.14　文字标注最终效果

画面制作完毕后，选择"文件"→"保存窗口"命令，保存画面。

二、定义水位控制系统数据对象

为操作方便，需要在组态界面控制系统启动和停止；在调试过程中，需要模拟操作水泵、调节阀和出水阀控制其开启和关闭，因此需要建立这 5 个开关型数据对象。

水罐 1 和水罐 2 的水位高低需要在监控界面实时显示，需要有对应的数值型数据对象与其连接；在运行时，管理员要有上限值和下限值修改权限，故应设置水罐 1 和水罐 2 的上限和下限等数值型数据对象。为了使水位 1 和水位 2 的数值能在同一个报表或同一个曲线坐标中显示，可添加一个组对象，其成员包括水位 1 和水位 2。

2.2 添加数据对象

根据以上分析，本系统最基本的数据对象如表 2.1 所示。在动画设置或脚本编写过程中，可根据需要随时增加其他数据对象。

表 2.1　水位控制系统基本数据对象

名称	类型	注释
启动	开关型	控制系统启动，按下为 1，松开为 0
停止	开关型	控制系统停止，按下为 1，松开为 0
水泵	开关型	=1 表示开启，水罐 1 注水
调节阀	开关型	=1 表示打开，水罐 1 出水，水罐 2 注水
出水阀	开关型	=1 表示打开，水罐 2 出水
水位 1	数值型	水罐 1 的水位，连续变化值
水位 2	数值型	水罐 2 的水位，连续变化值
水位 1 上限	数值型	水罐 1 的上限报警水位，水罐 1 已满
水位 1 下限	数值型	水罐 1 的下限报警水位，水罐 1 缺水
水位 2 上限	数值型	水罐 2 的上限报警水位，水罐 2 已满
水位 2 下限	数值型	水罐 2 的下限报警水位，水罐 2 缺水
水位组	组对象	包含水位 1 和水位 2

回到工作台，打开"实时数据库"选项卡，单击"新增对象"按钮，选中新增对象，单击鼠标右键，在打开的快捷菜单中选择"属性"命令，打开"数据对象属性设置"对话框，在"基本属性"选项卡中设置"对象名称"为"水泵"，"对象初值"为"0"，"对象类型"为"开关"，如图 2.15 所示。

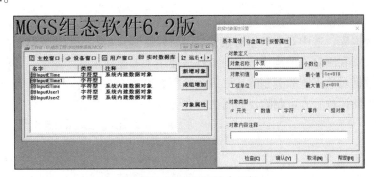

图 2.15　设置水泵基本属性

按表 2.1 所示名称及类型，依次新增"启动""停止""调节阀""出水阀"开关型数据对象，其对象初值都设置为 0；新增"水位 1"和"水位 2"数值型数据对象，对象初值为 0；新增"水位 1 上限"数值型数据对象，对象初值为 9；新增"水位 1 下限"数值型数据对象，对象初值为 2；新增"水位 2 上限"数值型数据对象，对象初值为 5；新增"水位 2 下限"数值型数据对象，对象初值为 1；"水位组"的"对象类型"设置为"组对象"，不用设置对象初值，设置方法如图 2.16 所示。添加完毕，得到水位控制系统实时数据库所需基本数据对象，如图 2.17 所示。

(a) 添加组对象　　　　　　　　　　(b) 添加组对象成员

图2.16　设置水位组组对象并添加成员

图2.17　水位控制系统数据对象列表

拓展与提升

一、删除数据对象

当发现数据对象设置有误或重复设置时，可以删除该数据对象。方法如下。

进入实时数据库，选中对应数据对象，单击鼠标右键，在打开的快捷菜单中选择"删除"命令，有时可以顺利删除，但当该数据对象已被使用（如连接了某个图形，或在脚本当中被使用）时，则该数据对象不能顺利删除，必须删除所有连接，并使用"工具"菜单中的"使用计数检查"命令更新计数后方可删除，如图 2.18 所示。

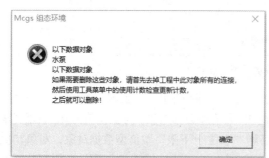 

图2.18　删除数据对象

二、数据对象重命名

用户对于工程中已经连接且所需要进行重命名的
数据对象，可使用"数据对象名替换"功能。在菜单栏
选择"工具"→"数据对象名替换"命令，打开"数据
对象名替换"对话框，在"查找对象"的输入框中输入
数据对象名称（或者单击此框右侧的"？"按钮，进入
数据对象弹窗中选择数据对象），再输入准备替换的名
称，单击"确定"按钮即可，如图 2.19 所示。

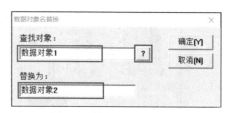

图2.19　数据对象的重命名

三、图形排列

当选中图形对象后，单击鼠标右键，可以设置"排列"属性，如图 2.20 所示。选中水管后，
通过排列可对其进行"构成图符"、"合成单元"、排列层次、"对齐"、"旋转"等操作。

（1）构成图符与分解图符

两个以上的图形对象可以"构成图符"，如图 2.20 所示。构成图符后，图符中的图形对象
将不能再进行单独操作，只能进行整个图符的操作。若需要单独进行操作，可选中图符后，单
击鼠标右键，在弹出的快捷菜单中选择"排列"→"分解图符"命令，回到之前的状态。

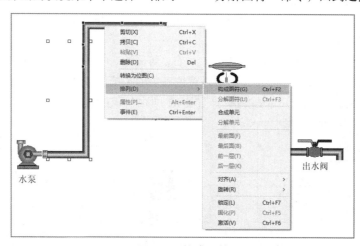

图2.20　构成图符

（2）合成单元与分解单元

两个以上的图形对象分别设置完属性后，可以合成单元。合成后的单元可以单独修改每个
图形的属性。同样，也可以通过分解单元解除合成。如图 2.21 所示，按住"Shift"键，选中水
罐 1 和水罐 2，合成单元。选中合成后的水罐单元，进行动画连接属性设置，可对水罐 1 和水
罐 2 的蓝色块分别设置动画属性。

构成图符和合成单元的异同之处如下。

① 构成图符和合成单元都是将多个图形或图符合并成一个整体。

② 构成图符会将图符内包含的所有图形或图符原有的动画属性清除，构成一个新的整体。
构成图符后不能单独设置原来图形的静态属性。已经合成的单元不能再构成图符，将单元分解
后可以再构成图符。选中水位控制系统界面中的水泵图元，单击鼠标右键，在弹出的快捷菜单

中查看"排列"子菜单，若"构成图符"选项为灰色，表示不可操作。

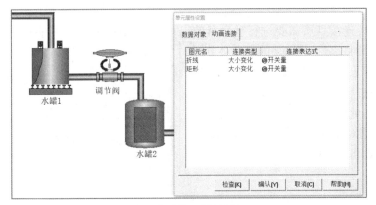

图2.21（彩图）

图2.21　合成单元属性设置

③ 合成单元后，其中的图形或图符又被称作"图元"，它们只是单元中的图形元素而已，会保留原有动画连接，而且可以在"单元属性设置"中单独设置图元的动画连接，且每个图元设置的动画可以不同步。

（3）排列层次

由图 2.20 可见，排列层次包括"最前面""最后面""前一层""后一层"。选中水泵图形，设置其排列层次为"最前面"，表示将水泵移动到该窗口所有图形的最顶层。

（4）对齐与旋转

"对齐"是指将多个图形执行上、下、左、右，等间距、等高、等宽，中心对齐等动作。图2.22（b）是将图 2.22（a）中的 3 个图形以黄色三角形（按住"Shift"键，然后选中黄色三角形，其周围出现黑色小矩形）为基准执行"横向等间距"和"纵向对中"操作之后的效果。

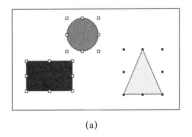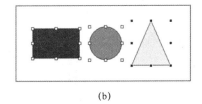

图 2.22（彩图）

(a)　　　　　　　　　　　　　　　　　(b)

图2.22　对齐

"旋转"是指将所选定的单个图形执行"左旋 90 度""右旋 90 度""左右镜像"或"上下镜像"的操作。

（5）锁定、固化与激活

执行"锁定"操作，则选中的图形不能再拖动。执行"固化"操作后，指定的图形不能移动，也不能设置动画属性。"激活"是与"固化"相反的操作。

四、图形的大小和坐标

用户窗口和图形的尺寸大小、坐标都是以像素为单位的。若显示器输出分辨率为 1 366 像素×768 像素，则窗口和图形最大尺寸只能设置为宽 1 366 像素、高 768 像素，超过最大尺寸，将导致部分内容不能显示。窗口和图形以窗口和图形的最左端、最上端的点所在位置为参考点来确定其坐标和尺寸。要得到位置及尺寸必须先在"查看"菜单选中"状态条",在窗口下方将出现状态条。如图 2.23 所示,选中水罐 2,状态条中显示 **位置 674X316** **大小 100X118** ,则说明水罐 2 的左上方坐标为水平方向从窗口最左端往右 674 像素,垂直方向从窗口左上方往下 316像素,水罐 2 宽度为 100 像素,高度为 118 像素。

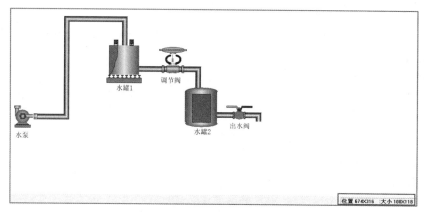

图2.23 坐标与尺寸

成果检查(见表2.2)

表 2.2 水位控制系统窗口组态及数据对象定义成果检查表(20 分)

内容	评分标准	学生自评	小组互评	教师评分
工程建立(1分)	新建工程,并按指定要求完成工程命名,按路径保存。不符合要求之处每处扣 0.5 分			
用户窗口创建及属性设置(1分)	新增用户窗口,并按要求设置基本属性,包含窗口名称、窗口背景、窗口位置。不符合要求之处每处扣 0.5 分			
水罐的制作(2分)	选择两个带大小变化动画连接的水罐;水罐大小调整合适,层次排列正确,与水管连接处美观。不符合要求之处每处扣 0.5 分			
水泵的制作(2分)	选择带按钮输入和颜色填充动画连接的水泵;水泵大小调整合适,层次排列正确,与水管连接处美观。不符合要求之处每处扣 0.5 分			
调节阀和出水阀的制作(4分)	选择带按钮输入和填充颜色动画连接的调节阀,带按钮输入和可见度动画连接、具有两个手柄的出水阀;阀门管径与水罐管径基本相同;调节阀在水罐 1 与水罐 2 之间的水管上,出水阀在水罐 2 之后的水管上;阀门排列在水管之前。不符合要求之处每处扣 1 分			
水管的制作(4分)	水管直径与水泵出水口直径基本一致;水管连接顺滑,管径无差异。水罐 1 的进水处、出水处,水罐 2 的进水处、出水处设计合理。不符合要求之处每处扣 1 分			

续表

内容	评分标准	学生自评	小组互评	教师评分
文字标签的制作（2分）	标签文字正确，大小合适，与标注的对象位置合理。不符合要求之处每处扣0.5分			
数据对象（4分）	数据对象名称简单易懂、对象定义及类型正确。不合理或错误之处每处扣0.5分			
合计				

思考与练习

1. 水位1和水位2，以及水位1上限、水位1下限、水位2上限、水位2下限为什么要设置数值型数据对象？

2. 绘制底色与边框颜色分别为黄色、绿色、红色，边长分别为300、200、100的3个正方形，居中对齐并构成图符。

3. 本项目有两个用户窗口，如何设置可使当进入运行时，"水位控制"用户窗口首先出现？

••• 任务2.2 水位控制系统动画组态 •••

任务目标

1. 按水位控制系统控制及显示要求，完成系统图形与数据对象的连接。

2. 按水位控制系统控制及显示要求正确设置监控界面各图形动画属性或操作属性。

3. 按报警要求，选用实时报警灯、"报警构件""历史报警信息浏览"等方式完成报警数据显示。

学习导引

本任务组态包括以下内容。

1. 将水泵、调节阀和出水阀连接对应的表达式（数据对象）。完成动画连接设置，包括水位高低变化、水泵启停操作和颜色变化、调节阀开关及颜色变化、出水阀开关及可见度变化。

2. 在水管中绘制流动块，添加流动块的流动效果及可见度属性，用于显示水管中的水流效果。

3. 添加两个滑动输入器，设置操作属性，分别连接水位1和水位2，用于手动模拟调节水位1和水位2的值。

4. 用标签制作文字框，添加显示输出动画，用于显示水位1和水位2的数值。

5. 设置水位1和水位2的报警动画。

（1）设置水位1和水位2的报警属性。

（2）利用报警函数和输入框实现水位1和水位2的报警限值在运行环境下的修改。

（3）在监控界面使用报警灯的颜色变化及闪烁效果实时报警。

（4）使用"报警显示"构件，实时显示当前报警信息。

（5）使用"历史报警信息浏览"策略构件显示指定时间内的报警信息，并制作菜单打开历史报警信息界面。

任务实施

一、水泵、调节阀、出水阀动画连接

2.3 水泵、阀门及水位动画组态

1. 水泵启停控制

① 在"水位控制"用户窗口中，选中水泵，单击鼠标右键，在打开的快捷菜单中选择"属性"命令，进入"单元属性设置"对话框，如图 2.24（a）所示。

② 在"动画连接"选项卡中，选中第 1 行，设置组合图符的连接。单击右侧">"按钮，如图 2.24（a）所示，进入水泵按钮功能属性对话框。

③ 在"按钮动作"选项卡选中"数据对象值操作"复选框，操作类型选择"取反"，在"单元属性设置"对话框选中"@开关量"，单击右侧"?"按钮，在打开的数据对象列表中双击选择"水泵"数据对象，则水泵图形对象按钮动作属性设置完毕，如图 2.24（b）所示。此时水泵具有按钮功能，单击水泵图形对象，"水泵"数据对象的值将取反，如当前值为 0，单击一次将变为 1，再次单击变为 0。

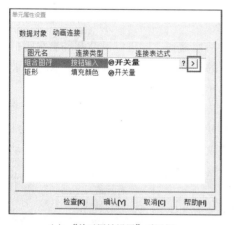

(a) "单元属性设置"对话框

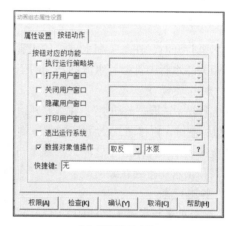

(b) 设置按钮功能

图2.24 "单元属性设置"对话框及按钮功能设置

④ 单击"确认"按钮，返回"动画连接"选项卡。选中第 2 行，设置矩形的连接。用同样的方法，将表达式改为"水泵"，当"水泵"值为 0 时，水泵图形对象的矩形块显示红色，表示水泵停止运行；值为 1 时，显示绿色，表示水泵启动运行，如图 2.25 所示，单击"确认"按钮。

2. 调节阀与出水阀的开、关控制

① 调节阀开、关控制的动画设置与水泵设置流程相同，只需把水泵控制动画设置中连接的数据对象由"水泵"修改为"调节阀"。

② 出水阀的开、关需在"数据对象"选项卡中设置，将"按钮输入""可见度"的数据对象均设置为"出水阀"。单击第 2

图 2.25（彩图）

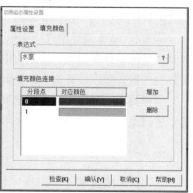

图2.25 矩形块动画连接

行的"＞"按钮，在"动画组态属性设置"对话框的"属性设置"选项卡中，"填充颜色"初始为"绿色"，代表出水阀打开时手柄的位置，故"可见度"属性设置为：当表达式非零时，对应图符可见，如图 2.26 所示。而第 3 行的折线静态属性的"填充颜色"为"红色"，代表出水阀关闭时手柄位置，"可见度"设置为，当表达式非零时，对应图符不可见。

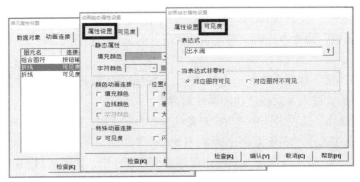

图2.26　出水阀动画连接

二、水流效果设置

当水泵打开时，在水泵和水罐 1 的水管中将会有水流通，同理，调节阀和出水阀打开时，在与其相关的水管中都会有水流动。利用工具箱中的"流动块"构件可以表示水流效果。

1. 制作流动块

从工具箱中选取"流动块"，在水流开始处单击鼠标左键，松开鼠标，移动至水管转弯处，再次单击鼠标左键，再移动，最后移动到需要绘制流动块的终点，双击鼠标左键，流动块绘制完毕。

依次绘制水泵与水罐 1 之间、水罐 1 与水罐 2 之间、水罐 2 出水管道上的各段流动块，并将调节阀和出水阀排列在最前面。

2. 水流效果

① 双击水泵与水罐 1 之间的"流动块"，弹出"流动块构件属性设置"对话框。

② 在"流动属性"选项卡中，选择表达式为"水泵"，流动属性为：当表达式非零时，流动块开始流动。

③ 在"可见度属性"选项卡中，表达式仍选择"水泵"，可见度属性为：当表达式非零时，流动块构件可见。

④ 在"基本属性"选项卡中，可以按图 2.27 所示设置流动块的流动外观属性、流动方向属性、流动速度属性。管道外观参数设置以使管道外形达到美观、合适为宜。

图2.27　流动块基本属性

同样设置水罐 1 与水罐 2 之间的流动块的动画效果，数据对象选择"调节阀"。设置水罐 2 出水管道上流动块的动画效果，数据对象选择"出水阀"。

三、水位动画设置

1. 水位值控制

利用"滑动输入器"可以改变"水位 1"和"水位 2"数据对象的值。

以水罐 1 为例。

① 选中工具箱中的"滑动输入器"构件，按住鼠标左键，在"水位控制"用户窗口空白处将构件拖至适当大小。

② 双击"滑动输入器"，弹出"滑动输入器构件属性设置"对话框，可以设置"基本属性""刻度与标注属性""操作属性"及"可见度属性"。在"基本属性"选项卡中，滑块指向选择"指向左（上）"；在"刻度与标注属性"选项卡中，主划线数目设置为"5"（为便于读数，主划线数目与水位最大值成倍数关系），次划线数目设置为"2"；在"操作属性"选项卡中，"对应数据对象的名称"设置为"水位 1"，"滑块在最右［下］边时对应的值"设置为"10"，如图 2.28 所示。

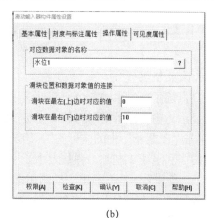

(a)　　　　　　　　　　　　　　　(b)

图 2.28　"滑动输入器构件属性设置"对话框

在滑动输入器下方使用"标签"标注文字"水位 1"。

③ 复制当前滑动输入器和"水位 1"标签，粘贴，然后移动至下方并对齐。修改标签为"水位 2"，修改第 2 个滑动输入器的"刻度与标注属性"选项卡中的主划线数目为"6"，"操作属性"选项卡中的"对应数据对象的名称"为"水位 2"，"滑块在最右［下］边时对应的值"为"6"。

④ 从工具箱面板中打开"常用符号"，单击选取"凹槽平面"，拖动鼠标绘制凹槽平面，覆盖两个滑动输入器和标签，选中该平面，设置其排列属性为"最后面"。

滑动输入器制作效果如图 2.29 所示，运行时拖动滑块将直接改变水位值。

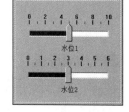

图 2.29　滑动输入器制作效果

2. 水位升降控制

水位升降通过将水罐 1 和水罐 2 与数据对象"水位 1"和"水位 2"关联而实现。当数据对象的值发生变化时，水罐蓝色块的高度也会发生变化。具体设置如下。

双击"水罐 1"，弹出"单元属性设置"对话框，打开"动画连接"选项卡，设置"折线"的"大小变化"动画属性如图 2.30 所示。当"水位 1"数据对象值为"0"时，水罐 1 水位为"0%"，即无水；当"水位 1"数据对象值增加为"10"时，水罐 1 注满水，水位达到 100%；当表达式为 0 ~ 10 中的任意值时，水位按设定的比例对蓝色块进行剪切处理。

水罐 2 水位升降动画制作过程与水罐 1 相同，仅"表达式"改为"水位 2"，"最大变化百分比"对应的"表达式的值"改为"6"，其他参数不变。

图2.30　水位1动画设置

3. 水位数值显示

水位高低除了通过水罐蓝色块高低显示及滑动输入器滑块位置指示外，还可以用数字进行精准输出显示。输出显示使用构件"标签"完成。

① 单击"工具箱"中的"标签"，绘制两个标签，放置在水罐1和水罐2左方，调整大小。

② 双击第一个标签，弹出"动画组态属性设置"对话框，设置"填充颜色"为"白色"，黑色边线，文字颜色为"黑色"。"输入输出连接"选择"显示输入"。

③ 在"显示输出"选项卡中，"表达式"选择"水位1"，"输出值类型"选择"数值量输出"，"输出格式"选择"向中对齐"，小数位数为"1"，整数位数为"0"，如图2.31所示。

水位2的显示输出设置与水位1相同，只是"表达式"需修改为"水位2"。

图2.31　水位数值显示输出设置

四、报警设置

根据水位1和水位2的上限和下限报警设定值，分别进行指示灯报警、实时报警和历史报警信息浏览。

1. 设置允许报警

① 进入"实时数据库"，双击"水位1"数据对象，进入"数据对象属性设置"对话框。

② 打开"报警属性"选项卡，选中"允许进行报警处理"复选框，在"报警设置"中选中"上限报警"复选框，报警值设置为"9"，添加报警注释为"水罐1水位高"，如图2.32所示；选中"下限报警"复选框，报警值设置为2，添加报警注释为"水罐1水位低"。

③ 打开"存盘属性"选项卡，在"报警数值的存盘"区域选中"自动保存产生的报警信息"复选框，如图2.33所示。单击"确认"按钮，"水位1"的报警属性设置完毕。

"水位2"的报警属性设置方法与"水位1"相同，但是上限报警值修改为"5"，报警注释为"水罐2水位高"；下限报警值修改为"1"，报警注释修改为"水罐2水位低"。并用同样的方法设置"自动保存产生的报警信息"。

图2.32 设置报警属性

图2.33 设置存盘属性

2. 修改报警限值

2.4 修改报警限值

在实时数据库中，定义了"水位1上限""水位1下限""水位2上限""水位2下限"的初始值，该初始值即为报警限值，是一个固定的值。而如果用户想在运行环境下根据实际情况随时调整报警上、下限值，该如何实现呢？MCGS 中可以使用"数据对象操作"类型的系统函数来实现，此函数格式为：!SetAlmValue(DatName,Value,Flag)。

（1）制作交互界面

① 从工具箱中单击"输入框"按钮 **abl**，在窗口空白处按住鼠标左键，拖曳输入框至合适的位置及大小，在左侧用"标签"制作"水位 1"，上方标注"上限值"。

② 双击当前"输入框"，弹出"输入框构件属性设置"对话框。在"操作属性"选项卡，"对应数据对象的名称"选择"水位 1 上限"，"数值输入的取值范围"的"最小值"设为"8"、"最大值"设为"10"，如图 2.34 所示。

③ 在第一个输入框右侧放置另一个输入框，上方标注"下限值"。同样设置其属性，但"对应数据对象的名称"选择"水位 1 下限"，"数值输入的取值范围"的"最小值"设为"0"、"最大值"设为"3"。

④ 在下方再添加两个输入框，左侧标注"水位 2"，用于输入"水位 2"的上限报警值和下限报警值。上限报警值的范围为 4～6，下限报警值的范围为 0～3。

⑤ 最后添加凹槽平面，并调整前后层，得到图 2.35 所示的效果。

图2.34 设置输入框属性

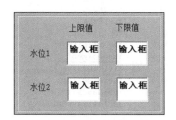

图2.35 输入框效果图

（2）添加报警参数设置函数

① 从工作台进入"运行策略"选项卡，双击"循环策略"，弹出循环策略组态对话框，双击"策略"，设置策略属性，将策略执行循环时间修改为"500ms"，如图 2.36（a）所示。

② 选中策略后，单击工具栏的"新增策略行"按钮 ^品，从策略工具箱中选取"脚本程序"添加至策略框，如图 2.36（b）所示。

(a) 设置策略循环时间

(b) 添加脚本程序构件

图2.36　设置策略属性并添加脚本程序

③ 双击打开脚本程序，进入脚本程序编辑界面。直接输入函数或从右侧界面选取报警设置函数，如图 2.37 所示。

④ 在脚本编辑框中将"!SetAlmValue(DatName,Value,Flag)"修改为"!SetAlmValue（水位1,水位 1 上限,3）"。其中"3"表示设置上限报警值。

⚠ 注意

逗号使用半角输入。

⑤ 复制当前行，粘贴，修改为"!SetAlmValue（水位 1,水位 1 下限,2）"，"2"表示设置下限报警值。

⑥ 再次复制 2 行，依次修改为"!SetAlmValue（水位 2,水位 2 上限,3）""!SetAlmValue（水位 2,水位 2 下限,2）"，最后的效果如图 2.38 所示。

图2.37　选取"！SetAlmValue( )"函数

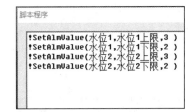

图2.38　设置"！SetAlmValue( )"脚本程序

3. 报警指示灯

2.5 报警设置

① 进入工具箱，单击"插入元件"按钮，进入"对象元件库管理"对话框，从"指示灯"类中选取一个，如"指示灯 6"，在其下方用标签标注"水位 1 报警"。

② 双击指示灯，打开"动画组态属性设置"对话框。选中"动画连接"选项卡中的"标签"项，单击右侧">"按钮，进入"填充颜色"选项卡。"表达式"设置为"水位 1 上限<水位 1 or 水位 1<水位 1 下限"。注意此处大于和小于符号使用半角输入，"or"前后都空格。设置分段点："0"为绿色，"1"为红色，如图 2.39 所示。

③ 选择"属性设置"选项卡，选中"特殊动画连接"下的"闪烁效果"复选框，增加"闪烁效果"选项卡。进入"闪烁效果"选项卡，"表达式"设为"水位 1 上限<水位 1 or 水位 1<水位 1 下限"，"闪烁实现方式"选择"用图元可见度变化实现闪烁"，"闪烁速度"选择"快"，如图 2.40 所示。

图 2.39（彩图）

图2.39　水位1报警指示灯填充颜色设置　　图2.40　水位1报警指示灯闪烁效果设置

④ 动画设置完毕，在报警指示灯下方标注"水位 1 报警"。

⑤ 用同样的方法设置水位 2 报警指示灯。表达式修改为"水位 2 上限<水位 2 or 水位 2 <水位 2 下限"，标注文字修改为"水位 2 报警"。

⑥ 使用"排列"命令将两个报警指示灯和标注纵向对齐，最终效果如图 2.41 所示。

4. 实时报警信息浏览与管理

"报警显示"构件专用于实现 MCGS 系统的报警信息管理、浏览和实时显示的功能。

① 从工具箱中选取"报警显示"构件，按住鼠标左键，在"水位控制"用户窗口的合适位置拖出一定大小，如图 2.42 所示。

② 双击用户窗口中的"报警显示"构件，打开"报警显示构件属性设置"对话框，设置"对应的数据对象的名称"为"水位组"，如图 2.43 所示。

图2.41　报警指示灯设置效果

5. 历史报警信息浏览与管理

"报警信息浏览"构件允许用户将 MCGS 的报警存盘信息以报表的形式显示在 MCGS 窗口中，或直接输出到打印机上，打印成报表。在运行时，通过执行 MCGS 的运行策略，将用户指定的时间范围内，指定的数据对象的报警存盘信息显示或打印出来。

图2.42　"报警显示"构件　　　　　　图2.43　"报警显示构件属性设置"对话框

① 回到"运行策略"选项卡，单击"新建策略"按钮，策略类型选择"用户策略"，如图 2.44 所示。双击新建的策略，打开"策略属性设置"对话框，将"策略名称"修改为"报警信息浏览"，如图 2.45 所示。

图2.44　新建用户策略　　　　　　　　图2.45　修改策略名称

② 双击打开"报警信息浏览"，进行策略组态。同样从工具栏中添加策略行，并从策略工具箱中将"报警信息浏览"策略构件添加至策略行，如图 2.46 所示。

⚠ 注意

　　如果工具箱中没有"报警信息浏览"策略构件，则需要通过选择"工具"→"策略构件管理"命令，打开"策略构件管理"对话框，单击"通用功能构件"左侧的"+"号展开其子选项，双击"报警信息浏览"，找到"报警信息浏览"策略构件，双击将其添加至右边栏。单击"确认"按钮，则"报警信息浏览"策略构件出现在"策略工具箱"中，如图 2.47 所示。

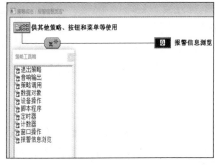

图2.46　添加"报警信息浏览"策略构件　　　　图2.47　策略构件管理

③ 双击策略行中的"报警信息浏览"策略构件，弹出"报警信息浏览构件属性设置"对话框。在此根据查询需求选择相应的设置，例如设置"报警信息来源"为"水位组"，"时间范围"为"显示所有报警信息"，"报警内容"为"所有报警信息"，如图2.48所示。

图2.48 "报警信息浏览"构件属性设置

若要查看历史报警信息，可添加一个菜单，或在用户窗口中添加按钮来打开报警信息浏览界面。下面以添加菜单为例说明一下具体步骤。

从工作台打开主控窗口，选中"系统管理"菜单后，从工具栏单击"新增菜单"按钮，选中预命名为"操作0"的菜单项。双击"操作0"，弹出"菜单属性设置"对话框。将菜单名称修改为"历史报警"，在"菜单操作"选项卡中选中"执行运行策略块"复选框，并单击其右侧的下拉按钮，在下拉列表中选择"报警信息浏览"选项，如图2.49所示。

图2.49 菜单属性设置

拓展与提升

一、设置报警函数"！SetAlmValue( )"

MCGS组态软件的系统函数分为运行环境操作函数、数据对象操作函数、用户登录函数等11类。"！SetAlmValue( )"属于数据对象操作函数。其含义为设置某个数据对象的报警值，只能对数值型操作对象有效，其格式为"!SetAlmValue(DatName,Value,Flag)"，括号内各参数的含义如下。

DatName：数据对象名。

Value：新的报警值，数值型。

Flag：数值型，表示要操作何种限值，具体意义如下。

=1：下下限报警值；
=2：下限报警值；
=3：上限报警值；
=4：上上限报警值；
=5：下偏差报警限值；
=6：上偏差报警限值；
=7：偏差报警基准值；

本任务中，"!SetAlmValue(水位1,水位1上限,3)"即表示修改水位1的报警值，并将"水位1上限"数据对象的值赋给"水位1"作为新的报警值，而参数"3"则作为"水位1"的上限报警值。而如果将参数改为"!SetAlmValue(水位1,8,3)"，则代表直接将数值8赋给"水位1"作为上限报警值。

相反，如果想要读取报警值，则可以使用"!GetAlmValue(DatName,Value,Flag)"函数。该函数代表读取"DatName"（例如"水位1"）的报警值，"Value"表示读取的报警限制存放的位置（例如存放在"水位1上限"），而"Flag"表示读取何种限制（例如"3"表示读取上限）。

二、使用按钮打开用户策略

使用菜单可以进入历史报警信息浏览界面，使用按钮操作也可以打开用户策略。从水位控制系统的用户窗口通过标准按钮打开历史报警信息浏览界面的方法如下。

从工具箱中选择"标准按钮"，添加至水位控制系统的"用户窗口"右下方。双击标准按钮，弹出"标准按钮构件属性设置"对话框，在"基本属性"选项卡中，将按钮标题修改为"历史报警浏览"，在"操作属性"选项卡选中"执行运行策略块"复选框，单击其右侧的下拉按钮打开其下拉列表，选择"报警信息浏览"选项，如图2.50所示。设置完成后进入运行环境，可从"水位控制"用户窗口单击"历史报警浏览"按钮，直接打开历史报警信息浏览界面，关闭该界面可返回"水位控制"用户窗口。

图2.50　标准按钮属性设置

由前述练习已知按钮可改变数据对象的值，图2.50设置了使用按钮打开指定的用户策略，由图2.50可知，也可设置按钮实现打开用户窗口、关闭用户窗口、隐藏用户窗口、打印用户窗口及直接退出组态运行环境。

成果检查（见表2.3）

表2.3　水位控制系统动画组态成果检查表（20分）

内容	评分标准	学生自评	小组互评	教师评分
水泵动画连接（2分）	正确设置水泵的按钮操作和填充颜色动画连接。每处错误扣1分			
调节阀动画连接（2分）	正确设置调节阀的按钮操作和填充颜色动画连接。每处错误扣1分			
出水阀动画连接（2分）	正确设置出水阀的按钮操作和可见度动画连接。每处错误扣1分			
水罐动画连接（2分）	正确设置水罐1和水罐2的水位变化连接。每处错误扣0.5分			
滑动输入器制作与动画连接（3分）	大小、位置及排列美观、合理，刻度与标注合理。正确连接水位1和水位2。不合理或不正确的每处扣0.5分			

内容	评分标准	学生自评	小组互评	教师评分
报警值设置（4分）	正确设置报警属性、报警值修改函数、输入框数据对象连接。能正确实现报警限值修改。不合理或不正确的每处扣1分			
报警显示（5分）	正确设置实时报警和历史报警属性。能用3种方式正确显示报警状态和报警数据。不合理或不正确的每处扣1分			
合计				

思考与练习

1. 水罐1的"大小变化""最大变化百分比"100对应的表达式的值若设置为100，而对应水位1的滑动输入器最大值为10m，那么当拖动滑动输入器滑块到最右边，水位会怎样变化？

2. 若水罐1的"大小变化""最大变化百分比"50对应的表达式的值为5，当拖动滑动输入器在0～10变化时，水位变化效果如何？

3. "报警显示"构件中为什么能同时出现"水位1"和"水位2"的实时报警信息？

4. 如果报警指示灯和"实时报警"框内都能正常报警，但是历史报警信息浏览界面无报警数据显示，可能是什么原因？

5. 制作两个标签：标签1设置"按钮输入"动画，连接"水位1"数据对象，数值量输出，1位小数；标签2设置显示输出，表达式为"水位1"，数值量输出，1位小数。运行组态工程，单击标签1，输入数值，观察标签1和标签2的显示。

6. 制作1个标签，设置"按钮输入"和"显示输出"动画，两个动画都连接名称为"str"的字符型数据对象，输出类型为字符串输出，运行组态工程，单击标签，输入"abcd"，观察标签显示结果。

••• 任务2.3 水位控制系统报表输出与曲线显示 •••

任务目标

1. 使用不同类型报表构件显示水位控制系统各主要对象当前状态或数值。

2. 使用不同曲线构件监控当前水位变化及历史变化。

学习导引

本任务组态包括以下内容。

1. 在主控窗口添加菜单项，用于打开"数据显示"用户窗口。

2. 利用工具箱中的"自由表格"构件，在一个表格中同时显示"水泵""调节阀""出水阀""水位1""水位2"5个数据对象的当前状态及数值。

3. 利用工具箱中的"历史表格"构件，在一个表格中同时显示"水位1""水位2"的历史数据，并可以查看多页数据。

4. 利用工具箱中的"实时曲线"构件，显示"水位1""水位2"的当前变化。

5. 利用工具箱中的"历史曲线"构件，显示"水位1""水位2"的历史变化趋势，并可根据需要查询指定时间段曲线。

任务实施

一、数据显示菜单制作

通过前述任务的过程可知，根据设置，进入运行环境时将直接打开"水位控制"用户窗口，而通过新增菜单或在用户窗口制作切换按钮也可以打开其他用户策略或用户窗口。因此"数据显示"用户窗口也可以通过从"主控窗口"制作菜单或在"水位控制"用户窗口制作操作按钮切换至"数据显示"用户窗口，以下以制作菜单进行切换为例。

① 进入主控窗口，新建菜单。

② 双击新建的菜单，打开"菜单属性设置"对话框。在"菜单属性"选项卡中修改菜单名为"数据显示"；在"菜单操作"选项卡中，菜单对应的功能为"打开用户窗口"，并选择"数据显示"，如图2.51所示。设置完毕后的主控窗口如图2.52所示。

图2.51 设置"数据显示"菜单

图2.52 主控窗口

③ 如果需要从"数据显示"用户窗口通过菜单方便地切换至"水位控制"用户窗口，也可以用同样的方法在主控窗口添加"水位控制"菜单项，该菜单对应的功能设置为"打开用户窗口"，并选择打开"水位控制"。此时进入运行环境，菜单如图2.53所示。单击"水位控制"或"数据显示"菜单项，可以方便地在两个用户窗口间切换。

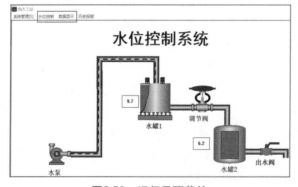

图2.53 运行界面菜单

2.6 数据显示菜单制作

二、实时数据报表输出

在实际工程应用中，大多数监控系统需要对设备采集的数据进行存盘、统计分析，并根据实际情况打印出数据报表。所谓数据报表就是根据实际需要以一定格式将统计分析后的数据记录显示并打印出来，以便对生产过程中系统监控对象的状态进行综合记录和规律总结。

2.7 实时数据
报表输出

数据报表在工控系统中是必不可少的一部分，是整个工控系统的最终结果输出。实际中常用的报表形式有实时数据报表和历史数据报表等。水位控制系统实时数据报表的制作如下。

① 双击打开"数据显示"用户窗口。从工具箱中选取"自由表格"构件▦，按住鼠标左键拖曳出合适大小的表格。

② 双击表格，选中一列，单击鼠标右键，在打开的快捷菜单中选择"删除一列"命令，用同样的方法再删除一列，最后保留 2 列。选中其中一行，单击鼠标右键，在打开的快捷菜单中选择"增加一行"命令，最后形成 5 行 2 列的表格，如图 2.54（a）所示。

③ 双击 A 列的第 1 个单元格，待光标变成"|"形，输入文字"水泵"，用同样的方法在 A 列其他行依次输入"调节阀""出水阀""水位 1""水位 2"。表格宽度和高度的设置可以像 Excel 表格一样操作。

④ 在"水泵""调节阀"和"出水阀"对应的第 2 列单元格中，输入"0|0"，其中第 1 个数字"0"表示无小数位，第 2 个数字"0"表示字符后无空格。在"水位 1"和"水位 2"对应的第 2 列单元格中，输入"1|0"，表示显示的数字有 1 个小数位，字符后无空格。

⑤ 选中 1B（第 1 行第 B 列）格，单击鼠标右键，从弹出的快捷菜单中选择"连接"命令。

⑥ 再次单击鼠标右键，弹出数据对象列表，从中选择"水泵"选项，表示当前表格已与"水泵"连接，运行时将显示"水泵"的值。

⑦ 按上述操作，依次将 2B、3B、4B、5B 与数据对象"调节阀""出水阀""水位 1""水位 2"建立连接，如图 2.54（b）所示。

水泵	0|0
调节阀	0|0
出水阀	0|0
水位1	1|0
水位2	1|0

（a）设置表格标签和显示格式

连接	A*	B*
1*		水泵
2*		调节阀
3*		出水阀
4*		水位1
5*		水位2

（b）建立连接

图2.54 设置实时数据报表

三、历史数据报表输出

制作历史数据报表是从历史数据库中提取数据，故对需要显示的数据对象，必须设置定时存盘，否则无法显示。制作历史数据报表有几种方式，分别是利用动画构件中的"历史表格"构件、利用策略构件中的"存盘数据浏览"策略构件、利用动画构件中的"存盘数据浏览"构件。

1. 使用"历史表格"构件制作历史数据报表

"历史表格"动画构件是 MCGS 提供的内嵌的报表组态构件，用户只需在 MCGS 下组态绘制报表，通过 MCGS 的打印和显示窗口即可打印和显示数据报表。水位历史数据报表的制作方法如下。

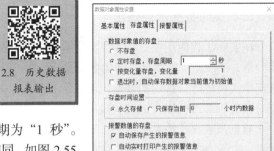

2.8 历史数据
报表输出

① 设置数据存盘属性。进入实时数据库，双击"水位1"，弹出"数据对象属性设置"对话框，在"存盘属性"选项卡中选中"定时存盘，存盘周期"单选项，周期为"1 秒"。"水位 2""水位组"的存盘属性与"水位 1"相同，如图 2.55 所示。

图2.55　设置"水位1""水位2"和
"水位组"存盘属性

② 回到"数据显示"用户窗口，从工具箱中选取"历史表格"构件▦，在适当位置绘制一个一定大小的表格。

③ 双击窗口中的历史表格，进入编辑状态。使用鼠标右键快捷菜单中的"增加一行""删除一列"命令，制作完成 8 行 3 列的表格，如图 2.56（a）所示。行数决定一次能显示的数据个数。

④ 在 R1 行的 3 个单元格中依次输入文字：时间、水位 1、水位 2。即第 1 列用于显示时间，第 2 列用于显示"水位 1"历史数据，第 3 列用于显示"水位 2"历史数据。

⑤ 在 C2 和 C3 两列对应的单元格中输入"1|0"，表示显示的数据带 1 个小数位，字符后无空格。

⑥ 选中 R2C1 单元格，按住鼠标左键向右下拖动，将 R2 ~ R8 的各行全部选中，此时除 R2C1 单元格，其他单元格全部变黑，如图 2.56（a）所示。

⑦ 单击鼠标右键，在弹出的快捷菜单中选择"连接"命令，历史报表变为图 2.56（b）所示。

⑧ 选择"表格"→"合并表元"命令，选中的区域将出现反斜杠，如图 2.56（c）所示。

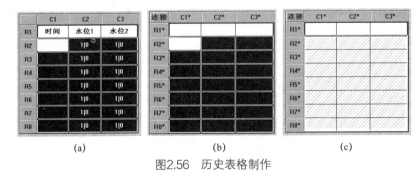

(a)　　　　　　　　　(b)　　　　　　　　　(c)

图2.56　历史表格制作

⑨ 双击反斜杠区域，弹出"数据库连接设置"对话框，如图 2.57 ~ 图 2.59 所示。在"基本属性"选项卡中设置连接方式，并选中"按照从上到下的方式填充数据行"和"显示多页记录"复选框，运行时可以拖动滑块查询更多数据。在"数据来源"选项卡中选择"水位组"数据对象。在"显示属性"选项卡无须修改每列名称，但按实际需要设置时间显示格式；在"时间条件"选项卡设置按升序还是降序显示，并显示规定时间段的数据。单击"确认"按钮，历史报表制作完毕。

2. 使用"存盘数据浏览"策略构件制作历史数据报表

① 进入"运行策略"用户窗口，新增一个"用户策略"，修改新增策略名称为"存盘数据浏览"。

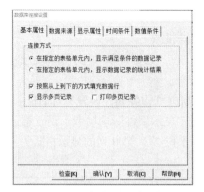

图2.57 设置历史表格连接属性（一）

图2.58 设置历史表格连接属性（二）

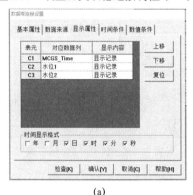

(a)

(b)

图2.59 设置历史表格连接属性（三）

② 双击打开"存盘数据浏览"策略，添加策略行。

③ 从策略工具箱中选择"存盘数据浏览"策略构件，并将其添加至策略行的子菜单策略框内（如工具箱无"存盘数据浏览"策略构件，可通过选择"工具"→"策略构件管理"命令进行添加）。

④ 双击添加的"存盘数据浏览"策略构件，弹出"存盘数据浏览构件属性设置"对话框。设置数据来源为"水位组"，并按需求设置显示属性与时间条件，如图 2.60 所示。

(a)

(b)

图2.60 存盘数据浏览构件设置

⑤ 进入主控窗口，新增菜单项，将新菜单的"菜单名"设置为"存盘数据"，在"菜单操作"选项卡选中"执行运行策略块"复选框，并在其右侧下拉列表中选择"存盘数据浏览"选

项，如图 2.61 所示。

3. 使用"存盘数据浏览"构件制作历史数据报表

① 从工具箱中选择动画构件"存盘数据浏览"，在"数据显示"用户窗口合适位置将构件拖出一定大小。

② 双击"存盘数据浏览"构件，打开"存盘数据浏览构件属性设置"对话框。在"数据来源"选项卡，将存盘数据来源设置为"水位组"；在"显示属性"选项卡，设置第 0 列为时间（"MCGS_Time"），第 1 列为"水位 1"，第 2 列为"水位 2"。第 0 列的显示格式为"0|0"，第 1 列和第 2 列的显示格式为"1|0"，如图 2.62 所示。

图2.61　设置存盘数据菜单　　　　图2.62　设置存盘数据浏览动画构件属性

四、实时曲线

① 在"数据显示"用户窗口中，从工具箱中选择"实时曲线"构件，按住鼠标左键，拖动鼠标，制作实时曲线框，并调整大小和位置。

② 设置实时曲线属性。双击实时曲线，弹出"实时曲线构件属性设置"对话框。为了在同一个坐标中同时显示"水位 1"和"水位 2"的曲线以便于观察，将横坐标"X 主划线"设置为"5"，"X 次划线"设置为"1"，纵坐标"Y 主划线"设置为"10"，"Y 次划线"设置为"2"。为了在运行环境下，实时曲线显示得更明显，将横坐标时间单位减小，选择时间单位为"秒钟"，长度为"20"；将"Y 轴标注"最小值设置为"0.0"，最大值设置为"10"。在"画笔属性"选项卡中，设置曲线 1 为"水位 1"，红色，线型为"实线"；曲线 2 为"水位 2"，蓝色，线型为"实线"。可见度不需要设置。设置过程如图 2.63 所示。

图 2.63（彩图）　　2.9　实时曲线与历史曲线制作

(a) 基本属性　　　　　　(b) 标注属性　　　　　　(c) 画笔属性

图2.63　设置实时曲线

五、历史曲线

与历史数据报表一样，历史曲线要求首先设置数据对象的存盘属性。由于在制作历史表格时已经设置完毕，故此处无须重复设置。

① 制作历史曲线。从工具箱中选择"历史曲线"构件 ，按住鼠标左键，拖动鼠标，制作历史曲线框，并调整大小和位置。

② 设置历史曲线属性。双击绘制的历史曲线，进入"历史曲线构件属性设置"对话框。在"基本属性"选项卡，按图 2.64（a）所示设置曲线网格；在"存盘数据"选项卡，"历史存盘数据来源"设置为"组对象对应的存盘数据""水位组"，如图 2.64（b）所示；在"标注设置"选项卡，按图 2.64（c）所示设置 x 坐标长度、时间单位、曲线起始点等；在"曲线标识"选项卡，将"曲线 1"的曲线内容修改为"水位 1"，并按图 2.64（d）所示设置曲线线型、曲线颜色、小数位、最小坐标和最大坐标等，并用同样的方法设置"曲线 2"，用来显示"水位 2"的变化，如图 2.64（e）所示；在"高级属性"选项卡设置允许翻页、允许放大、自动刷新等，其他不变，如图 2.64（f）所示。

图 2.64（彩图）

(a) 基本属性设置

(c) 标注属性设置

(d) 曲线 1 设置

(e) 曲线 2 设置

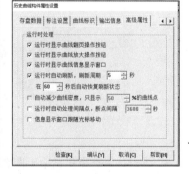

(f) 高级属性设置

图2.64　设置历史曲线

六、添加文字标注

在"数据显示"用户窗口，使用标签在实时数据报表、历史数据报表、存盘数据浏览构件、实时曲线、历史曲线上方进行文字标注，在该窗口最上方标注"数据显示"。最终效果如图 2.65 所示。

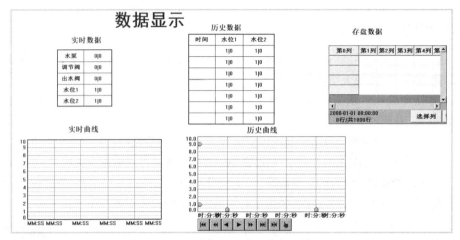

图2.65　"数据显示"用户窗口效果

七、数据显示的运行与调试

水位控制系统工程存盘后进入运行环境，首先进入"水位控制"用户窗口，打开水泵、调节阀、出水阀，拖动滑动块1和滑动块2，产生运行数据。

在"数据显示"用户窗口中，实时数据报表显示当前水泵、调节阀和出水阀的状态、水位1和水位2的当前数值；历史数据报表显示指定时间段的数据；实时曲线和历史曲线则完成水位1和水位2的曲线显示，如图2.66所示。

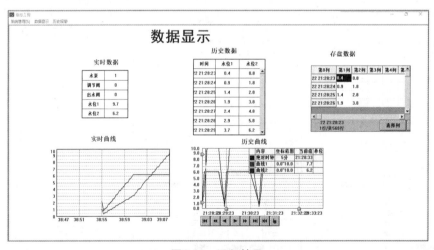

图2.66　运行效果

运行状态下，单击历史曲线下方的按钮可对历史曲线执行一些基本操作。

🞀🞀表示翻到最前面，使 x 轴的起始位置移动到所有数据的最前面。

🞀表示向前翻动一页，以当前 x 轴起始时间为 x 轴结束时间，以当前 x 轴起始时间倒推 x 轴长度为 x 轴起始时间。

◀表示向前翻动一个主划线的时间，用于小量向前翻动曲线的显示。

▶表示向后翻动一个主划线的时间，用于小量向后翻动曲线的显示。

▶▶表示向后翻动一页，以当前 x 轴结束时间为 x 轴起始时间，以当前 x 轴结束时间加上 x

轴长度为 x 轴结束时间。

表示翻到最后面，使得 x 轴的结束位置移动到所有数据的最后面。

表示设置 x 轴起始点。单击此按钮，可以弹出"时间设置"对话框。

表示设置曲线。单击此按钮将弹出"曲线设置"对话框。在该对话框中，用户可以在运行时直接设置曲线显示和每条曲线的上、下限。

【严谨细致是基本工作素养】

中国科学技术协会于 2010 年牵头启动了"老科学家学术成长资料采集工程"。一批老科学家遗留的手稿被广为传播，其工整精细程度令人惊叹，字里行间流露出老一辈科学家严谨的治学态度。借助手稿等资料，人们仿佛能穿越时空与老科学家们对话，感受科学精神的理性光辉。很多人看到手稿的第一反应是"震撼"：标点符号准确无误，遣词造句无可挑剔，行文逻辑有理有据。

追求真理是伟大的事业，也是异常艰巨的求索，来不得半点马虎，容不得半点"差不多"思想。同学们在进行水位控制系统数据处理时是否遇到过历史数据报表、历史报警信息不显示，历史曲线不出现的情况？究其原因就是没有对相应的数据对象完成存盘设置或选择保存历史报警信息，或者只对水位1和水位2进行了设置，而忘记设置水位组的存盘属性。青年是新时代的生力军，是民族复兴的中坚力量，在工作中一定要有严谨细致的工作作风，为中国制造业发展保驾护航。

拓展与提升

一、窗口切换

以上任务实施中通过在主控窗口制作菜单实现了用户窗口的选择。通过用户窗口制作按钮也可以方便地实现窗口的切换。

① 打开"水位控制"用户窗口。

② 添加两个标准按钮，并调整大小和位置。

③ 选中第 1 个按钮，修改其名称为"水位控制"，"按钮对应的功能"选择"打开用户窗口"及"水位控制"，如图 2.67 和图 2.68 所示。选中第 2 个按钮，修改其名称为"数据显示"，"按钮对应的功能"选择"打开用户窗口"及"数据显示"。

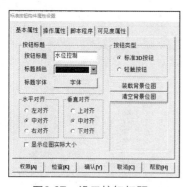

图2.67 设置按钮标题

图2.68 设置按钮操作属性

④ 全选两个按钮，复制。

⑤ 打开"数据显示"用户窗口，粘贴。

进入运行环境，系统首先打开"水位控制"用户窗口，此时单击"数据显示"按钮，则切换至"数据显示"用户窗口，单击"水位控制"按钮，则切换至"水位控制"用户窗口。

二、窗口关闭

① 从工具箱中选中"按钮 19"添加至"水位控制"用户窗口，并调整大小和位置。

② 双击"按钮 19"，打开"单元属性设置"对话框，单击图 2.69 所示的">"按钮，打开"标准按钮构件属性设置"对话框，进入"脚本程序"选项卡，输入"!CloseAllWindow[' '']"，如图 2.70 所示。括号中为空串，表示关闭所有窗口。单击"确认"按钮返回。

图2.69　按钮19属性设置　　　　　　图2.70　设置按钮脚本程序

③ 进入运行环境，打开"水位控制"用户窗口，单击窗口"关闭"按钮，所有用户窗口关闭。

三、窗口刷新

在 MCGS 中，窗口中的历史数据表格是不会自动刷新的。历史数据表格只有在其窗口打开时才去访问数据库读数据，此后不再进行数据库的访问，除非组态时刷新窗口，从而更新数据。可以使用"窗口名称.Refresh( )"的方法来刷新窗口。

例如，可以制作一个按钮，在其"脚本程序"选项卡的编辑框输入"数据显示.Refresh( )"，如图 2.71 所示。在运行环境下，单击该按钮即可刷新窗口，若水位 1、水位 2 等数据对象值发生改变，则会在该窗口内刷新。

（a）制作刷新按钮　　　　　　　　（b）设置按钮刷新功能

图2.71　窗口刷新制作

四、退出运行系统

① 从工具箱中选中"按钮 40",添加至"水位控制"窗口,并调整大小和位置。

② 双击"按钮 40",进入"单元属性设置"对话框,单击"动画连接"选项卡中"标准按钮"行右侧的">"按钮,打开"标准按钮构件属性设置"对话框,进入"操作属性"选项卡,按图 2.72 所示设置,单击"确认"按钮返回。

③ 进入运行环境,打开"水位控制"用户窗口,单击"退出运行环境"按钮,在弹出信息提示框中单击"是"按钮,如图 2.73 所示,运行环境关闭。

图2.72 设置退出运行环境

图2.73 退出运行环境

成果检查(见表2.4)

表2.4 水位控制系统报表输出与曲线显示成果检查表(20 分)

内容	评分标准	学生自评	小组互评	教师评分
数据菜单制作(2 分)	正确设置主控窗口。能通过主菜单实现不同用户窗口的切换。不合理或不正确的每处扣 1 分			
实时数据报表制作(3 分)	自由表格正确显示水位当前数值,显示水泵、阀门状态。不合理或不正确的每处扣 0.5 分			
历史数据报表制作(5 分)	历史表格正确显示水位历史数据,并能进行多页查询。不符合要求或不正确的每处扣 1 分			
存盘数据浏览(2 分)	正确设置存盘数据浏览动画构件及策略构件,能在窗口界面及策略运行界面浏览水位存盘数据。不合理或不正确的每处扣 1 分			
实时曲线制作(3 分)	正确显示当前指定时间段水位组变化曲线。不符合要求或不正确的每处扣 1 分			
历史曲线制作(3 分)	正确显示指定时间段水位组变化曲线。不符合要求或不正确的每处扣 1 分			
文字标注(2 分)	文字正确,大小合理,文字能全部显示,与被标注对象位置排列合理。不符合要求的每处扣 1 分			
合计				

思考与练习

1. 数据格式"1|0"中的"1"和"0"表示什么？

2. 历史数据有哪几种查询方式？

3. 如果历史报表中无数据显示，可能是什么原因？

4. 历史报表如何实现多页查询？

5. 在运行环境下，如何修改历史曲线框中的曲线颜色？

6. 制作2个用户窗口，在窗口1中画1个矩形，在窗口2中画一个圆形。在2个窗口中都各添加2个按钮，通过单击按钮实现窗口1与窗口2的便捷切换。

7. 制作一个按钮，单击该按钮时，退出运行环境。

••• 任务2.4　水位控制系统运行调试 •••

任务目标

1. 完成水位控制系统组态工程模拟调试。

2. 完成MCGS+PLC的水位控制系统联机调试。

学习导引

本任务包括以下内容。

1. 编写脚本程序并模拟调试。

（1）按水位控制要求，使用脚本编写水泵、调节阀的控制程序，编写两个水罐的水位值变化程序。

（2）完成脚本程序的运行调试。观察手动控制出水阀的情况下，水泵、调节阀的启停，水位1和水位2的变化。

2. 连接控制设备（PLC），完成系统联调。

（1）根据上位机控制及显示要求，设计PLC设备通道连接表。

（2）设计系统接线图并完成系统硬件连接。

（3）按水位控制要求编写PLC程序。

（4）设置组态软件与PLC的连接。

① 设置PLC通信属性。

② 添加PLC通道，完成通道连接。

（5）使用PLC实现控制功能后，删除组态工程脚本控制程序，并根据要求添加上位机启动和停止功能。

（6）根据水位控制要求完成系统联调。

任务实施

一、水位控制系统脚本程序调试

1. 编写脚本程序

（1）水泵与调节阀控制程序

进入脚本程序编辑窗口，在原有脚本之后继续输入如下程序。

```
if 水位1<=1 then
水泵=1
endif
if 10=<水位1 then
水泵=0
endif
if 水位2<=1 then
调节阀=1
endif
if 6=<水位2 then
调节阀=0
endif
```

第 1 段"if...endif"表示水位 1 达到最小值时自动启动水泵，给水罐 1 注水。第 2 段"if...endif"表示水位 1 达到规定的最大值时自动停止水泵，停止给水罐 1 注水。第 3 段"if...endif"表示水位 2 达到水位最小值时自动打开调节阀，给水罐 2 注水。第 4 段"if...endif"表示水位 2 达到规定的最大值时自动关闭调节阀，停止给水罐 2 注水。

（2）水位变化模拟控制程序

设水泵打开时，水罐 1 的注水速度为每个循环周期（500ms，即 0.5s）水位增加 0.2m；而调节阀打开时，水罐 1 的水位每 0.5s 降低 0.1m，水罐 2 的水位每 0.5s 增加 0.2m；手动打开出水阀时，水罐 2 每 0.5s 降低 0.05m。编写的水位变化程序如下。

```
if 水泵=1 then
水位1=水位1+0.2
endif
if 调节阀=1 then
水位1=水位1-0.1
水位2=水位2+0.2
endif
if 出水阀=1 then
水位2=水位2-0.05
endif
```

2. 运行调试

进入运行环境，单击打开水泵、调节阀和出水阀，水位 1 和水位 2 按脚本程序设定的规律发生变化，且水泵根据水位 1 到达上限或下限自动关闭或打开，调节阀根据水位 2 到达上限或下限自动关闭或打开。

2.10 运行调试

二、水位控制系统联调

本系统选用西门子 S7-200 CPU224XP 作为控制设备，完成主要控制要求。上位机组态软件主要完成监控功能，故可将脚本程序的控制部分转由 PLC 编程实现，而在组态策略中只保留原有报警限值修改函数的脚本。为方便操作，在上位机也设置了系统启动和停止按钮。

1. 地址分配及与组态数据对象对照表

由于出水阀为手动控制，故不能连接输出继电器，但是要在上位机表示出水阀的打开与关闭，故需要在 PLC 中设置一个变量进行连接，在此选用 M0.2；另外，由于上位机不能对输入继电器进行写的操作，故上位机的启动和停止都需连接 PLC 中允许写的变量，在此选用 M0.0 和 M0.1；AIW0 和 AIW2 是模拟量输入通道采集到的水位转换值，当水位发生变化时，上位机中涉及浮点数的处理，故需将其转换至 32 位浮点数，选用地址为 VD0 和 VD4，将 VD0 和 VD4 与上位机的水位 1 和水位 2 连接，最后得到表 2.5。

表 2.5　水位控制系统变量分配及与组态软件数据对象对照表

地址		数据对象	地址		数据对象
连接外部信号	连接上位机信号		连接外部信号	连接上位机信号	
I0.0	M0.0	启动	Q0.0		水泵
I0.1	M0.1	停止	Q0.1		调节阀
AIW0	VD0	水位 1	M0.2		出水阀
AIW2	VD4	水位 2			

2. 系统接线图

S7-200 CPU224XP 有两个模拟量输入通道，输入有 14 个数字量，输出有 10 个数字量点，完全能满足水位控制系统输入、输出信号要求。系统接线图如图 2.74 所示，PLC 和计算机之间通过 PC/PPI 电缆连接。

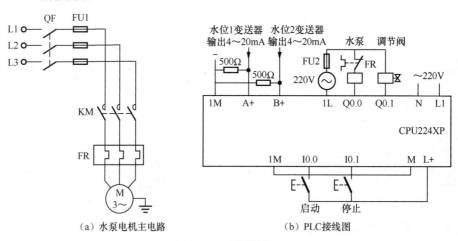

（a）水泵电机主电路　　（b）PLC接线图

图2.74　系统接线图

3. PLC 控制程序设计

根据控制要求编写水位控制系统程序，如图 2.75 所示。

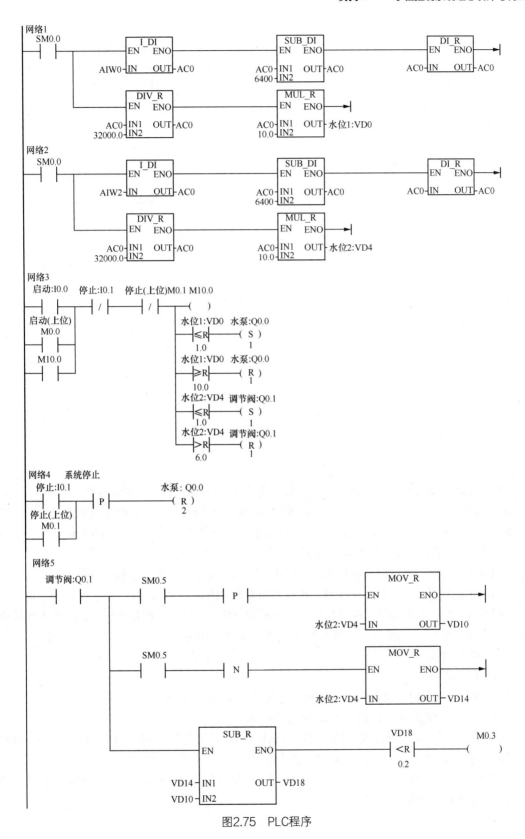

图2.75 PLC程序

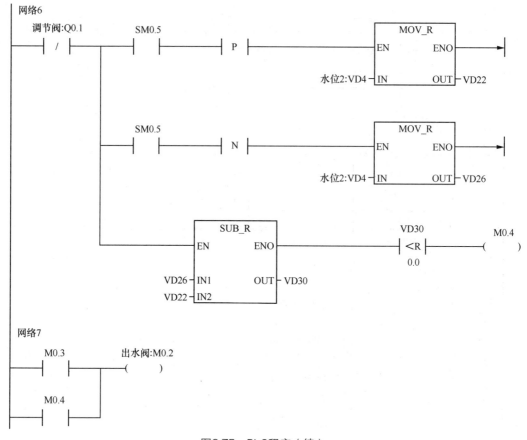

图2.75　PLC程序（续）

网络 1 和网络 2 功能：将通道输入的数字量转换为以 m 为单位的水位高度。计算依据为：水位 0~10m 对应标准电流 4~20mA，转换的数字量范围为 6 400~32 000，因此水位值和数字量输入值的对应关系为：水位 1 高度=（水位 1 数字量−6 400）×10.0/32 000.0（m），水位 2 高度=（水位 2 数字量−6 400）×6.0/32 000.0（m）。

网络 3 的功能：运行时，根据水位 1 和水位 2 的情况自动启停水泵和调节阀。

网络 4 的功能：按下停止按钮时，水泵和调节阀关闭。

网络 5~网络 7 的功能：根据水罐 2 水位的变化情况判断出水阀是否打开。网络 5 比较指令"VD18 ⊣<R⊢ 0.2"中"0.2"处的值根据"进水量−出水量"的实际值修改。

4. 组态 PLC 设备

（1）添加设备

① 单击工作台的"设备窗口"标签，进入"设备窗口"选项卡。

② 单击"设备组态"按钮进入设备组态窗口。

③ 打开"工具箱"，依次从"设备管理"对话框的"可选设备"列表中选中"西门子_S7200PPI"和"通用串口父设备"，双击添加至"选定设备"栏，如图 2.76 所示。

④ 依次双击"设备管理"窗口中的"通用串口父设备"和"西门子_S7200PPI"，将其添加至设备组态窗口，如图 2.77 所示。

图2.76　添加设备至"选定设备"

图2.77　添加父设备和子设备至设备组态窗口

（2）设置属性

① 设置父设备属性。在设备窗口中双击"通用串口父设备 0-[通用串口父设备]"，进入"通用串口设备属性编辑"对话框，按图 2.78 所示设置父设备基本属性，其中端口号和波特率根据PLC 系统块中的端口通信参数修改。

② 双击"设备 0-[西门子_S7200PPI]"，进入"设备属性设置"对话框，子设备的名称及初始工作状态等属性可以按需求修改，设备地址按实际 PLC 地址填写。在"基本属性"选项卡选中第 1 行，单击最右边的［...］按钮，如图 2.79 所示，进入"西门子_S7200PPI 通道属性设置"对话框，如图 2.80 所示。

图2.78　设置父设备基本属性

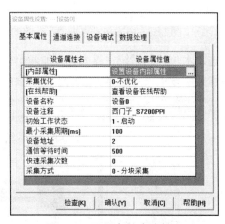

图2.79　子设备基本属性

③ 单击"全部删除"按钮，删除原有通道，然后单击"增加通道"按钮，依次增加图 2.81所示的通道。其中 VD0 和 VD4 的添加方法如图 2.82 所示。

④ 进入"通道连接"选项卡，在"对应数据对象"栏中分别填入"水泵""调节阀""启动""停止""出水阀"和"水位 1""水位 2"，如图 2.83 所示。单击"确认"按钮，按提示添加"启动"和"停止"等数据对象。

5. 组态修改

使用 PLC 程序完成水位控制系统主要控制功能后，对组态工程进行修改。

（1）修改画面

在组态界面添加"启动"和"停止"按钮，实现上位机和下位机两处启停控制。

图2.80　通道属性设置

图2.81　子设备通道添加

图2.82　VD0和VD4两个浮点数的添加

图2.83　通道连接设置

　　进入水位控制系统主界面，添加两个标准按钮，分别连接数据对象"启动"和"停止"。操作属性为"按1松0"。添加启停按钮后的界面如图2.84所示。

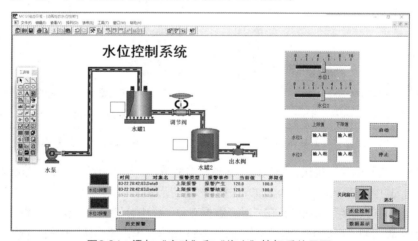

图2.84　添加"启动"和"停止"按钮后的界面

（2）删除控制脚本

　　进入运行策略界面，打开循环策略下的脚本程序对话框。删除水泵、调节阀的控制脚本和水位变化脚本，仅保留4行"!SetAlmValue(　)"脚本。

　　6. 运行调试

　　① 关闭PLC编程软件，打开水位控制系统组态工程，进入运行环境。按下外部启动按钮

（或在组态界面单击"启动"按钮），水位控制系统开始工作。

② 观察水泵是否在水位 1 下降至 1 以后自动开启，在水位 1 上升至 10m 以后自动停止；观察调节阀是否在水位 2 下降至 1m 以后自动打开，在水位 2 上升至 6m 以后自动关闭。

③ 手动打开或关闭出水阀，观察监控界面出水阀动画指示是否正确。

④ 观察水位 1 和水位 2 的数值指示和液位动画是否正确；改变报警限值，观察报警显示是否正常。

⑤ 进入数据显示界面，观察实时数据和历史数据报表显示是否正确、实时曲线和历史曲线变化是否正确。

⑥ 按下停止按钮，水位控制系统停止运行。

【艰难方显勇毅，磨砺始得玉成】

2014 年 8 月 25 日，浙江大学医学院附属第二医院神经外科与浙江大学求是高等研究院合作的"脑机接口临床转化应用课题组"，成功实现了国内首例人脑控制机械手案例。患者一边观察屏幕示意图，一边用手指做出同样的动作，机械手同步完成。在患者颅内植入电极，通过人脑控制机械手，完成高难度的肢体运动"石头、剪刀、布"。脑机接口的研究目的，就是在一定程度上解决人类因自身活动受限（如瘫痪、肌肉萎缩、截肢等）而无法完成一些日常基本动作所带来的困扰。这一脑机接口技术在运动功能重建中的应用研究所取得的重要进展，给临床上肌萎缩侧索硬化（渐冻人）、中风、脊髓及肢体神经损伤及其他神经肌肉退化等肢体运动功能障碍患者实施运动功能重建带来了希望。正是有着这样一些奋斗在科研一线、敢于尝试、不怕艰难险阻的白衣天使们，才能帮助到更多的患者解决困扰，使他们重拾对生活的希望。

只有经历过艰难困苦、坎坷波折才能显示出一个人勇敢坚毅的品格；只有经历过困难艰险的打磨才能像玉石一样琢磨成器，显示出非凡的美丽。大家在进行程序设计和系统调试过程中，难免会遇到各种各样的问题，只要永葆积极向上的心态和敢于碰硬、雷厉风行、迎难而上的精神和锐气，经受得住挫折的"考验"和"打磨"，久久为功，总会找到解决问题的突破口。

拓展与提升

工业过程控制中，应该尽量避免由于现场人为的误操作所引发的故障或事故，而某些误操作所带来的后果有可能是致命性的。为了防止这类事故的发生，MCGS 组态软件提供了一套完善的安全机制，限制各类操作的权限，使不具备操作资格的人员无法进行操作，从而避免了现场操作的任意性和无序状态，防止因误操作干扰系统的正常运行，甚至导致系统瘫痪，造成不必要的损失。

MCGS 组态软件的安全管理机制和 Windows NT 类似，引入用户组和用户的概念来进行权限的控制。在 MCGS 中可以：定义无限多个用户组，每个用户组中可以包含无限多个用户，同一个用户可以隶属于多个用户组。

MCGS 建立安全机制的要点是：严格规定操作权限，不同类别的操作由不同权限的人员负责，只有获得相应操作权限的人员，才能进行某些功能的操作。以样例工程为例，本系统的安全机制要求如下。

① 只有负责人才能进行用户和用户组管理。

② 只有负责人才能进行"打开工程""退出系统"的操作。

③ 只有负责人才能进行水罐水位的控制。

④ 普通操作人员只能进行基本菜单和按钮的操作。

根据上述要求，我们对水位控制系统的安全机制进行分析并添加用户和用户组，确定各自权限。

一、水位控制系统安全机制要求

1. 系统用户组及用户

（1）用户组：管理员组、操作员组。

（2）用户：负责人、操作员。

（3）负责人隶属于管理员组；操作员隶属于操作员组。

2. 系统权限

（1）系统运行权限；进入运行环境，需要输入密码完成用户登录。可以退出当前用户的登录，也可以修改密码。在系统运行时可进行用户和用户组的编辑管理。

（2）系统运行后，管理员组成员可以进行所有操作；操作员组成员只能进行菜单、按钮等基本操作。

（3）系统运行后，管理员可以拖动滑动输入器滑块，修改水位限位报警值；操作员不允许拖动滑动输入器滑块，不能修改水位限位报警值。

二、水位控制系统安全机制组态

1. 用户权限

（1）定义用户和用户组

① 选择"工具"→"用户权限管理"命令，打开"用户管理器"对话框。默认定义的用户、用户组为：负责人、管理员组。

② 单击用户组列表，进入用户组编辑状态。

③ 单击"新增用户组"按钮，弹出"用户组属性设置"对话框，进行如下设置，如图 2.85 所示。

a. 用户组名称：操作员组。

b. 用户组描述：成员仅能进行操作。

c. 单击"确认"按钮回到"用户管理器"对话框。

④ 单击用户列表，单击"新增用户"按钮，弹出"用户属性设置"对话框。参数设置如下，如图 2.86 所示。

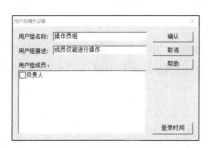

图2.85　新增用户组设置

图2.86　新增用户设置

a. 用户名称：操作员。

b. 用户描述：操作员。

c. 用户密码：123。

d. 确认密码：123。

e. 隶属用户组：操作员组。

单击"确认"按钮回到"用户管理器"对话框。

此时如果进入用户组编辑状态，双击"操作员组"，可看到在用户组成员中已经选中了"操作员"复选框，如图 2.87 所示。

⑤ 单击"确认"按钮，再单击"退出"按钮，退出"用户管理器"对话框。

⑥ "负责人"密码设置方法同上，设置密码为"111"。

（2）系统权限管理

① 进入主控窗口，选中"主控窗口"图标，单击"系统属性"按钮，进入"主控窗口属性设置"对话框。

② 在"基本属性"选项卡中，单击"权限设置"按钮，打开"用户权限设置"对话框，在"许可用户组拥有此权限"列表中，选中"管理员组"复选框，单击"确认"按钮，返回"主控窗口属性设置"对话框，如图 2.88 所示。

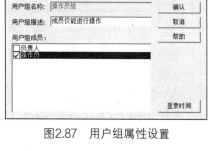

图2.87 用户组属性设置

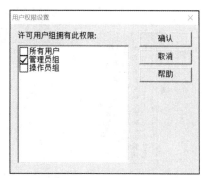

图2.88 权限设置

③ 在"基本属性"选项卡，按图 2.89 所示选择"进入登录，退出不登录"，单击"确认"按钮，系统权限设置完毕。

（3）操作权限管理

单击"用户窗口"标签进入"水位控制"用户窗口，双击水罐 1 对应的滑动输入器，进入"滑动输入器构件属性设置"对话框。

① 单击"权限"按钮，进入"用户权限设置"对话框，如图 2.90 所示。

② 选中"管理员组"复选框，单击"确认"按钮，退出。

③ 水罐 2 对应的滑动输入器设置同上。

（4）运行时权限管理

运行时进行权限管理是通过编写脚本程序实现的，用到的函数包括以下几种。

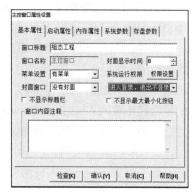

图2.89 登录、退出设置

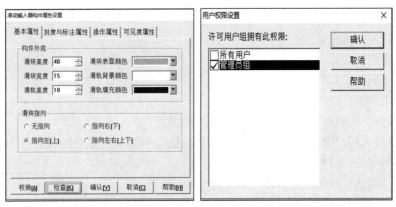

图2.90　水罐1滑动输入器操作权限设置

用户登录：!LogOn( )。

退出登录：!LogOff( )。

用户管理：!Editusers( )。

修改密码：!ChangePassword( )。

下面介绍具体的实现步骤。

① 在"主控窗口"中的"系统管理"菜单下，添加4个子菜单，中间添加分割线。子菜单名分别修改为：用户登录、退出登录、用户管理、修改密码，如图2.91所示。

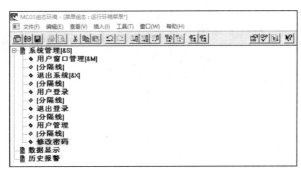

图2.91　添加子菜单

② 双击"用户登录"子菜单，在打开的"菜单属性设置"对话框的"脚本程序"选项卡的编辑区中输入"!LogOn( )"，单击"确认"按钮退出，如图2.92所示。

③ 按照上述步骤，在"退出登录"的菜单脚本程序编辑区中输入"!LogOff( )"，在"用户管理"的菜单脚本程序的编辑区中输入"!Editusers( )"，在"修改密码"的菜单脚本程序的编辑区中输入"!ChangePassword( )"，组态设置完毕。进入运行环境，即可进行相应的操作。

2. 保护工程文件

为了保护工程开发人员的劳动成果和利益，MCGS组态软件提供了工程运行"安全性"保护措施，包括工程密码设置、锁定软件狗、工程运行期限设置。下面介绍工程密码设置具体操作步骤。

图2.92　编辑脚本程序

① 返回 MCGS 工作台，选择"工具"→"工程安全管理"→"工程密码设置"命令，如图 2.93 所示。

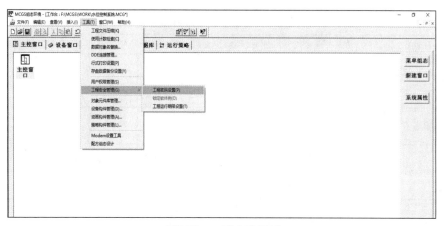

图2.93　工程密码设置

② 弹出"修改工程密码"对话框，输入旧密码（没有则不用输入），在"新密码""确认新密码"输入框内输入"123"，单击"确认"按钮，工程密码设置完毕，如图 2.94 所示。

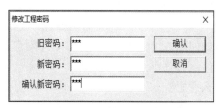

图2.94　修改工程密码

三、安全机制运行调试

（1）打开"水位控制"组态工程，出现图 2.95 所示界面，输入密码"123"正常登录。

（2）进入运行环境，出现图 2.96 所示用户登录界面，输入负责人密码"111"，以负责人身份登录，进入"水位控制"用户窗口。

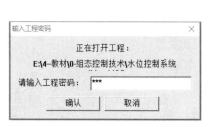

图2.95　工程登录

图2.96　用户登录界面

（3）用鼠标拖动滑动输入器，可以从输入框改变"水位1"和"水位2"的上限、下限报警值。

（4）选择"登录用户"→"操作员"命令，在打开的"用户登录"界面中输入密码"123"，可切换至操作员权限，但鼠标不能拖动滑动输入器滑块，也不能修改限位值。

成果检查（见表 2.6）

表 2.6　水位控制系统运行调试成果检查表（40 分）

内容	评分标准	学生自评	小组互评	教师评分
模拟运行脚本编写与调试（10 分）	运行脚本程序，水泵、调节阀的动作、水位 1 和水位 2 的变化与脚本程序对应。功能不正确之处每处扣 2 分			
PLC 程序编写（10 分）	正确编写程序并下载至 PLC，完成程序调试。功能不正确之处每处扣 2 分			
设备组态（10 分）	正确设置父设备属性。不正确之处每处扣 1 分。正确设置 PLC 基本属性及通道，并完成通道连接，不正确之处每处扣 1 分			
运行调试（10 分）	上位机能实现系统启停控制，水位控制系统运行状态监视及数据显示、曲线显示、报警显示正常。不符合要求或不正确之处每处扣 1 分			
合计				

思考与练习

1. 液位传感器的数据是如何送入 PLC 的？其在 PLC 中对应的数值是什么范围？

2. 程序中为什么要把数值量转为浮点数？

3. 通道只读和只写是什么意思？

4. 使用 PC/PPI 电缆通信时，S7-200 PLC 的默认通信参数中波特率、数据位位数、停止位位数、数据校验方式分别选什么？

5. 制作图 2.97 所示混料控制监控系统，控制要求为：初始状态，混料罐空；按下启动按钮后，混料系统开始工作，A 阀门打开，液体 A 流入；当液位上升到 L2 检测位时，关闭 A 阀门，打开 B 阀门，液体 B 流入；当液位上升到 L3 检测位时，B 阀门关闭，搅拌电机开始运行；延时 5s 后，停止搅拌，出料阀门 C 打开，混合液体流出，当液位下降到 L1 检测位时，延时 2s，出料阀门 C 关闭，系统开始下一个周期操作，循环运行。在混料控制监控系统运行期间，若按下停止按钮，则该周期结束后，系统停止工作。

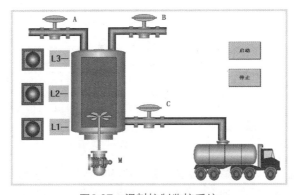

图2.97　混料控制监控系统

2.12　混料控制监控系统

机械手控制系统组态设计与调试

••• **项目描述** •••

机械手在工业生产制造中应用广泛，尤其是大型重工业和劳动力需求较大的一线车间，如汽车、航天、建筑、机械等领域，也常用在一些生产条件比较恶劣的环境中，如化工行业中的焊接。本项目监控对象为一个两地工件搬运机械手，具体控制要求如下。

（1）在未按下启动按钮的情况下，机械手位于原位（此时上限位开关和左限位开关被压合），且待搬运的工件刚好放置在机械手原点位置的正下方。

（2）按下启动按钮后，机械手下降至下限位后停止下降→机械爪夹紧工件（过程耗时 3s）→上升至上限位后停止上升→机械手右行至右限位后停止右行→机械手再次下降至下限位后停止下降→机械爪松开（过程耗时 3s）→机械手再次上升至上限位后停止→机械手左行回到原位。此过程在按下系统启动按钮之后，周期性自动循环进行。

（3）按下停止按钮后，机械手完成当前周期作业后停在原点位置。

图 3.1 为搬运机械手工作示意图。

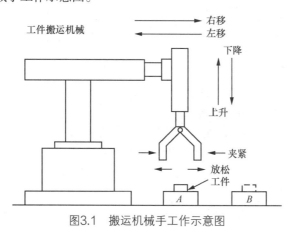

图3.1 搬运机械手工作示意图

机械手控制系统界面参考效果如图 3.2 所示。

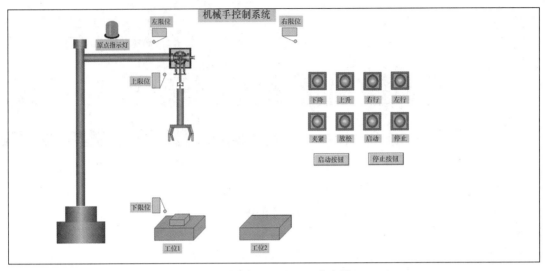

图3.2　机械手控制系统界面参考效果图

●●● 学习目标 ●●●

【知识目标】

1. 熟悉绘制图形、构成图符等画面图形制作技巧。

2. 加深对开关型变量和数值型变量的理解。

3. 熟悉移动动画、可见度动画的组态方法。

4. 掌握定时器策略构件的设置方法。

5. 掌握脚本程序的编写方法和调试过程。

6. 掌握父设备和子设备的添加及设置方法。

7. 掌握系统调试的具体流程。

【能力目标】

1. 能根据系统要求熟练开发机械手控制系统监控界面。

2. 能熟练完成各种图形的属性设置。

3. 会根据系统要求编写脚本程序。

4. 能熟练运用 MCGS 组态软件的模拟调试功能。

5. 能熟练掌握 MCGS 与 PLC 进行联机调试的方法和过程。

【素质目标】

1. 培养艰苦奋斗、迎难而上的工作作风。

2. 培养严谨细致、精益求精的工匠精神。

3. 培养安全、规范作业的意识。

4. 培养分析问题、解决问题的能力。

••• 任务 3.1　机械手控制系统窗口组态及数据对象定义 •••

任务目标

1. 对机械手控制系统进行分析，整体构思机械手控制系统监控界面。
2. 熟练使用工具箱绘制机械手控制系统用户窗口。
3. 分析机械手控制系统项目要求，添加组态工程数据对象。

学习导引

本任务组态包括以下内容。

1. 建立"机械手控制系统"组态工程。

2. 根据机械手控制系统组态监控界面参考效果图，建立"机械手控制系统"用户窗口，并在"机械手控制系统"用户窗口中完成系统主要图形的绘制：1 个固定柱、1 个机械手、1 个机械爪、1 个活塞杆、2 个工件台、1 个工件、4 个限位开关和若干指示灯、按钮等。其中，机械手、指示灯和按钮的图形可以从用户窗口工具箱的元件库中调用，工件台、工件、限位开关和机械爪的放松或夹紧的图形需要进行绘制并组合。

3. 使用"标签"对主要设备进行标注。

4. 根据机械手控制系统组态工程调试的基本需求，在实时数据库中添加对应数据对象。

任务实施

一、制作机械手控制系统画面

1. 建立工程

双击桌面"MCGS 组态环境"图标，打开 MCGS 通用版组态环境，进入样例工程。在菜单栏选择"文件"→"新建工程"命令，如图 3.3 所示。

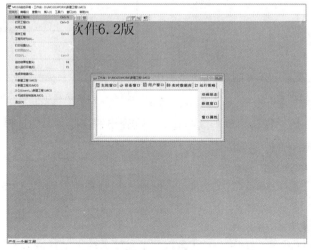

3.1　制作机械手控制系统画面

图3.3　新建工程

进入新建工程工作台界面后，选择"文件"→"工程另存为"命令，弹出"保存为"对话框，选择保存的路径，对文件命名为"机械手控制系统"，单击"保存"按钮，工程建立完毕，如图 3.4 所示。

图3.4　工程另存为

2．新建用户窗口

在工作台界面，单击"用户窗口"标签，再单击"新建窗口"按钮，创建"窗口 0"，如图3.5 所示。选中"窗口 0"，单击右侧的"窗口属性"按钮，进入"用户窗口属性设置"对话框。在"基本属性"选项卡中将"窗口名称"修改为"机械手控制系统"，"窗口背景"修改为白色，"窗口位置"选择"最大化显示"，单击"确认"按钮完成设置，如图 3.6 所示。

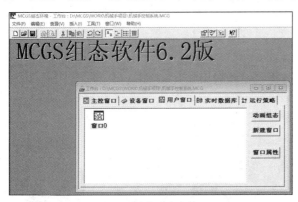

图3.5　新建用户窗口

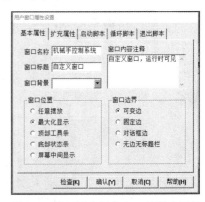

图3.6　设置新建用户窗口的基本属性

选中"机械手控制系统"用户窗口，单击鼠标右键，在弹出的快捷菜单中选择"设置为启动窗口"命令，如图 3.7 所示。

3．绘制机械手控制系统画面

双击"机械手控制系统"用户窗口图标，进入"机械手控制系统"窗口，开始组建监控画面。

（1）制作机械手控制系统基本结构

① 固定柱。从工具栏中单击"工具箱"按钮 ✖ 打开工具箱，单击工具箱中的"常用图符"

按钮 🖑，进入常用图符工具箱，选择"竖管道" 🔲 添加至窗口，并复制、粘贴，形成 4 个管道，调整 4 个管道的大小、位置及方向形成固定柱，最终效果如图 3.8 所示。

图3.7　设置"机械手控制系统"为启动窗口

② 机械手。单击工具箱中的"插入元件"按钮 🖼，进入"对象元件库管理"对话框，选择"其他"，在右侧物块框中选择机械手，如图 3.9（a）所示，单击"确定"按钮。

选中机械手，按住鼠标左键拖动机械手，调整其位置。拖动机械手外围的白色小矩形，调整大小。单击鼠标右键，在弹出的快捷菜单中选择"排列"→"旋转"→"右旋 90 度"命令，将机械手调整为图 3.9（b）所示形状。

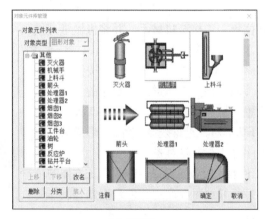

(a)　机械手　　　　　　(b)　调整机械手

图3.8　固定柱　　　　　　　　　　图3.9　机械手的制作及调整

③ 机械爪。在常用图符工具箱中选择"平行四边形" 🔲，创建一个平行四边形。双击平行四边形，打开"动画组态属性设置"对话框，在"静态属性"区域，"填充颜色"选择红色，如图 3.10 所示。选中已填充好颜色的平行四边形，复制、粘贴，形成 4 个相同的图形，然后通过"排列"快捷菜单中的"旋转"和"对齐"功能，调整 4 个平行四边形的位置。全选 4 个平行四边形，单击鼠标右键，在弹出的快捷菜单中选择"排列"→"构成图符"命令，如图 3.11 所示，将 4 个平行四边形合成一个整体，完成机械爪的创建。

再次绘制两个平行四边形，填充颜色为绿色。再单击工具箱中"矩形"按钮 🔲，绘制两个矩形。参照上述夹紧的机械爪的制作过程，用两个矩形和两个平行四边形，创建一个放松的机械爪，如图 3.12（a）所示。移动夹紧的机械爪和放松的机械爪，将夹紧的机械爪放置在放松的机械爪内部，做成图 3.12（b）所示的效果。最后在两个机械爪的上方制作一个矩形，把机械爪固定，如图 3.12（c）所示。

图 3.10（彩图）

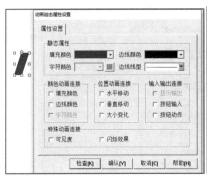

图3.10　设置填充颜色

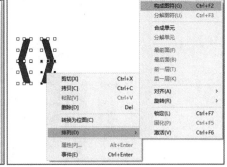

图3.11　构成图符

(a)

(b)

(c)

图3.12　机械爪制作

图 3.12（彩图）

④ 活塞杆。再次单击工具箱中的"常用图符"按钮，在打开的常用图符工具箱中选择"竖管道"和"横管道"，将其添加至窗口，调整大小和位置，连接至机械手，并将机械爪连接至竖管道（即活塞杆）下方，如图 3.13 所示。

⑤ 工件台。在常用图符工具箱中单击"立方体"按钮，创建一个长方体作为工件台。双击该立方体进入其对应的"动画组态属性设置"对话框，设置其填充颜色为橙色，拖动其大小及位置，使其放置在机械手正下方。对其进行复制、粘贴，形成另一个工件台，放置在第一个工件台的右方并对齐。

⑥ 工件。选中一个工件台，复制、粘贴。修改新长方体的填充颜色为绿色，调整大小，将其放置在左边工件台上方。制作的工件台和工件如图 3.14 所示。

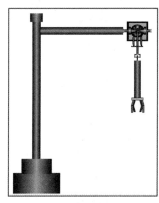

图3.13　连接活塞杆和机械手、机械爪

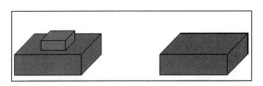

图3.14　工件台和工件

图 3.14（彩图）

⑦ 限位开关。在工具箱中单击"矩形"按钮，绘制一个矩形，再单击"直线"按钮，绘制一条斜线（此斜线绘制起点位于矩形的角点上），最后单击"椭圆"按钮，绘制一个圆（此圆接于斜线另一端）。选中这 3 个图形，将它们"构成图符"，如图 3.15 所示。将这个图符复制、粘贴，形成 4 个限位开关图符，调整好方向，放置在合适的位置，分别代表左限位、右限位、上限位、下限位，如图 3.16 所示。

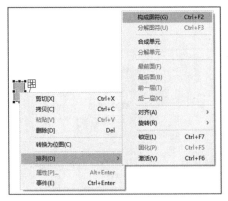

图3.15 构成"限位开关"图符

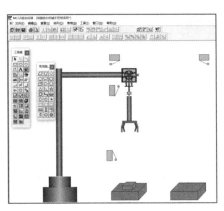

图3.16 限位开关

（2）制作指示灯

单击"插入元件"按钮 ，进入"对象元件库管理"对话框，选中"指示灯"→"指示灯2"，并将其插入画面，如图3.17所示。调整指示灯大小后，复制、粘贴，形成8个相同的指示灯。将8个指示灯对齐排列，如图3.18所示。再选择"指示灯11"作为原点指示灯，调整原点指示灯大小后放置于机械手的左上角，如图3.19所示。

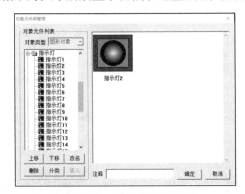

图3.17 插入"指示灯2"

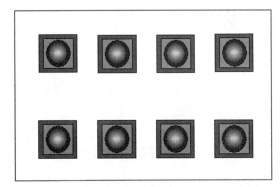

图3.18 指示灯排列效果

（3）制作按钮

单击工具箱中的"标准按钮" ，按住鼠标左键，在画面上拖曳出一个按钮，双击该按钮，进入"标准按钮构件属性设置"对话框，在"基本属性"选项卡中更改"按钮标题"为"启动按钮"，如图3.20所示。按相同的操作，再添加一个标准按钮，该按钮标题修改为"停止按钮"。

（4）添加文字标注

① 单击工具箱内的"标签"按钮 A ，鼠标光标呈"十"字形，拖曳鼠标，在窗口上端适当位置根据需要绘制适当大小的矩形，在光标闪烁位置输入文字"机械手控制系统"。输入完毕，按回车键或鼠标单击窗口其他任意位置结束。

② 双击文字标签，打开标签的"动画组态属性设置"对话框，"字符颜色"设为"蓝色"，"边线颜色"设为"无边线颜色"，如图3.21所示。

③ 单击该对话框中的 按钮，进入"字体"对话框，选择"宋体"字体、"粗体"字形和"二号"大小，单击"确定"按钮，如图3.22所示。

用同样的方法，设置其他文字。"机械手控制系统"用户窗口画面组态完成，整体效果如

图 3.2 所示。

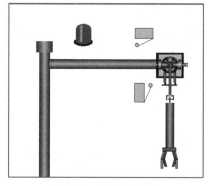

图3.19　原点指示灯

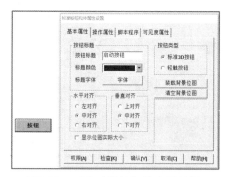

图3.20　"启动按钮"基本属性设置

图 3.21（彩图）

图3.21　"机械手控制系统"标签属性设置

图3.22　"机械手控制系统"字体设置

二、定义机械手控制系统数据对象

3.2　定义机械手控制系统数据对象

　　根据控制要求，机械手控制系统需要构建启动按钮、停止按钮、上升控制、下降控制、夹紧控制等多个开关型数据对象，水平移动量、垂直移动量、工件垂直移动量、工件水平移动量等多个数值型数据对象。为了在模拟调试中能够模拟出 3s 夹紧和 3s 放松的过程，系统还需建立两个定时器，定时器设置包括定时器启动、定时器复位、时间到等数据对象。本系统最基本的数据对象如表3.1 所示。在动画设置或脚本程序编写过程中，可根据需要随时增加数据对象。

表 3.1　数据对象

名称	类型	注释
启动按钮	开关型	控制系统启动，按下为 1，松开为 0
停止按钮	开关型	控制系统停止，按下为 1，松开为 0
原点指示灯	开关型	显示机械手处于原点位置
下降控制	开关型	显示机械手处于下降状态
上升控制	开关型	显示机械手处于上升状态
右行控制	开关型	显示机械手处于右行状态
左行控制	开关型	显示机械手处于左行状态

续表

名称	类型	注释
夹紧控制	开关型	显示机械手处于夹紧状态
上限位开关	开关型	显示机械手到达上限位
下限位开关	开关型	显示机械手到达下限位
左限位开关	开关型	显示机械手到达左限位
右限位开关	开关型	显示机械手到达右限位
定时器1启动	开关型	=1，定时器1启动，开始计时
定时器1复位	开关型	=1，定时器1复位，计时清零
时间到1	开关型	定时器1设定时间到，时间到1=1
定时器2启动	开关型	=1，定时器2启动，开始计时
定时器2复位	开关型	=1，定时器2复位，计时清零
时间到2	开关型	定时器2设定时间到，时间到2=1
水平移动量	数值型	数值增加，机械手右行；反之，机械手左行
垂直移动量	数值型	数值增加，机械手下降；反之，机械手上升
工件水平移动量	数值型	数值增加，工件右行；反之，工件左行
工件垂直移动量	数值型	数值增加，工件上升；反之，工件下降
定时器1计时值	数值型	定时器1当前计时值
定时器2计时值	数值型	定时器2当前计时值

回到工作台，单击"实时数据库"标签，然后"新增对象"按钮，新增一个实时数据库。选中新增对象，单击鼠标右键，在弹出的快捷菜单中选择"属性"命令，进入"数据对象属性设置"对话框。设置新增对象名称为"启动按钮"、对象初值为"0"、对象类型为"开关"型，如图 3.23 所示。

按表 3.1 所示数据对象名称及类型，参照上述方法添加"停止按钮""上限位开关"等开关型数据对象，其初始值都设置为"0"；添加"水平移动量"等数值型数据对象，对象类型设置为"数值"。所有数据对象添加完毕后的实时数据库如图 3.24 所示。

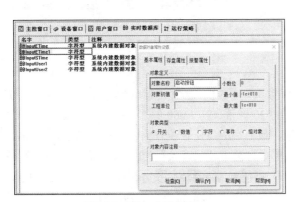

图3.23 添加启动按钮

图3.24 机械手控制系统实时数据库

拓展与提升

一、图形的绘制与拉伸操作

单击工具箱中的 ![按钮] 按钮，进入常见图符工具箱，在常见图符工具箱中单击"平行四边形"按钮 ◻，将光标移至用户窗口画面，待光标变成"十字"形，按住鼠标左键，拖动鼠标，画出一个平行四边形。选中所画的平行四边形，平行四边形轮廓框出现（轮廓框上有白点和黄点），如图 3.25 所示。将光标移至平行四边形轮廓框上（轮廓框上出现白点和黄点），斜箭头光标变成"双向箭头"光标，将双向箭头光标放在"左右侧白点"上，再次按住鼠标左键，拉伸图形，能调整图形的横向长度，将双向箭头光标移至"上下侧白点"上，拉伸图形，能调整图形的纵向长度，放在"黄色点"上，光标变为"+"形，拉伸图形，可改变图形形状。

图 3.25（彩图）

图3.25 平行四边形轮廓框

二、合成单元与分解单元

两个以上（含两个）图形或图符对象可以合成单元，MCGS 自带的很多构件都是通过合成单元而成的，例如元件库中的"指示灯 2"。类似"指示灯 2"这样的合成单元也可以分解单元。"指示灯 2"是由 3 个不同的简单图符图元合成单元而成的。可将其分解成单元图符构件，如图 3.26 所示。它是将 3 个图符调整好位置后合成单元而成的，如图 3.27 所示。用户在使用时可以采取合成和分解单元的方法，使得画面组态更合理。

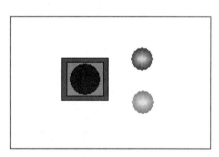

图3.26 "指示灯2"图符构件分解

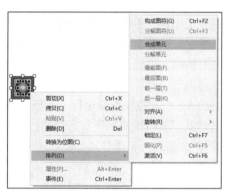

图3.27 "指示灯2"合成

三、图形尺寸的大小和坐标

用户窗口和图形的尺寸大小、坐标都是以像素为单位的。若显示器分辨率为 1 920 像素×1 080 像素，则窗口和图形最大尺寸只能设置为宽 1 920 像素、高 1 080 像素，超过最大尺寸，将导致部分内容不能显示。以窗口和图形的最左端、最上端的点所在位置为参考点来确定其坐标和尺寸。要得到位置及尺寸必须先在"查看"菜单中，选中"状态条"，在窗口下方将出现状态条。如图 3.28 所示，选中下降指示灯，状态条中显示 **位置 869X177 大小 52X52**，则说明下降指示灯的左上方坐标为水平方向从窗口最左端往右 869 像素，垂直方坐标为从窗口左上方往下 177 像素，宽度为 52 像素，高度为 52 像素。

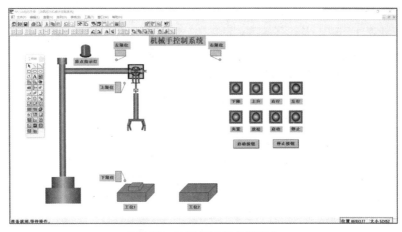

图3.28 下降指示灯的状态条

四、在用户窗口中直接添加数据变量

在思路不明确的情况下，不能直接在实时数据库中添加好所有数据对象，但可以在用户窗口中建好相应的画面后即用即加，如图3.29中的"停止按钮"组件，双击后打开其"标准按钮构件属性设置"对话框，选中"操作属性"选项卡中的"数据对象值操作"复选框，并在右侧输入"停止按钮"后单击"确认"按钮，此时会提示"'停止按钮'—未知对象！"的"组态错误"弹窗，单击"是"按钮，弹出"数据对象属性设置"对话框，如图3.30所示，进行数据对象的新增操作即可。

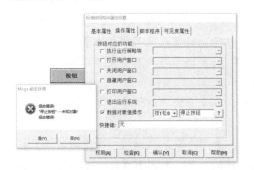

图3.29 "组态错误"弹窗

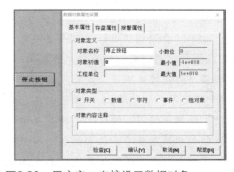

图3.30 用户窗口直接设置数据对象

成果检查（见表3.2）

表3.2 机械手控制系统窗口组态及数据对象定义成果检查表（20分）

内容	评分标准	学生自评	小组互评	教师评分
工程建立（1分）	新建工程，并按指定要求完成工程命名，并按路径保存。不符合要求之处每处扣0.5分			
用户窗口创建及属性设置（1分）	新建用户窗口，并按要求设置基本属性,包含窗口名称、窗口背景、窗口位置。不符合要求之处每处扣0.5分			
机械手的制作（4分）	选择4个管道组成固定柱,管道之间连接美观合理;选择机械手并调整好大小和方向;绘制带填充颜色动画连接的夹紧和放松机械爪。不符合要求之处每处扣0.5分			

内容	评分标准	学生自评	小组互评	教师评分
活塞杆的制作（2分）	选择合适的活塞杆，大小调整合适、外形连接处美观。不符合要求之处每处扣0.5分			
工件台和工件的制作（1分）	按要求制作工件台和工件形状，且大小、位置合适、连接美观。不符合要求之处每处扣0.5分			
限位开关的制作（4分）	用图形绘制4个限位开关，并构成图符。限位开关大小、位置合理，连接美观。不符合要求之处每处扣0.5分			
指示灯和按钮的制作（2分）	选择9个指示灯和两个按钮，大小、位置调整合理，外形美观。不符合要求之处每处扣0.5分			
文字标签的制作（1分）	标签文字正确，大小、位置合理，颜色美观。不符合要求之处每处扣0.5分			
数据对象（4分）	数据对象名称合理、属性设置正确，满足要求。不合理或不能满足要求之处每处扣0.5分			
合计				

【精益求精锤炼大国工匠】

在所有焊接件中，大型铜构件焊接难度最大，因为需要在超过700℃高温下，在几分钟的时间窗口内，精准找到点位连续施焊，稍不留神就前功尽弃。"焊的时候皮肤绷紧，手不自觉地颤抖，不知道能坚持到第几秒"，面对技术、意志力的多重考验，艾爱国这位大国工匠50多年来秉持"做事情要做到极致、做工人要做到最好"的信念，将旁人望而却步的事情变成了自己的绝活，在焊接工艺研究和操作技术开发第一线奋战多年，多次参与我国重大项目焊接技术攻关，攻克数百个焊接技术难关，是当代工匠精神的杰出代表。

"天下大事，必作于细。"工匠以工艺专长造物，在专业的不断精进与突破中演绎着"能人所不能"的精湛技艺，凭借的是精益求精的追求。

在制作机械爪夹紧和放松的组态画面时，有些人为了省事，只画了一个纵向的活塞杆，没有画机械爪，或者画的机械爪没有真正体现抓取工件的效果。我国自古以来就有尊崇和弘扬工匠精神的优良传统，同学们在平时学习中应时刻保持清醒的头脑，努力做到严谨细致、执着专注，培养精益求精、一丝不苟、追求卓越的工匠精神，工匠精神既是中华民族工匠技艺世代传承的价值理念，也是我们把握新发展阶段、贯彻新发展理念、构建新发展格局、推动高质量发展的时代需要。

思考与练习

1. 多余的数据对象如何删除？数据对象命名错误如何修改？
2. 为何多个对象合成单元前最好先单独把对象所需动画类型设置好？
3. 制作一个限位开关，并将其放置于600像素×500像素的位置。
4. 绘制一个平行四边形，将其拉伸成矩形。

••• 任务 3.2 机械手控制系统动画组态 •••

任务目标

1. 按机械手控制系统项目控制及显示要求，完成系统图形与数据对象的连接。
2. 按控制及显示要求，正确设置机械手控制系统的动画类型，完成动画连接。

学习导引

本任务组态包括以下内容。

1. 将按钮、限位开关、指示灯连接对应的表达式（数据对象），完成动画连接设置，包括按钮启停操作、限位开关颜色变化和指示灯可见度变化。

2. 添加两个活塞杆的大小变化和水平移动属性，实现水平活塞杆在水平方向的伸缩效果、垂直活塞杆在垂直方向的伸缩效果和在水平方向的移动效果。

3. 添加夹紧机械爪和放松机械爪的水平移动、垂直移动和可见度属性，实现机械爪的夹紧、放松及移动效果。

4. 添加工件的水平移动、垂直移动属性，实现工件从一处移动到另一处的动画效果。

任务实施

一、按钮、限位开关动画设置

1. 系统启停控制

在"机械手控制系统"用户窗口中双击"启动按钮"，打开"标准按钮构件属性设置"对话框，在"操作属性"选项卡中选中"数据对象值操作"复选框，将右侧操作方式设置栏中的"取反"改为"按1松0"；单击右侧的"？"按钮，在弹出的数据对象窗口中选择"启动按钮"数据对象（或者直接输入"启动按钮"），将按钮与所需连接的数据对象进行连接，如图3.31和图3.32所示。

图3.31 启动按钮的操作属性设置

图3.32 启动按钮连接数据对象

3.3 按钮、限位开关与指示灯动画设置

此时若进入运行环境中，按下启动按钮，数据对象"启动按钮"=1，将执行它所控制的功能；松开启动按钮，数据对象"启动按钮"=0。设置好后，启动按钮具有了点动按钮的功能。按此方法，完成停止按钮的设置。

2. 限位开关控制

① 双击之前画面组态时已经组建完成的左限位开关图符，打开左限位开关图符的"动画组态属性设置"对话框，在"颜色动画连接"区域选中"填充颜色"复选框，当前对话框上方将出现"填充颜色"标签，如图 3.33 所示。

② 单击该标签进入"填充颜色"选项卡，单击"增加"按钮，添加颜色填充分段点，单击两次，增加"0"分段点和"1"分段点，双击"0"分段点的"对应颜色"，打开色板，选择"白色"，用同样的方法将"1"分段点的"对应颜色"设为"红色"。单击"表达式"输入框右侧的"？"按钮，在打开的数据对象窗口中双击"左限位开关"，完成数据对象的连接，如图 3.34 所示。

图3.33　限位开关添加"填充颜色"动画　　图3.34　左限位开关"填充颜色"动画设置

左限位开关完成连接后的运行效果是：如果"左限位开关"=1，则"左限位开关"为红色；如果"左限位开关"=0，则"左限位开关"为白色。

继续完成右限位开关、上限位开关和下限位开关的"填充颜色"选项卡设置，方法与左限位开关的设置相同，只是在"表达式"连接数据对象时，应分别选择相对应的"右限位开关""上限位开关"和"下限位开关"。

二、指示灯动画设置

软件自带的指示灯一般已经由软件开发者用简单图形通过合成单元构建好。

双击下降指示灯，打开其"单元属性设置"对话框，进入"动画连接"选项卡，如图 3.35 所示。单击第一行"连接表达式"一栏右侧的▶按钮，进入三维圆球的可见度"动画组态属性设置"对话框，将"表达式"中的"@开关量"替换成数据对象"下降控制"。当表达式非零时，选中"对应图符可见"单选项，如图 3.36 所示。

图3.35　指示灯单元属性设置　　　　　图3.36　下降控制指示灯表达式连接

用同样的方法设置第 2 个三维圆球，连接的数据对象仍为"下降控制"，可见度设置为：当表达式非零时，选中"对应图符不可见"单选项。

按此方法设置其他 7 个指示灯，并分别连接对应的数据对象。

三、活塞杆动画设置

3.4 活塞杆、机械手、机械爪与工件动画设置

1. 水平方向活塞杆动画效果设置

在机械手运动过程中，水平方向的活塞杆只需要设置水平方向的伸缩效果。

① 双击水平活塞杆，打开其"动画组态属性设置"对话框，在"属性设置"选项卡，选中"位置动画连接"区域的"大小变化"复选框，如图 3.37 所示，利用大小变化实现水平方向活塞杆的伸缩效果。

② 在"查看"菜单中选中"状态条"，如图 3.38 所示。

图3.37 水平活塞杆选中"大小变化"动画属性

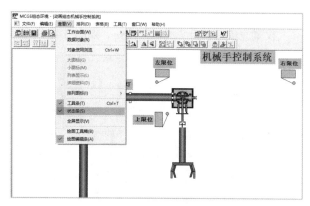

图3.38 选中"状态条"

③ 打开状态条后，单击图 3.38 中水平方向的活塞杆，用户窗口右下角出现状态条"位置 220×100 大小 250×24"，如图 3.39 所示，表示水平方向活塞杆的位置信息和大小信息。从状态条中可知，水平方向活塞杆的初始长度为 250 像素。

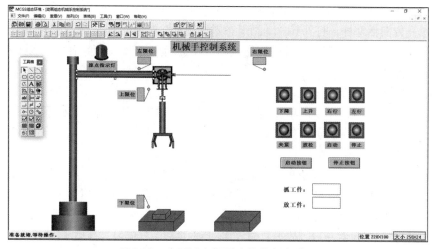

图3.39 水平活塞杆最大伸缩长度估测

④ 设置水平活塞杆大小变化动画属性。

　　a. 表达式连接数据对象"水平移动量"。

　　b. "最小变化百分比"设置为"100"，其对应"表达式的值"设置为"0"。即水平移动量=0时，大小变化为初始大小的100%，表达式的值可以根据情况改变，进入运行环境观察效果，如果不合适可以重新调整设置。

　　c. "最大变化百分比"设置为"200"，其对应"表达式的值"设置为"40"。即水平移动量=40时，大小变化到初始大小的200%，表达式的值可以根据情况改变。

　　d. 变化方向：单击"变化方向"图标，直到图标变为（表示左端不动，沿水平方向往右伸缩）。

　　e. 变化方式：设置为"缩放"。

　　设置完成，单击"确认"按钮，如图3.40所示。

图3.40　水平活塞杆"大小变化"动画设置

⚠️ **注意**

　　大小变化百分比和表达式值的对应关系只表示大小变化的速度快慢，可以修改对应值，但为保证大小变化的准确性，应根据脚本程序进行调试。以水平方向活塞杆为例，测量从最左端至横向最右端的距离，可以在活塞杆上画一根直线，如图3.39所示，起点为水平活塞杆的最左端，终点为活塞杆横向延长线与工位2纵向中心线的交点。在"查看"菜单中选中"状态条"选项，在窗口右下角查看直线宽度为500像素、高度为0。所以我们估计水平活塞杆最大的长度为500像素左右，那么水平缩放比例=水平活塞杆的最大长度/初始长度=500/250×100%=200%。

2. 垂直方向活塞杆效果设置

　　在机械手运动过程中，垂直方向的活塞杆需要设置垂直方向的缩放效果和水平移动效果。垂直方向的缩放效果可以用"大小变化"实现，水平移动的效果则是利用"水平移动"位置动画连接，实现活塞杆从工位1正上方移动到工位2正上方的效果。

　　双击垂直方向活塞杆，打开其"动画组态属性设置"对话框，选中"位置动画连接"区域的"大小变化"和"水平移动"复选框，分别进入两种动画属性设置界面，按实际效果进行组态设置，设置方法如下。

　　① 大小变化动画组态设置。

　　a. 选中"状态条"后，单击垂直方向的活塞杆，用户窗口右下角出现状态条 **位置 490X222**　**大小 22X110**，表示垂直方向活塞杆的位置信息和大小信息。从状态条中可知，垂直方向活塞杆的长度为110像素。

　　b. 沿垂直活塞杆向下画一条直线，起点为垂直活塞杆的最顶端，终点为活塞杆纵向延长到工位1上方待夹取工件的位置。在窗口右下角查看直线长度为330像素，宽度为0，如图3.41所示。此长度为估测值，在进入运行环境时观察效果，如果不合适可以重新调整设置。垂直活塞杆最大的长度为330像素左右，故垂直缩放比例=垂直活塞杆的最大长度/初始长度 = 330/110×100%=300%。

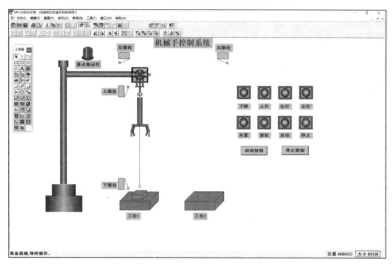

图3.41 垂直活塞杆最大伸缩长度估测

② 垂直活塞杆的大小变化动画组态设置如下。

a. 表达式连接数据对象"垂直移动量"。

b. "最小变化百分比"设置为"100"，其对应"表达的值"设置为"0"。

c. "最大变化百分比"设置为"300"，其对应"表达的值"设置为"30"。

d. 变化方向：单击"变化方向"图标，直到图标变为（表示上端不动，沿垂直方向往下伸缩）。

e. 变化方式：设置为"缩放"。

设置完成，单击"确认"按钮，如图 3.42 所示。

图3.42 垂直活塞杆"大小变化"动画设置

> ⚠ 注意
>
> "大小变化"动画组态设置时注意事项如下。
>
> 当"最小变化百分比"设为"100"时，其对应"表达式的值"同样设为"0"，组态构件在运行环境中移动时，对应表达式数值变化1，则此组态构件大小变化为（"最大变化百分比"−"最小变化百分比"）除以"最大变化百分比对应的表达式的值"，再乘以构件本身体积。如果设置"垂直移动量"的"最大变化百分比"对应的"表达式的值"为30，那么，表达式"垂直移动量"数值每增加1，对应的构件长度变化为（300%-100%）÷30×110 个像素长度。

③ 水平移动动画组态设置。

a. "表达式"：连接数据对象"水平移动量"。

b. "最小移动偏移量"设为"0"，其对应"表达式的值"同样设为"0"。

c. "最大移动偏移量"设为"250"（水平移动距离测量方法如图 3.43 所示），其对应"表达式的值"设为"40"。

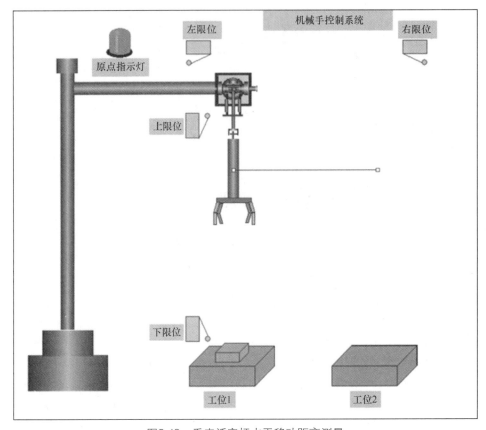

图3.43　垂直活塞杆水平移动距离测量

设置完成，单击"确认"按钮，如图 3.44 所示。

图3.44　垂直活塞杆"水平移动"动画设置

⚠ 注意

　　"水平移动"动画组态设置时注意事项如下。

　　① 组态构件"最小移动偏移量"设置为"0"，在运行环境下才显示初始位置为原位。

　　② 当"最小移动偏移量"设为"0"时，其对应"表达式的值"同样设为"0"，组态构件在运行环境中移动时，对应表达式数值变化 1，则此组态构件移动距离为"最大移动偏移量"除以最大偏移量对应的"表达式的值"。图 3.44 中活塞杆水平移动动画组

态设置含义：表达式"水平移动量"数值变化 1，则偏移量为 250/40=6.25，即垂直活塞杆移动 6.25 个像素长度。

③ 水平方向以向右为"参考正方向"，垂直方向以向下为"参考正方向"。若水平方向最大移动偏移量为负数，则随着对应表达式数值变化，构件向左移动；若垂直方向最大移动偏移量为负数，则随着对应表达式数值变化，构件向上移动。

四、机械手动画效果设置

机械手在 2 个工件台之间移动，因此需要设置水平移动动画。显然机械手和垂直方向活塞杆的水平移动是同步的，故与水平移动动画设置相同。

双击"机械手"图符，打开其"动画组态属性设置"对话框，在"属性设置"选项卡"位置动画连接"区域选中"水平移动"复选框，进入"水平移动"选项卡进行数据对象连接与属性设置，如图 3.45 所示。

图3.45 机械手动画效果设置

五、机械爪动画效果设置

双击"夹紧机械爪"图符，打开其"动画组态属性设置"对话框，在"属性设置"选项卡，选中"位置动画连接"区域中的"水平移动""垂直移动"复选框以及"特殊动画连接"区域中的"可见度"复选框，然后分别进入"水平移动""垂直移动"和"可见度"对应选项卡进行数据对象连接与属性设置。

（1）水平移动动画组态设置

① "表达式"：连接数据对象"水平移动量"。

② "最小移动偏移量"设为"0"，其对应"表达式的值"同样设为"0"。

③ "最大移动偏移量"设为"250"，其对应"表达式的值"设为"40"。

（2）垂直移动动画组态设置

① "表达式"：连接数据对象"垂直移动量"。

② "最小移动偏移量"设为"0"，其对应"表达式的值"设为"0"。

③ "最大移动偏移量"设为"220"，其对应"表达式的值"设为"30"，如图 3.46 所示。

⚠ 注意

机械爪垂直移动动画组态设置时的注意事项如下。

① 机械爪是跟随垂直活塞杆进行水平移动和垂直移动的，所以，设定的参数一定要与垂直活塞杆具有同样的水平运动效果和垂直运动效果，因此将表达式也连接数据对象"垂直移动量"。同样地，"最小移动偏移量"设为"0"，其对应"表达式的值"也设为"0"。

② 由垂直活塞杆的垂直移动动画组态设置可知：垂直活塞杆最大伸缩量为 220 个像素单位，所以机械爪垂直移动动画组态设置中，"最大移动偏移量"设为"220"，其对应的"表达式的值"设为"30"。

（3）可见度动画组态属性设置

①"表达式"：连接数据对象"夹紧控制"。

②"当表达式非零时"：选中"对应图符可见"单选项，如图3.47所示。

图3.46　夹紧机械爪"垂直移动"选项卡设置　　图3.47　夹紧机械爪"可见度"选项卡设置

设置完成，单击"确认"按钮。

双击"放松机械爪"图符，打开其"动画组态属性设置"对话框，选中"属性设置"选项卡的"水平移动""垂直移动"和"可见度"复选框，分别进入"水平移动""垂直移动"和"可见度"选项卡，完成数据对象连接和属性设置。放松机械爪的"水平移动"和"垂直移动"动画组态属性设置与夹紧机械爪的各项设置相同，"可见度"动画组态设置则有所不同，具体如下。

①"表达式"：连接数据对象"夹紧控制"。

②"当表达式非零时"：选中"对应图符不可见"单选项。

机械爪的水平固定块动画包括"水平移动"和"垂直移动"，设置方法与机械爪相同。

六、工件动画连接

在"机械手控制系统"中，工件有水平移动和垂直移动两种运动。前述"水平移动量"和"垂直移动量"用于机械手、机械爪、活塞杆"水平方向"和"垂直方向"的移动连接对应表达式，是因为这几个构件在实际中为整体，运动是同步的。而工件的部分移动却与活塞杆不同步，工件只是在被夹紧时，才有移动发生，故另设数据对象"工件水平移动量"和"工件垂直移动量"，分别作为工件"水平移动"和"垂直移动"表达式连接的数据对象。

（1）工件水平移动动画组态设置

①"表达式"：连接数据对象"工件水平移动量"。

②"最小移动偏移量"设为"0"，其对应"表达式的值"同样设为"0"。

③"最大移动偏移量"设为"250"，其对应"表达式的值"设为"40"，如图3.48所示。

（2）工件垂直移动动画组态设置

①"表达式"：连接数据对象"工件垂直移动量"。

②"最小移动偏移量"设为"0"，其对应"表达式的值"设为"0"。

③"最大移动偏移量"设为"–220"，其对应"表达式的值"设为"30"，如图3.49所示。设置完成，单击"确认"按钮。

图3.48 工件"水平移动"设置

图3.49 工件"垂直移动"设置

拓展与提升

动画显示构件

动画显示构件用于实现动画显示和多态显示的效果。通过和表达式建立连接，动画显示构件用表达式的值来驱动并切换显示多幅位图。

在多态显示方式下，构件用表达式的值来寻找分段点，显示指定分段点对应的位图。

在动画显示方式下，当表达式的值为非 0 时，构件按指定的频率，循环顺序切换显示所有分段点对应的位图。多幅位图的动态切换显示就实现了特定的动画效果。

动画显示构件具有可见与不可见两种显示状态，当指定的可见度表达被满足时，动画显示构件将呈现可见状态；否则，处于不可见状态。

动画显示构件属性设置如下。

双击动画显示构件，弹出构件的"动画显示构件属性设置"对话框，包括"基本属性""显示属性"和"可见度属性"3 个选项卡。

（1）基本属性设置

① 表达式：指定与动画显示构件建立连接的表达式。

② 分段点：一个分段点对应于动画显示构件的一种状态，运行时，表达式值的变化驱动构件在设定的多种状态之间切换，显示与分段点对应的一幅位图。

③ 增加段点：在"分段点"列表中增加一个分段点，用鼠标双击分段点的值，可激活分段点进入编辑状态，修改或输入新的段点值，按回车键，接受新的段点值。

④ 删除段点：删除"分段点"列表中所选定的段点，同时，该分段点对应的位图也被删除。

⑤ 位图：每个分段点除对应有一个分段点值外，还对应有一幅位图，左边显示的是指定分段点所对应的位图。在"分段点"列表中选定不同的分段点，可显示其对应的位图。"装载位图"按钮可以把对象元件库中的位图装入到指定的分段点。

⑥ 位图大小：选中"显示位图的实际大小"复选框，组态过程中，没有选择该复选框时，构件的大小是可以调整的，选择以后将不可调整；运行过程中，构件在每种状态下都将以位图的实际大小来显示位图，否则，对位图进行缩放处理，以构件的大小为基准来显示每种状态下的位图，如图 3.50 所示。

（2）显示属性设置

① 动画显示的实现：可用两种不同的方法来实现动画显示效果，一种是用表达式的值来驱动，当表达式的值发生变化时，构件用表达式的值来寻找对应的分段点，同时显示与分段点对应的一幅位图，如找不到对应的分段点，则显示构件最后一个分段点的位图；另一种是由构件自己驱动实现，按设定的频率，自动循环显示各分段点对应的每一幅位图。当表达式的值为非0时，开始切换显示，当表达式的值为0时，停止切换显示。如果用多幅位图来表示一个物理对象的不同状态，那么，不停地切换显示代表不同状态的每一幅位图，就可以模拟物理对象不断变化的动态效果，如图3.51所示。

图3.50　动画显示构件"基本属性"设置

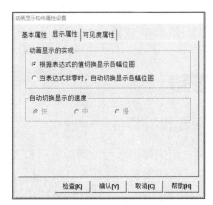

图3.51　动画显示构件"显示属性"设置

② 自动切换显示的速度：切换速度分为快、中、慢3种，每种速度的显示频率和闪烁效果的频率相同，可在主控窗口属性设置对话框的"系统参数"选项卡中修改。"自动切换显示的速度"只有在选中"当表达式非零时，自动切换显示各幅位图"单选项时有效。

（3）可见度属性设置

可见度是指输入框在系统运行中是否可见，是由指定的表达式的值决定的。如不设置任何表达式，则运行时，构件始终处于可见状态。

成果检查（见表3.3）

表3.3　机械手控制系统动画组态成果检查表（40分）

内容	评分标准	学生自评	小组互评	教师评分
按钮设置与动画连接（2分）	正确设置启停按钮操作动画连接，不正确之处每处扣1分			
限位开关动画连接（3分）	正确设置各限位开关的填充颜色动画连接。不符合要求或错误之处每处扣1分			
指示灯显示动画连接（10分）	正确设置各指示灯的可见度，表达式连接正确，颜色符合显示要求。不符合要求之处每处扣2分			
活塞杆动画连接（10分）	正确设置水平活塞杆的大小变化动画、垂直活塞杆的大小变化和水平移动动画。不符合要求之处每处扣1分			
机械手动画连接（1分）	正确设置机械手水平移动参数。不符合要求之处每处扣0.5分			

续表

内容	评分标准	学生自评	小组互评	教师评分
机械爪动画连接（10分）	正确设置机械爪的水平和垂直移动参数，以及机械爪的可见度。不符合要求之处每处扣1分			
工件动画连接（4分）	正确设置工件的可见度属性和水平方向、垂直方向动画属性。不符合要求或错误之处每处扣1分			
合计				

思考与练习

1. 对于水平移动、垂直移动这种连续变化的动画，表达式的连接对象是数值型还是开关型？

2. 制作一个标准按钮，再制作一个标签，当操作按钮时，标签显示按钮的状态为"0"或"1"。

3. 如图3.52所示，制作黄、绿、红3个圆和一个按钮，完成组态设置，要求初始状态下只显示左边的黄灯，当"启动"按钮动作时，3个灯按从左至右的顺序间隔1s循环点亮。"启动"按钮复位时，恢复初始显示状态。

图3.52（彩图）

图3.52 题3图

4. 制作图3.53（a）所示的5张图片，添加数值型数据对象"显示"，在用户窗口使用一个"动画显示"构件 、两个标准按钮，制作图3.53（b）所示界面。完成动画显示构件和按钮的属性设置，实现当多次单击"加1"按钮时，动画显示构件按图3.53（a）所示排序依次显示；多次单击"减1"按钮时，动画显示构件按图3.53（a）所示逆序依次显示。

(a)   (b)

图3.53 题4图

••• 任务3.3 机械手控制系统运行调试 •••

任务目标

1. 完成机械手控制系统组态工程模拟调试。
2. 完成MCGS+PLC的机械手控制系统联机调试。

学习导引

MCGS作为计算机监控软件，可与PLC、变频器、智能仪表等外部控制设备连接，作为"上位机"，实现对"下位机"（外部控制设备）的实时监控，也可通过对"运行策略"的设置与编辑实现计算机模拟调试。

模拟调试是组态不与外部任何硬件设备连接，只通过 MCGS 软件自身实现动画组态的模拟运行，其方法是在 MCGS 软件的运行策略中编写相应的控制脚本程序，包含可以满足控制要求和动画要求的脚本语句，编写完成且语法检查正确后，进入 MCGS 运行环境，通过鼠标单击相应的控制按钮，如启动按钮、停止按钮等，来验证各组件动画效果是否满足控制要求。由 MCGS 脚本程序控制系统运行，仅能起到一个"模拟功能实现"的作用，故称为"模拟调试"。

系统软硬件联调则是将组态监控画面作为"上位机"，监控"下位机"（PLC 等外部控制设备）的行为动作，需要与外部设备建立真正的通信连接，不仅可由脚本程序控制组态系统运行，还应与外部设备共同控制。所以在"机械手控制系统"中，组态运行效果不仅由脚本程序控制，还与外部 PLC 动作有关，MCGS 需要从 PLC 中读取输出信号，来执行动作。此时，MCGS 与 PLC 实现了系统化，MCGS 才真正起到了"对外部运行系统的监控作用"，这种方式称为"系统调试"。

本任务包括以下内容。

1. 编写脚本程序，由脚本程序独自控制系统运行，模拟演示"机械手控制系统"运行动画效果。

（1）按机械手控制要求，使用脚本编写机械手、工件运动的控制程序。

（2）完成脚本程序的运行调试。启动机械手控制系统后，机械手将工件从工位 1 移动到工位 2 并循环运行。

2. 连接控制设备（PLC），完成系统联调。

（1）根据上位机控制及显示要求，设计 PLC 设备通道连接表。

（2）设计系统接线图并完成系统硬件连接。

（3）按机械手控制要求编写 PLC 程序，同时删除组态工程脚本中相应的控制程序。

（4）上位机组态 PLC 设备。

① 设置父设备与子设备通信属性。

② 添加 PLC 通道，完成通道连接。

（5）根据机械手控制要求完成 MCGS+PLC 的系统联调，分别实现上位机和下位机启动和停止的控制功能，上位机画面显示机械手抓取工件并移动的动画效果及指示灯显示效果。

任务实施

在实施过程中，机械手控制系统的调试任务分两部分：模拟调试和系统调试，如同上述学习导引中所述，模拟调试不与外界设备相连接，直接通过 MCGS 完成脚本编写，实现计算机模拟动画组态演示效果。而系统调试是通过连接外部 PLC 设备，在循环策略中只编写少量控制脚本程序，由 PLC 程序加上 MCGS 控制脚本共同完成动画组态的演示效果。

一、机械手控制系统模拟调试

模拟调试过程主要包括添加策略行、设置定时器、编写脚本程序和检查运行 4 个部分。

3.5 机械手控制系统模拟调试

1. 添加策略行

设置运行策略前要考虑实现控制要求所涉及的功能，比如计数、定时等。

在机械手控制系统中，机械爪夹紧和放松需要有时间限定条件，因此，在模拟调试时，不仅需要添加脚本程序，还需添加并设置 MCGS 定时器。

① 从工作台进入"运行策略"用户窗口，在"运行策略"用户窗口中双击"循环策略"打开"循环策略"用户窗口，双击图标 ，或者选中此图标后单击鼠标右键，在打开的快捷菜单中选择"属性"命令，打开"策略属性设置"对话框，选择"定时循环执行"，并将"循环时间"设置为"100"ms，如图 3.54 所示。

② 选中图标 ，单击鼠标右键，在弹出的快捷菜单中选择"新增策略行"命令，如图 3.55 所示。

图3.54 循环时间设置

图3.55 "新增策略行"命令

③ 鼠标左键单击选中新增加的策略行最右侧的矩形框 ，从工具栏单击"工具箱"按钮 ，或者选中图标 ，单击鼠标右键，在打开的快捷菜单中选择"策略工具箱"命令，打开"策略工具箱"，双击"策略工具箱"列表中的"脚本程序"，或者将"脚本程序"直接拖曳至矩形框中，如图 3.56 所示，"脚本程序"策略构件添加完成。

④ 再次添加两个策略行，将"策略工具箱"中的"定时器"构件拖曳至每行右端的矩形框 中，如图 3.57 所示。

图3.56 添加"脚本程序"策略构件

图3.57 添加"定时器"策略构件

2. 设置定时器

双击第一个定时器图标 ，进入"定时器"对话框，如图 3.58 所示。具体参数设置如下。

① 设定值：定时器产生开关动作的时间值，将其设为"3"，表示夹紧过程需要 3s。

② 当前值：定时器当前的计时值，属于数值量，单击"当前值"对应输入框右侧的 ? 按钮，进入数据对象弹窗，选择"定时器 1 计时值"作为连接表达式。

③ 计时条件：定时器开始计时的启动条件，属于开关量，单击对应输入框右侧的 ? 按钮，进入数据对象弹窗，选择"定时器 1 启动"作为连接表达式。

④ 复位条件：定时器停止计时的复位条件，属于开关量，单击对应输入框右侧的 ? 按钮，进入数据对象弹窗，选择"定时器 1 复位"作为连接表达式。

⑤ 计时状态：表示定时器计时是否达到设定值，产生开关动作，属于开关量，单击对应输入框右侧的 ? 按钮，进入数据对象弹窗，选择"时间到 1"作为连接表达式，当"定时器 1 计时值"≥设定值 3s 时，则"时间到 1"=1；当"定时器 1 计时值"<设定值 3s 时，则"时间到 1"=0。

⑥ 在"内容注释"输入框中输入"夹紧定时器"进行备注，定时器所有参数设置完成，如图 3.59 所示。夹紧定时器使用的数据对象具体说明如表 3.4 所示。

图3.58　定时器"基本属性"设置选项卡

图3.59　夹紧定时器基本属性设置

表 3.4　夹紧定时器使用的数据对象说明

数据对象	类型	注释
定时器 1 计时值	数值型	对应的数值量表示夹紧定时器的计时时间，单位为 s
定时器 1 启动	开关型	=1，则夹紧定时器开始计时
定时器 1 复位	开关型	=1，则夹紧定时器停止计时，数值清零
时间到 1	开关型	当前值≥设定值，时间到 1=1；当前值<设定值，时间到 1=0

按同样的方法设置放松定时器。放松定时器属性设置为设定值 3s，当前值表达式为"定时器 2 计时值"，计时条件表达式为"定时器 2 启动"，复位条件设为"定时器 2 复位"，计时状态为"时间到 2"，内容注释为"放松定时器"，如图 3.60 所示，单击"确认"按钮，回到"循环策略"用户窗口，此时显示夹紧和放松定时器完成设置，如图 3.61 所示。

3．编写脚本程序

双击策略行中的"脚本程序"图标，进入"脚本程序"编辑窗口。

单击"脚本程序"窗口右侧"数据对象"图标 ⊞，打开"数据对象"列表，双击列表中需要的数据对象，将其直接插入脚本程序语句中，也可在语句中直接输入文字，如图 3.62 所示。

机械手的下降、机械爪的夹紧等动作是以下降控制、夹紧控制等变量的值"=1"作为动画显示条件的。

先编写第一小段程序，测试机械手运动状态监视指示灯动画组态是否设置正确，程序如图 3.63 所示。单击 🖳 按钮进入组态运行环境，状态指示灯显示如图 3.64 所示，下降指示灯和夹紧指示灯为绿色，上升指示灯、右行指示灯、左行指示灯和放松指示灯为红色，显示满足

图 3.63 所示脚本程序的控制逻辑。

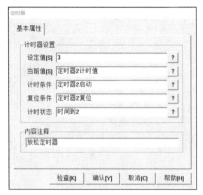

图3.60 放松定时器基本属性设置

图3.61 夹紧和放松定时器设置完成

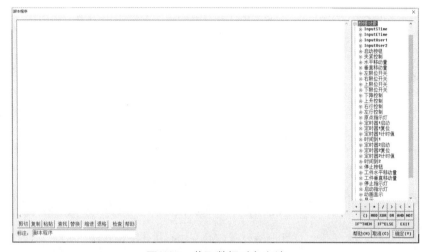

图3.62 获取数据对象方法

图3.63 部分测试脚本

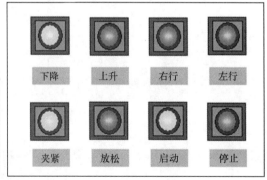

图3.64 指示灯状态

图3.64（彩图）

完整的机械手模拟调试控制脚本程序如下。

```
if 上限位开关=1 and 左限位开关=1 then
原点指示灯=1
else
原点指示灯=0
endif    //机械手于原点位置时，原点指示灯点亮；否则，原点指示灯不亮
```

```
    if 水平移动量=0 then
    左限位开关=1
    else
    左限位开关=0
    endif    //机械手在水平方向原点时，左限位开关=1

    if 水平移动量=40 then
    右限位开关=1
    else
    右限位开关=0
    endif    //机械手移动至最大水平方向移动位置时，右限位开关=1

    if 垂直移动量=0 then
    上限位开关=1
    else
    上限位开关=0
    endif    //机械手在垂直方向原点时，上限位开关=1

    if 垂直移动量=30 then
    下限位开关=1
    else
    下限位开关=0
    endif    //机械手移动至最大垂直方向移动位置时，下限位开关=1

    if 启动按钮=1 and 停止指示灯=0 and 原点指示灯=1 then
    下降控制=1         //机械手在原点位置，且系统处于停止状态，按下启动按钮，机械手开始下降
    endif

    if 下降控制=1 and 左限位开关=1 and 下限位开关=1 then
    定时器1启动=1       //机械手下降至下限位时，停止下降，夹紧定时器启动，开始夹紧
    定时器1复位=0
    夹紧控制=1
    下降控制=0
    endif


    if 时间到1=1 and 下限位开关=1 and 夹紧控制=1 then
    上升控制=1
    定时器1启动=0
    定时器1复位=1     // 夹紧定时器设定时间到，机械爪夹紧动作完毕，机械爪开始上升，夹紧定时器复位
    endif

    if 上升控制=1 and 原点指示灯=1 then
    右行控制=1
    上升控制=0          //机械手上升至原位时，上升动作停止，右行动作开始
    endif

    if 右行控制=1 and 上限位开关=1 and 右限位开关=1 then
    下降控制=1
    右行控制=0          // 机械手右行至右限位，右行动作停止，下降动作开始
    endif

    if 下降控制=1 and 右限位开关=1 and 下限位开关=1 then
    定时器2启动=1
    定时器2复位=0
```

```
夹紧控制=0
下降控制=0          // 机械手下降至下限位时,停止下降,放松定时器启动,机械爪松开
endif

if 时间到2=1 and 下限位开关=1 and 夹紧控制=0 then
上升控制=1          //放松定时器设定时间到,机械爪放松完毕,机械手开始上升
endif

if 上升控制=1 and 右限位开关=1 and 上限位开关=1 then
左行控制=1
上升控制=0          //机械手上升至上限位时,停止上升,左行开始
endif

if 左行控制=1 and 原点指示灯=1 then
下降控制=1
左行控制=0          //机械手左行至原位时,左行停止,又开始下降,进入第二个周期
endif

if 停止指示灯=1 and 原点指示灯=1 then
下降控制=0          //按下停止按钮,待机械手回到原位后,不再下降,机械手停止,不再进行下一个周期
endif

if 停止按钮=1 then
停止指示灯=1
启动指示灯=0          //按下停止按钮,停止指示灯点亮,启动指示灯熄灭
endif

if 启动按钮=1 then
停止指示灯=0
启动指示灯=1          //按下启动按钮,启动指示灯点亮,停止指示灯熄灭
endif

if 下降控制=1 then 垂直移动量=垂直移动量+1
if 上升控制=1 then 垂直移动量=垂直移动量-1
if 右行控制=1 then 水平移动量=水平移动量+1
if 左行控制=1 then 水平移动量=水平移动量-1

//当机械手处于下降状态时,单位时间内垂直移动量+1
当机械手处于上升状态时,单位时间内垂直移动量-1
当机械手处于右行状态时,单位时间内水平移动量+1
当机械手处于左行状态时,单位时间内水平移动量-1

if 上升控制=1 and 夹紧控制=1 then 工件垂直移动量=工件垂直移动量+1
if 右行控制=1 and 夹紧控制=1 then 工件水平移动量=工件水平移动量+1
if 下降控制=1 and 夹紧控制=1 then 工件垂直移动量=工件垂直移动量-1

//当机械手处于上升状态且工件被夹紧时,单位时间内工件垂直移动量+1
当机械手处于右行状态且工件被夹紧时,单位时间内工件水平移动量+1
当机械手处于下降状态且工件被夹紧时,单位时间内工件垂直移动量-1

if 水平移动量>=40 then
水平移动量=40
endif          //机械手右行至水平移动最大偏移量时,停止右行

if 水平移动量<=0 then
水平移动量=0
```

```
    endif            //机械手左行至水平移动最小偏移量时，停止左行

    if 垂直移动量>=30 then
    垂直移动量=30
    endif            //机械手下降至垂直移动最大偏移量时，停止下降

    if 垂直移动量<=0 then
    垂直移动量=0
    endif            // 机械手上升至垂直移动最小偏移量时，停止上升

    if 工件水平移动量>=40 then
    工件水平移动量=40
    endif            //工件右行至水平移动最大偏移量时，停止右行

    if 工件水平移动量<=0 then
    工件水平移动量=0
    endif            //工件左行至水平移动最小偏移量时，停止左行

    if 工件垂直移动量>=30 then
    工件垂直移动量=30
    endif            //工件上升至垂直移动最大偏移量时，停止上升

    if 工件垂直移动量<=0 then
    工件垂直移动量=0
    endif            //工件下降至垂直移动最小偏移量时，停止下降

    if 原点指示灯=1 and 工件水平移动量=40 and 工件垂直移动量=0 then
    工件水平移动量=0
    工件垂直移动量=0
    endif            //当机械手回到原位，工件位置变回原位
```

⚠ 注意

脚本程序编写时的注意事项如下。

① "if…then" "and" 等语句可以是大写，也可以是小写。

② "数据对象" 可以直接输入，也可以打开 "脚本程序" 编辑窗口右侧的 "数据对象" 列表，双击需要的数据对象将其插入到脚本程序中。

③ 脚本编辑过程中，所用的符号（如 "<" ">" 等）必须在英文输入状态下输入，因此，编辑脚本时直接单击界面符号框，将其插入可以有效防止出现错误。

④ 脚本程序应严格按照语法规范编写，否则语法检查不能通过。

⑤ 编写脚本程序过程中多使用 "复制" "粘贴" 等技巧，可有效提高编写效率。

脚本编写完成后，应检查程序是否存在语法错误，在 "脚本程序" 编辑窗口下方菜单栏中单击 "检查" 按钮，如图 3.65 所示，检查脚本程序是否存在语法错误。

组态设置正确，没有语法错误，会出现图 3.66 所示弹窗。如果存在错误，需将错误之处严格按照语法要求修改无误。特别注意的是，要避免在定义数据对象时留有空格，否则，在进行语法检查时也会出现错误提示。所有脚本程序检查正确后，单击右下角的 "确定" 按钮才能保存脚本程序，如果直接单击右上角的 ⊠ 按钮关闭编辑窗口，脚本程序不能被保存。

图3.65 "检查"脚本程序　　　　　　　　图3.66 "组态设置正确，没有错误"弹窗

单击 ■ 按钮，进入 MCGS 运行环境，检查运行环境初始化界面，若不正确应退出运行环境，修改正确后再次进行模拟运行。若初始化界面符合要求，则按下启动按钮，进行动画组态效果演示，观察机械手运动的动画是否与实际控制要求相匹配，"机械手控制系统"模拟调试完成，如图 3.67 所示。

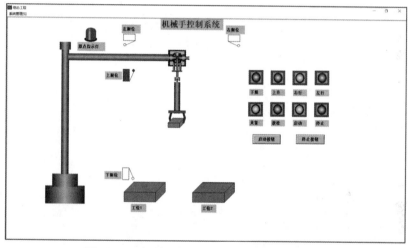

图3.67 "机械手控制系统"模拟调试运行效果

二、机械手控制系统联调

MCGS 与 PLC 进行联机系统调试，通过"设备窗口"将数据对象与 PLC 内部地址连接，例如将 Q0.0 与组态中"下降控制"这一数据对象相连接，当 PLC 中的 Q0.0 地址有信号输出时，组态中执行下降控制。而组态中产生相应移动的组件具体移动多大距离，通常由组态脚本程序控制。如 PLC 中 Q0.0 输出高电平信号，垂直活塞杆向下移动，移动多大距离到达下限位这一功能还是由 MCGS 脚本程序控制，所以在"机械手控制系统"的系统调试过程中，仍需编辑脚本程序，但与模拟调试的脚本程序存在区别。

1. 系统调试脚本程序

系统调试过程中所需要用到的脚本程序如下所示。

```
if 下降控制=1 then 垂直移动量=垂直移动量+1
if 上升控制=1 then 垂直移动量=垂直移动量-1
if 右行控制=1 then 水平移动量=水平移动量+1
if 左行控制=1 then 水平移动量=水平移动量-1
```

```
if 上升控制=1 and 夹紧控制=1 then 工件垂直移动量=工件垂直移动量+1
if 右行控制=1 and 夹紧控制=1 then 工件水平移动量=工件水平移动量+1
if 下降控制=1 and 夹紧控制=1 then 工件垂直移动量=工件垂直移动量-1

if 水平移动量>=40 then
水平移动量=40
endif

if 水平移动量<=0 then
水平移动量=0
endif

if 垂直移动量>=30 then
垂直移动量=30
endif

if 垂直移动量<=0 then
垂直移动量=0
endif

if 工件水平移动量>=40 then
工件水平移动量=40
endif

if 工件水平移动量<=0 then
工件水平移动量=0
endif

if 工件垂直移动量>=30 then
工件垂直移动量=30
endif

if 工件垂直移动量<=0 then
工件垂直移动量=0
endif

if 上限位开关=1 and 左限位开关=1 then
原点指示灯=1
else
原点指示灯=0
endif

if 水平移动量=0 then
左限位开关=1
else
左限位开关=0
endif

if 水平移动量=40 then
右限位开关=1
else
右限位开关=0
endif

if 垂直移动量=0 then
```

```
上限位开关=1
else
上限位开关=0
endif

if 垂直移动量=30 then
下限位开关=1
else
下限位开关=0
endif

if 原点指示灯=1 and 工件水平移动量=40 and 工件垂直移动量=0 then
工件水平移动量=0
工件垂直移动量=0
endif
```

2. 硬件设计

根据系统的控制要求，选择合适型号的 PLC，本项目选择 S7-200PLC CPU224，分析输入、输出信号，列出 I/O 分配表，如表 3.5 所示。根据 I/O 分配表，画出 PLC 接线图，如图 3.68 所示。

表 3.5 I/O 分配表

名称	地址	功能	名称	地址	功能
SB1	I0.0	启动按钮	YV1	Q0.0	机械手下降
SB2	I0.1	停止按钮	YV2	Q0.1	机械手夹紧
SQ1	I0.2	上限位	YV3	Q0.2	机械手上升
SQ2	I0.3	下限位	YV4	Q0.3	机械手右行
SQ3	I0.4	左限位	YV5	Q0.4	机械手左行
SQ4	I0.5	右限位	HL1	Q0.5	原点指示灯

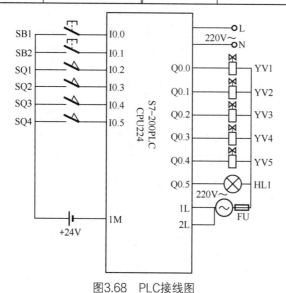

图3.68 PLC接线图

由于机械手控制系统需在上位机实现系统启动、系统停止控制，显示各限位开关动画及机械手抓取并移动工件的动画等，故组态软件与 PLC 之间还必须加上这些数据交换，最后得到表

3.6 所示的 PLC 变量与组态软件实时数据对象的对照表，后续还将完成的组态软件通道连接。

表 3.6　PLC 变量与组态软件数据对象对照表

序号	名称	PLC 地址	MCGS 变量（数据对象）	功能
1	MCGS 启动	M0.0	启动按钮	系统启动
2	MCGS 停止	M0.1	停止按钮	系统停止
3	YV1	Q0.0	下降控制	机械手下降
4	YV2	Q0.1	夹紧控制	机械爪夹紧
5	YV3	Q0.2	上升控制	机械手上升
6	YV4	Q0.3	右行控制	机械手右行
7	YV5	Q0.4	左行控制	机械手左行
8	HL1	Q0.5	原点指示灯	原点信号显示
9	SQ1	I0.2	上限位开关	垂直活塞杆收回到位
10	SQ2	I0.3	下限位开关	垂直活塞杆伸出到位
11	SQ3	I0.4	左限位开关	水平活塞杆收回到位
12	SQ4	I0.5	右限位开关	水平活塞杆伸出到位

3. PLC 程序设计

根据机械手控制要求编写 PLC 程序。上位机无法直接修改 PLC 输入继电器状态，即不能修改 I，想要通过组态画面上的按钮实现系统启停控制，需要增加 M 点与 MCGS 中的数据对象连接。在此，将 PLC 程序中的启动按钮 I0.0 上并联 M0.0 作为 MCGS 启动按钮，停止按钮 I0.1 处串联 M0.1 作为 MCGS 停止按钮。根据系统控制要求并考虑上位机信号要求编写 PLC 控制程序，符号表如表 3.7 所示，PLC 程序如图 3.69 所示。

表 3.7　PLC 符号表

	符号	地址
1	启动按钮	I0.0
2	停止按钮	I0.1
3	上限位	I0.2
4	下限位	I0.3
5	左限位	I0.4
6	右限位	I0.5
7	MCGS 启动	M0.0
8	MCGS 停止	M0.1
9	下降	Q0.0
10	夹紧	Q0.1
11	上升	Q0.2
12	右行	Q0.3
13	左行	Q0.4
14	原点指示灯	Q0.5

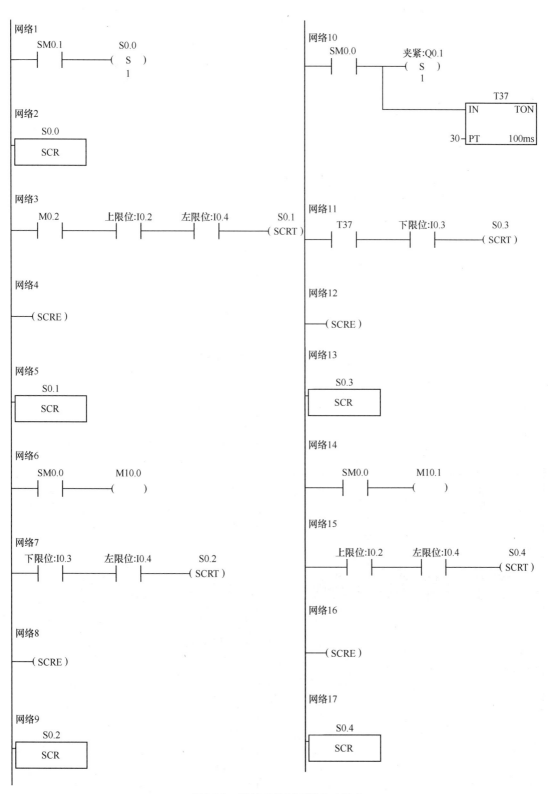

图3.69 机械手控制系统PLC程序

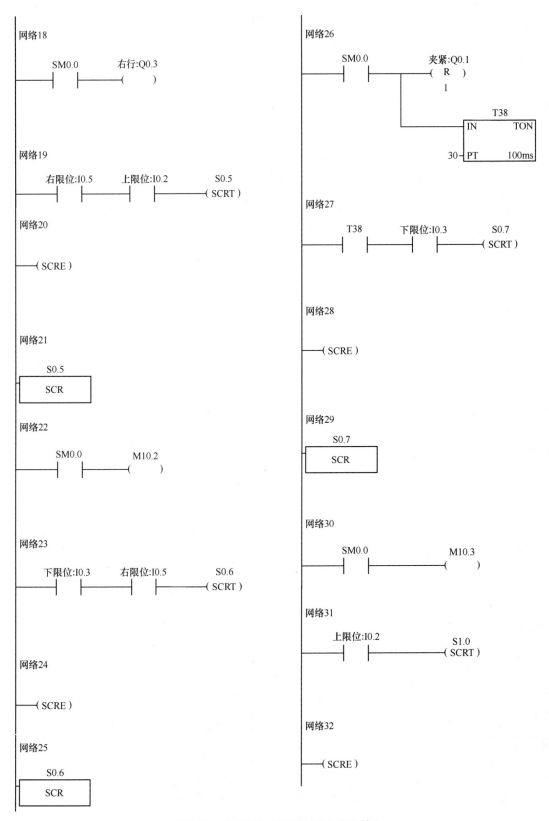

图3.69　机械手控制系统PLC程序（续）

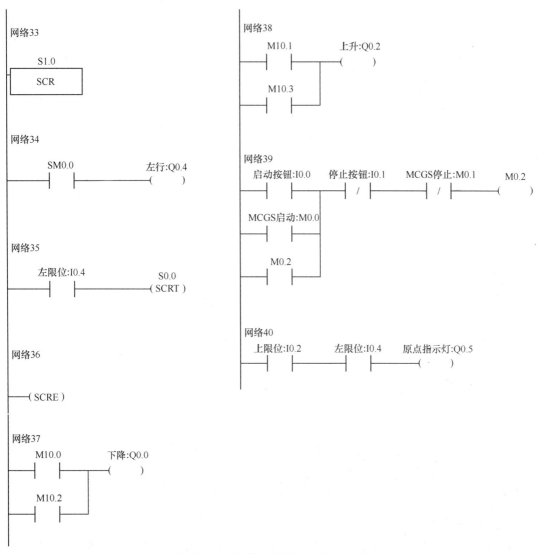

图3.69 机械手控制系统PLC程序（续）

4. 设备连接

设备连接包括添加设备、设置设备基本属性、连接通道 3 部分。

（1）添加设备

① 从工作台单击"设备窗口"标签进入设备窗口，双击 ⛏️，如图 3.70 所示，进入设备窗口组态界面。

② 打开"设备工具箱"，如图 3.71 所示。单击"设备管理"按钮打开设备列表，在可选设备中找到"通用串口父设备"组件，如图 3.72 所示。双击此设备对象，此设备对象出现在右侧选定设备中；在 PLC 设备下面找到"西门子"文件夹，单击左侧的 ⊞ 按钮，打开子设备列表，从中找到"西门子_S7200PPI"组件（子设备）并双击，则此子设备对象出现在右侧选定设备中，如图 3.73 所示。单击"确认"按钮，将其添加到"设备工具箱"中。

回到设备窗口，可以看到添加好的父设备"通用串口父设备 0-[通用串口父设备]"和子设备"设备 0-[西门子_S7200PPI]"，如图 3.74 所示。

3.6 机械手控制系统 PLC 设备组态

143

图3.70　"设备窗口"界面

图3.71　打开"设备工具箱"

图3.72　选择通用串口父设备

图3.73　添加子设备"西门子_S7200PPI"

图3.74　子设备和父设备

（2）设置设备基本属性

① 双击"通用串口父设备 0-[通用串口父设备]"，打开"通用串口设备属性编辑"对话框，该对话框中包含"最小采集周期""初始工作状态""串口端口号"等多种属性设置项目，如图3.75 所示。用户可根据实际情况来设置。在"机械手控制系统"组态设备中，父设备的"基本属性"设置如图 3.76 所示。

图3.75　"通用串口设备属性编辑"对话框

图3.76　父设备"基本属性"设置

初始工作状态：选择"1-启动"。

最小采集周期（ms）：设为"100"。

串口端口号（1～255）："0-COM1"（根据计算机实际连接情况设置）。

通信波特率："6-9600"kbit/s（与 PLC 的通信波特率保持一致）。

数据位位数："1-8 位"。

停止位位数："0-1 位"。

数据校检方式："2-偶校检"。

数据采集方式："0-同步采集"。

"电话连接"选项卡不做任何设置。

设置完成之后单击"确认"按钮，回到"设备组态"用
户窗口。

② 双击"设备 0-[西门子_S7200PPI]"，打开"设备属性
设置-[设备 0]"对话框，具体设置如下。

初始工作状态：选择"1-启动"。

最小采集周期（ms）：设为"100"（同父设备一致）。

设备地址：2（不同的系统此项设置可能不同），如图 3.77
所示。

图3.77 子设备窗口属性设置

③ 在"基本属性"选项卡选中第 1 行，单击最右边的 ... 按钮，如图 3.78 所示，进入"西
门子_S7200PPI 通道属性设置"对话框，如图 3.79 所示。

④ 单击"全部删除"按钮，删除原有通道，如图 3.79 所示。

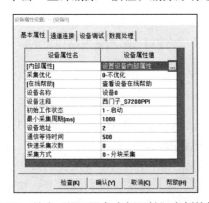

图3.78 单击"设置设备内部属性"右侧按钮

图3.79 删除原有通道

⑤ 单击"增加通道"按钮，进入"增加通道"对话框，单击"寄存器类型"列表框右侧 ▼
按钮，在弹出的下拉列表中选择"M 寄存器"，如图 3.80 所示。"寄存器地址"设为"0"，表示
M 地址 0 号字节。通道数量设为"2"，表示从 M0.0 起，数量为两个地址。操作方式设为"只
写"，即上位机 MCGS 中的数据对象值写入下位机 PLC 中的 M 寄存器，如图 3.81 所示。单击
"确认"按钮，M0.0 与 M0.1 点通道添加完毕。

⑥ 继续添加通道，"寄存器类型"选择"Q 寄存器"，如图 3.82 所示。"寄存器地址"设为
"0"，表示 Q 地址的 0 号字节。通道数量设为"6"，表示从 Q0.0～Q0.5。操作方式设为"只读"，
即上位机 MCGS 读取下位机 PLC 输出信号，进行动画显示，如图 3.83 所示。单击"确认"按
钮，Q0.0～Q0.5 点通道添加完毕。

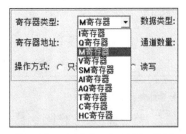

图3.80 选择"M寄存器"类型

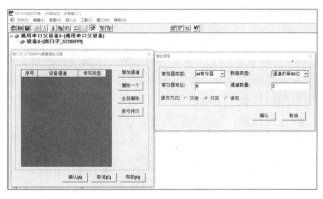

图3.81 添加M寄存器通道

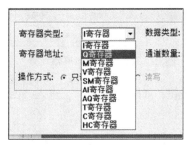

图3.82 选择"Q寄存器"类型

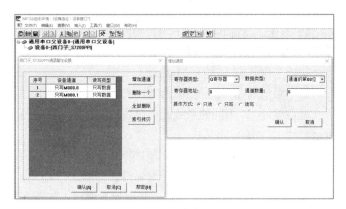

图3.83 添加Q寄存器通道

同样，为了显示 4 个限位开关的状态，需要读取 I0.2～I0.5。输入继电器通道的添加方法与上述相同，操作方式只能选择"只读"。

通道添加完毕，如图 3.84 所示。

（3）连接通道

进行通道连接是为了使上位机（MCGS）与下位机（PLC）进行数据交换，上位机（MCGS）能够控制下位机（PLC）的内部寄存器区域或从下位机读取数据，完成"读"或"写"操作，从而使两者同步运行。PLC 程序设计过程中，PLC 设备无法将 I 信号直接写入 MCGS 中，所以在 PLC 梯形图程序中采用启动按钮并联 MCGS 启动按钮、停止按钮串联 MCGS 停止按钮的方式解决这个问题，如图 3.85 所示。通道连接时，可以用同样功能的 M 点代替 I 点。

图3.84 子设备通道属性设置

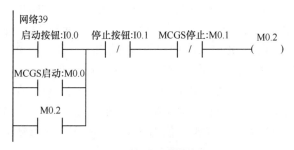

图3.85 系统启停网络添加M点

根据表3.6完成通道连接。

回到子设备的"设备属性设置"对话框，单击"通道连接"标签，进入"通道连接"选项卡，单击选中"对应数据对象"列表中的某一行，右击，在弹出的快捷菜单中选择同右侧通道地址相对应的数据对象与通道地址进行连接，如图3.86和图3.87所示，用同样的方法完成所有通道的连接。对应数据对象的名称也可以用鼠标双击，进入编辑状态，输入新数据对象名称。

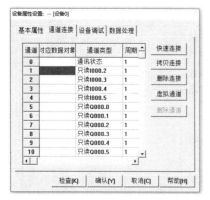

图3.86 "通道连接"选项卡

图3.87 通道连接对应数据对象

通道全部连接完成后，如图3.88所示，单击"确认"按钮。

图3.88 通道连接完成

5. 系统运行调试

① 按PLC接线图完成PLC外部接线，将PLC上电后，打开S7-200PLC编程软件，将机械手PLC程序编辑好后下载至PLC，关闭PLC编程软件。

② 单击机械手控制系统组态工程工具栏中的"进入运行环境"按钮。

③ 先用外部按钮控制，操作外部启动和停止按钮，PLC的I/O信号动作正确，组态运行界面动画显示正确，机械手能按设定流程移动工件，指示灯显示正确，证明MCGS能从PLC中正确读取Q信号。

④ 再用组态画面上设置的按钮控制机械手控制系统。分别操作组态画面上的启动和停止按钮，PLC的输出信号动作正确，组态运行界面动画显示正确，证明MCGS能够将数据对象的值写入PLC的M寄存器中。

成果检查（见表 3.8）

表 3.8　机械手控制系统运行调试成果检查表（40 分）

内容	评分标准	学生自评	小组互评	教师评分
脚本程序策略行的添加（1 分）	正确添加脚本程序策略行。不符合要求或不正确之处每处扣 0.5 分			
定时器的设置（1 分）	添加定时器策略行，正确设置定时器参数。不合理或不正确之处每处扣 0.5 分			
模拟调试脚本程序的编写与检查（4 分）	按机械手动作流程及动画显示正确编写脚本程序。缺少一项功能或不正确之处每处扣 1 分			
系统模拟运行（4 分）	进行模拟调试运行，观察动画效果。不符合控制要求或动画显示要求之处每处扣 1 分			
系统调试脚本程序编写（2 分）	修改原有脚本，只保留动画脚本。缺少一项功能或不正确之处每处扣 0.5 分			
硬件设计（2 分）	正确设计硬件接线图，并完成系统接线。不符合要求或不正确之处每处扣 0.5 分			
PLC 梯形图程序的编写（6 分）	正确编写 PLC 梯形图程序。不符合要求或不正确之处每处扣 1 分			
父设备和子设备的添加及设置（4 分）	正确添加父设备和子设备且正确设置设备基本属性。不符合要求或不正确之处每处扣 1 分			
添加通道及通道连接（6 分）	正确添加全部通道，操作方式正确，并正确连接通道。缺少一项或不正确之处每处扣 1 分			
系统运行调试（10 分）	正确进行系统调试运行，观察动画效果。不符合控制要求或动画显示要求之处每处扣 1 分			
合计				

思考与练习

1. 系统调试时，为什么在 PLC 程序下载完成后、进入运行环境前要先关闭 PLC 编程软件？

2. 在机械手控制系统监控界面制作完成工件抓取和放松的时间显示，如图 3.89 所示。

3. 制作一个矩形和一个红色小球（20 像素 × 20 像素），如图 3.90 所示，小球沿着矩形 A-B-C-D-A 逆时针方向循环移动。小球从 A 点移动至 B 点的过程逐步放大至 40 像素 × 40 像素，从 B 点移动至 C 点的过程中又逐步放大至 80 像素 × 80 像素，从 C 点移动至 D 点的过程中又缩小至 40 像素 × 40 像素，最后回到 A 点时缩回至 20 像素 × 20 像素。

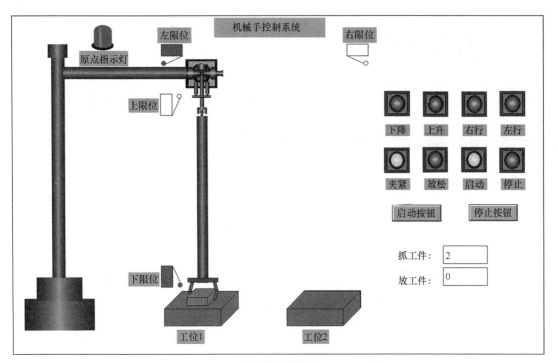

图3.89 题2图

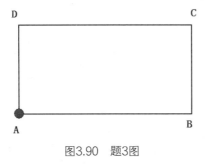

图3.90 题3图

图 3.89（彩图）

▷ 项目四 ◁
自动喷涂系统组态设计与调试

●●● 项目描述 ●●●

某工件表面自动喷涂系统基本结构如图 4.1 所示。

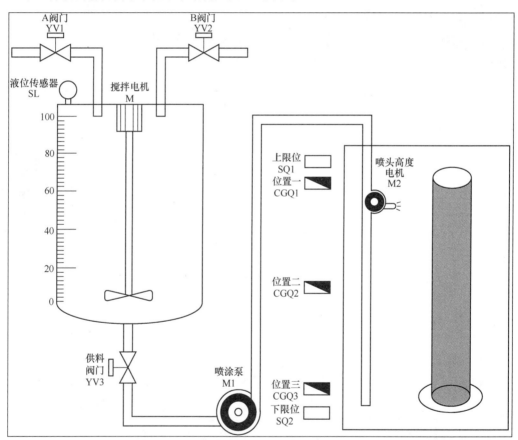

图4.1 自动喷涂系统基本结构

其中，搅拌电机 M、喷涂泵 M1、喷头高度电机 M2 为交流电机，且 M2 由 MM440 变频器驱动，由运动模块带动在丝杆上做上下移动。液位传感器 SL 监测液位高度，0～100cm 的液位对应标准电信号 0～10V。上限位 SQ1、下限位 SQ2、位置一 CGQ1、位置二 CGQ2、位置三 CGQ3 分别来自丝杆运动模块。A 阀门 YV1、B 阀门 YV2 为进料阀门，供料阀门 YV3 为出料阀门。

系统 PLC 采用 S7-200CPU224XP，与变频器 MM440 之间通过通用串行通信接口（USS）进行通信控制。

对自动喷涂系统有如下控制要求。

1. 模式一：手动模式

（1）系统复位。系统完成复位后才能进入其他工作模式。从主界面进入"手动喷涂界面"，如图 4.2 所示。按下"启动""停止"按钮，系统不会有任何动作；按下"复位"按钮，喷头高度电机 M2 反转运行，电机 M2 和喷头回到初始位置三 CGQ3。

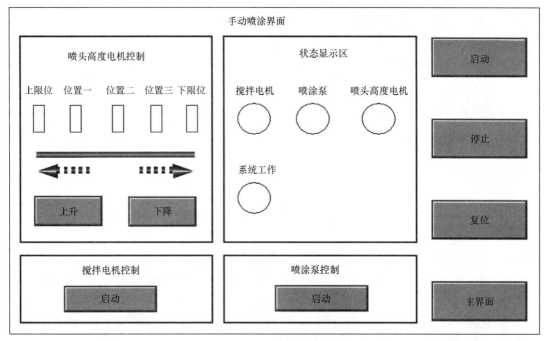

图4.2　手动喷涂界面

（2）启动。进入"手动喷涂界面"后，按下"启动"按钮，状态显示区"系统工作"指示灯点亮。

（3）搅拌电机 M 调试。按下界面搅拌电机泵 M 控制"启动"按钮，状态显示区"搅拌电机"指示灯点亮。

（4）喷涂泵 M1 调试。按下界面喷涂泵 M1 控制"启动"按钮，状态显示区"喷涂泵"指示灯点亮，M1 正转。

（5）喷头高度电机 M2 调试。按下界面喷头高度电机控制"上升""下降"按钮，M2 运转，正转时在丝杆上带动喷头在 CGQ3→CGQ1 方向上升，碰到上限位开关 SQ1，停止运动；反转时在丝杆上带动喷头在 CGQ1→CGQ3 方向下降，碰到下限位开关 SQ2，停止运动。

2. 模式二：自动模式

系统初始状态为：储藏罐空，此时状态显示区"低液位"指示灯点亮，状态显示区其他指示灯熄灭；阀门 YV1、YV2、YV3 关闭；所有电机停止。

（1）系统复位。进入"自动喷涂界面"，如图 4.3 所示。按下"启动""停止"按钮，系统不会有任何动作；按下"复位"按钮，喷头高度电机 M2 反转，电机 M2 和喷头先回到初始位置三 CGQ3。

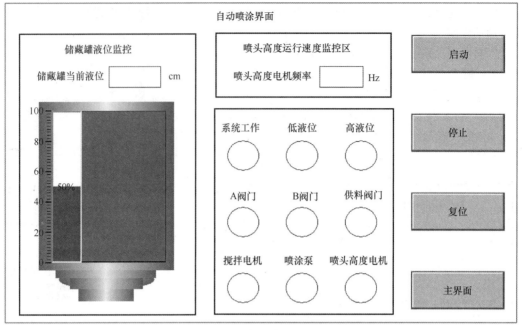

图4.3　自动喷涂界面

（2）按下"启动"按钮，状态显示区"系统工作"指示灯点亮，系统开始工作，流程如下（按序号顺序依次控制）。

① A阀门YV1和B阀门YV2依次打开。状态显示区"A阀门"和"B阀门"指示灯亮起。

② 罐内液位上升。当液位高于80cm时，"低液位"指示灯关闭，"高液位"指示灯点亮。

③ A阀门YV1和B阀门YV2依次关闭。状态显示区"A阀门"和"B阀门"指示灯关闭。

④ 搅拌电机M开始工作。M正转5s后反转5s，循环3次后自动停止。M运行时，状态显示区"搅拌电机"工作指示灯点亮，停止时熄灭。

⑤ 供料阀门YV3打开，状态显示区"供料阀门"指示灯点亮。

⑥ 喷涂泵M1正转启动，状态显示区"喷涂泵"指示灯点亮。

⑦ 喷头高度电机M2正转启动，带动喷头由初始位置三CGQ3移动到位置二CGQ2，电机运行频率为20Hz；从位置二CGQ2移动到位置一CGQ1，电机运行频率为30Hz；到达位置一CGQ1，喷涂完成，M2反转，带动喷头返回位置三CGQ3，电机运行频率为40Hz。

喷涂过程中，若罐内液位降低至低液位时（对应0~20cm），状态显示区的"低液位"指示灯点亮，喷涂泵M1停止工作，喷头高度电机M2回到初始位置。供料阀门YV3关闭。然后重复①~⑦动作流程。

（3）停止操作。系统自动运行过程中，按下界面"停止"按钮，系统停止运行，状态显示区"系统工作"指示灯熄灭。再次启动运行时，系统保持上次运行的记录继续运行。

（4）非正常情况处理。当喷头高度电机M2出现越程（上、下超行程限位开关分别为两端微动开关SQ1、SQ2）时，系统自动停止。解除故障后，按下"复位"按钮，所有阀门及电机恢复到初始状态；系统从初始状态重新开始运行。

••• **学习目标** •••

【知识目标】

1. 熟练掌握不同图形的属性设置。

2. 熟练掌握按钮切换窗口的属性设置。

3. 熟练掌握脚本程序的编写逻辑。

4. 熟练掌握 MCGS 上位机与 PLC 下位机的连接。

【能力目标】

1. 能根据系统要求熟练开发监控界面。

2. 能熟练完成各种图形的属性设置。

3. 能熟练编写脚本程序、设置常用的策略构件。

4. 能根据系统要求熟练进行组态工程的软、硬件调试。

【素质目标】

1. 培养勤恳认真、脚踏实地的工作作风。

2. 培养一丝不苟、精益求精、勇于创新的工匠精神。

3. 培养自信的精神品质。

4. 培养分析问题、解决问题的能力。

••• **任务 4.1 自动喷涂系统窗口组态及数据对象定义** •••

任务目标

1. 对项目进行分析,整体构思系统监控界面。

2. 熟练使用工具箱完成自动喷涂系统用户窗口组态。

3. 根据项目要求,设计喷涂组态控制系统数据对象名称及类型。

学习导引

本任务组态包括以下内容。

1. 建立"自动喷涂系统"组态工程。

2. 根据自动喷涂系统组态监控界面参考效果图,建立"自动喷涂系统""手动喷涂界面"和"自动喷涂界面"3 个运行监控窗口。"自动喷涂系统"窗口用于显示自动喷涂系统基本结构;"手动喷涂界面"窗口用于显示喷涂系统在手动模式下,主要设备的控制及状态;"自动喷涂界面"窗口用于显示喷涂系统在自动模式下,主要设备的控制(如储藏罐液位监控、喷头高度运行速度监控)和设备的状态。

3. 设置"自动喷涂系统"窗口为启动运行窗口,建立 3 个窗口之间的菜单或按钮切换功能。

任务实施

一、绘制自动喷涂系统画面

1. 建立工程

① 双击桌面"MCGS 组态环境"图标，打开 MCGS 通用版组态环境，进入样例工程。

② 在菜单栏选择"文件"→"新建工程"命令，如图 4.4 所示。

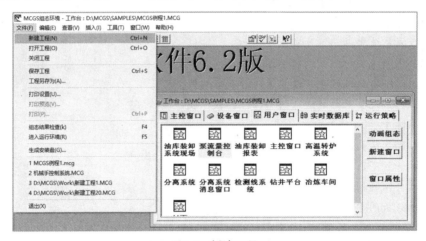

图4.4　新建工程

③ 进入新建工程工作台界面后，选择"文件"→"工程另存为"命令，弹出"保存为"对话框，按希望的路径保存文件。输入文件名，如"自动喷涂系统"，如图 4.5 所示，单击"保存"按钮，工程建立完毕。

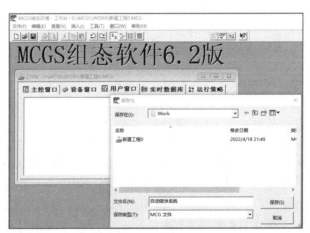

图4.5　保存工程

2. 添加用户窗口

① 在工作台界面，打开"用户窗口"选项卡，再单击"新建窗口"按钮，如图 4.6 所示。

② 选中"窗口 0"，单击鼠标右键，在弹出的快捷菜单中选择"属性"命令，打开"用户窗口属性设置"对话框，在"基本属性"选项卡中，将"窗口名称"修改为"自动喷涂系统"，"窗

口背景"修改为白色，选中"最大化显示"单选项，如图 4.7 所示，单击"确认"按钮。

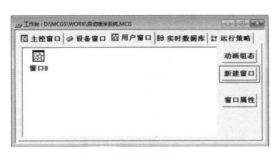

图4.6 新建用户窗口

图4.7 设置新建用户窗口基本属性

③ 再次新建两个窗口，并将"窗口名称"分别修改为"手动喷涂界面""自动喷涂界面"，"窗口背景"均修改为白色，在"窗口位置"区域选中"最大化显示"单选项，单击"确认"按钮，完成 3 个用户窗口的创建，如图 4.8 所示。

3. 制作自动喷涂系统界面

① 进入"自动喷涂系统"用户窗口。选中"自动喷涂系统"用户窗口图标，单击"动画组态"按钮（或直接双击"自动喷涂系统"窗口图标），进入"自动喷涂系统"用户窗口，开始组建监控画面。

4.1 制作自动喷涂系统界面

图4.8 设置新建用户窗口名称

② 绘制储藏罐。从工具栏中单击"工具箱"按钮 🛠，打开工具箱，单击"插入元件"按钮 📷，进入"对象元件库管理"对话框，选中"储藏罐"，显示所有罐图，拖动右侧移动滑块，选中"罐 42"，如图 4.9 所示，单击"确定"按钮，此时，罐 42 出现在"自动喷涂系统"窗口界面。选中"罐 42"，单击鼠标右键，在弹出的快捷菜单中选择"排列"→"旋转"→"上下镜像"命令，使罐 42 上下翻转。

③ 绘制阀门。再次打开"对象元件库管理"对话框，从"阀"类中选取"阀 54"，分别作为 A 阀门 YV1、B 阀门 YV2 和供料阀门 YV3。

④ 绘制液位传感器。在"对象元件库管理"对话框的对象类型列表中找到"传感器"，并选取"传感器 4"作为液位传感器 SL。

⑤ 绘制电机。在"对象元件库管理"对话框的对象类型列表中找到"马达"，从"马达"类中选中"马达 11"作为搅拌电机 M；从"泵"类中选中"泵 24"作为喷涂泵 M1，从"泵"类中选取"泵 23"作为喷头高度电机 M2。

⑥ 绘制管道。从"管道"类中选择"管道 100"，在"自动喷涂系统"用户窗口中调节管道 100 的直径，将管道置于最后面。选中管道，复制、粘贴，再次选中粘贴后的管道，单击鼠标右键，在弹出的快捷菜单中选择"排列"→"旋转"命令，生成需要的弯管。再从"管道"类中选择"管道 95"，绘制竖管道，在"自动喷涂系统"用户窗口中调节管道 95 的管道直径，并复制、粘贴生成需要的其他竖管道，调整位置和大小。

⑦ 绘制喷涂箱。使用"矩形"图元绘制无填充颜色的矩形，调整其位置，最后获得图 4.10 所示效果。

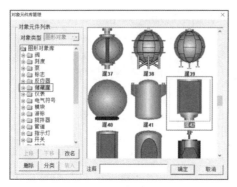

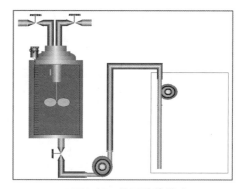

图4.9　选择罐图　　　　　　　　图4.10　设置连接管道

⑧ 绘制工件。从工具箱中单击"矩形"按钮，按住鼠标左键拖动，在界面绘制一个矩形，调整大小为 80 像素×270 像素。将矩形的属性设置为"无边线"，填充颜色为"青绿"。

在工具箱中单击"椭圆"按钮，绘制椭圆 1，大小为 80 像素×40 像素，填充颜色为"白色"，边线为"黑色"。复制、粘贴形成椭圆 2、椭圆 3。将椭圆 2 填充为"青绿"色，边线为"黑色"；椭圆 3"无填充"，边线为"黑色"。绘制的矩形和椭圆如图 4.11 所示。

最后将椭圆 1 放置在矩形上方，排列在"最前面"；椭圆 2 放置在矩形下方位置，排列在"最后面"，将椭圆 3 与椭圆 2 下对齐，也放置在矩形下方位置，排列在"最前面"，最终形成图 4.12 所示工件图形。

⑨ 绘制限位开关。从工具箱中单击"矩形"按钮，设置其填充颜色为"白色"，调节到合适大小，作为上限位开关 SQ1，复制一个相同的矩形作为下限位开关 SQ2。

从常用图符工具箱中，单击"直角三角形"按钮，绘制直角三角形 1，调节到合适大小。复制、粘贴生成一个相同的直角三角形 2，将直角三角形 2"排列"→"旋转"→"上下镜像"再"左右镜像"，最后将两个直角三角形对拼在一起组成一个矩形，设置上方三角形 2 填充颜色为红色、下方三角形 1 填充颜色为白色。选中三角形 1 和三角形 2 拼接而成的矩形，单击鼠标右键，在弹出的快捷菜单中选择"排列"→"合并单元"命令形成一个整体，放至位置一。

复制位置一的图形放至位置二和位置三。

⑩ 绘制液位刻度。从"对象元件库管理"对话框的"刻度"类中选中"刻度 3"，作为搅拌罐的液位刻度，调节各图形元件的层次，最终获得图 4.13 所示的整体效果。

图 4.13（彩图）

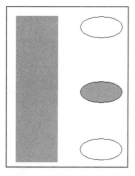

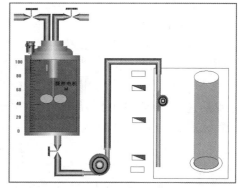

图4.11　绘制的矩形和椭圆　　　图4.12　工件图形效果　　　图4.13　整体效果

⑪ 标注文字。单击工具箱内的"标签"按钮 $\boxed{A}$，待鼠标光标呈"十"字形，拖曳鼠标，在窗口上端适当位置根据需要拉出适当大小的矩形，在光标闪烁位置开始输入文字"自动喷涂系统"，输入完毕，按回车键或用鼠标单击窗口其他任意位置，然后再选中标签，单击鼠标右键，在弹出的快捷菜单中选择"属性"命令打开其对应的对话框，以设置颜色、字体、边线等静态属性。

用同样的方法，在阀门、传感器、限位开关、电机、刻度等周边进行文字标注。整体画面如图 4.14 所示。

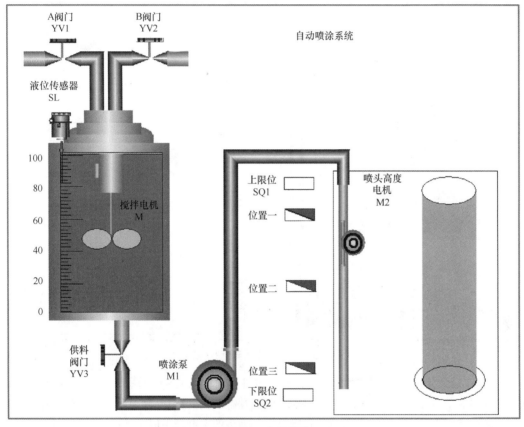

图4.14 文字标注

⑫ 制作按钮。从工具箱中单击"标准按钮" $\boxed{}$，在画面中拖出一个一定大小的按钮并调整位置。

双击按钮，弹出"标准按钮构件属性设置"对话框，在"基本属性"选项卡中，将按钮标题修改为"手动工作模式"。其他属性不做修改，单击"确认"按钮保存设置。选中画好的按钮，通过复制、粘贴，并修改基本属性，制作完成"自动工作模式"按钮，并排列2个按钮的位置和间距，如图 4.15 所示。

4. 制作手动喷涂界面

① 选中"手动喷涂界面"用户窗口图标，单击"动画组态"按钮（或直接双击"手动喷涂界面"窗口图标），进入"手动喷涂界面"窗口，开始组建监控画面。

4.2 制作手动喷涂界面

② 从工具箱中单击"矩形"按钮，在画面中拖出一个矩形并调节到合适大小，将颜色填充为白色，复制、粘贴，生成另外相同的 4 个矩形，分别作为上限位开关 SQ1、位置一、位置二、位置三、下限位开关 SQ2 的状态显示。

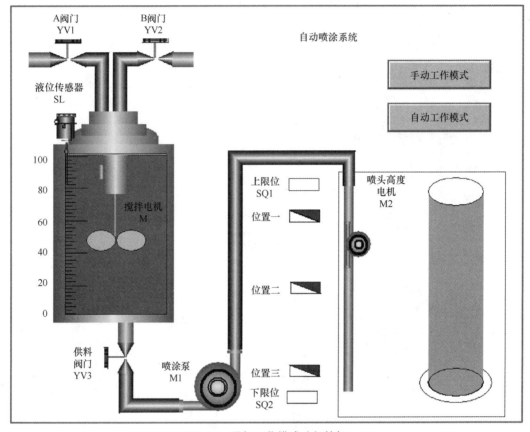

图4.15　添加工作模式选择按钮

③ 从"对象元件库管理"对话框的"管道"类中选择"管道 95"，调节合适的粗细和长度，用来表示丝杆。利用管道 96 与管道 113 构成 ◀:::: 图符，通过复制、粘贴、左右镜像完成向右箭头 ::::▶ 的创建，用来表示喷头高度电机和喷头的上升及下降。

④ 从工具箱中单击"椭圆"按钮，绘制 4 个圆，用于完成搅拌电机、喷涂泵、喷头高度电机和系统工作的状态显示。

⑤ 从工具箱中单击"标准按钮"，在窗口拖出一个按钮。选中按钮，双击进入"标准按钮构件属性设置"对话框，在"基本属性"选项卡，将按钮标题修改为"上升"。依此方法制作"下降"按钮；搅拌电机控制"启动"按钮；喷涂泵控制"启动"按钮；手动模式"启动"按钮、"停止"按钮、"复位"按钮；"主界面"按钮。

⑥ 按"自动喷涂系统"文字标注方法，完成"手动喷涂界面"文字标注，完成后的手动喷涂界面整体画面如图 4.16 所示。

5. 制作自动喷涂界面

选中"自动喷涂界面"用户窗口图标，单击"动画组态"按钮（或直接双击"自动喷涂界面"窗口图标），进入"自动喷涂界面"窗口，开始组建监控画面。

4.3　制作自动喷涂界面

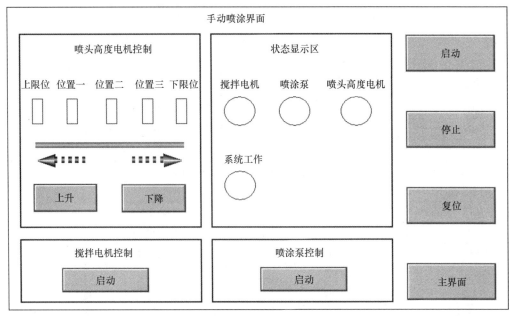

图4.16 手动喷涂界面整体画面

① 从工具栏中单击"工具箱"图标 🔧，打开工具箱，单击"插入元件"图标 📇，进入"对象元件库管理"对话框，选中"储藏罐"，显示所有储藏罐，拖动右侧滑块，选中"罐42"，单击"确定"按钮，此时，罐42出现在自动喷涂界面，调整罐大小。从工具箱中选择"百分比填充"动画构件，在界面按住鼠标左键拖出"百分比填充"图形。调整"百分比填充"图形大小，置于罐42左侧。

② 从工具箱中选择"标签"，在界面拖出合适大小，设置标签填充颜色为"白色"，用于显示储藏罐液位高度。复制、粘贴生成第二个标签，用于显示喷头高度电机运行频率。

③ 从工具箱中选择"椭圆"工具，制作9个圆，分别用于完成系统运行及各设备的状态显示（系统工作、低液位、高液位、A阀门、B阀门、供料阀门、搅拌电机、喷涂泵、喷头高度电机）。

④ 按钮制作。按自动喷涂界面按钮制作方法，制作自动模式"启动"按钮、"停止"按钮、"复位"按钮和"主界面"按钮。

⑤ 文字标注。按"自动喷涂系统"文字标注方法完成自动喷涂界面文字标注。

至此，图4.3所示的自动喷涂界面制作完毕。

画面制作完毕，回到工作台，选择"文件"→"保存工程"命令进行保存。

二、定义自动喷涂系统数据对象

根据喷涂系统控制及显示要求，系统需要建立启动按钮、停止按钮、阀门、液位、电机控制等多个开关型数据对象，喷头高度电机频率、垂直移动量（实现喷头高度电机及喷头垂直移动动画）、液位传感器3个数值型数据对象。因此，本系统最基本的数据对象如表4.1所示，在动画设置或脚本编写过程中，可根据需要随时增加数据对象。

4.4 定义自动喷涂系统数据对象

回到工作台，在"实时数据库"选项卡中单击"新增对象"按钮。选中新增对象，单击鼠标右键，在弹出的快捷菜单中选择"属性"命令，打开"数据对象属性设置"对话框，设置新增对象名称为"A阀门YV1"，对象初值为"0"，对象类型为"开关"，如图4.17所示。

表4.1 数据对象

名称	类型	注释
手自动切换	开关型	=1表示自动控制，=0表示手动控制
启动按钮	开关型	控制系统启动，按下为1，松开为0
停止按钮	开关型	控制系统停止，按下为1，松开为0
复位按钮	开关型	控制系统复位，按下为1，松开为0
系统工作	开关型	=1表示系统开始工作
A阀门YV1	开关型	=1表示打开，A阀门注入液体
B阀门YV2	开关型	=1表示打开，B阀门注入液体
供料阀门YV3	开关型	=1表示打开，供料阀门进行供料
上限位SQ1	开关型	=1表示动作，喷头高度电机M2上越程
下限位SQ2	开关型	=1表示动作，喷头高度电机M2下越程
位置一	开关型	=1表示动作，液位达到位置一CGQ1
位置二	开关型	=1表示动作，液位达到位置二CGQ2
位置三	开关型	=1表示动作，液位达到位置三CGQ3
搅拌电机M	开关型	=1表示动作，搅拌电机指示灯亮
喷涂泵M1	开关型	=1表示动作，喷涂泵指示灯亮
喷头高度电机M2	开关型	=1表示动作，喷头高度电机指示灯亮
搅拌电机控制	开关型	按下为1，松开为0（手动模式）
喷涂泵控制	开关型	按下为1，松开为0（手动模式）
喷头高度上升	开关型	=1表示喷头上升
喷头高度下降	开关型	=1表示喷头下降
手动上升	开关型	=1表示喷头上升控制按钮按下（手动模式）
手动下降	开关型	=1表示喷头上升控制按钮按下（手动模式）
高液位	开关型	=1表示动作，达到高液位位置
低液位	开关型	=1表示动作，达到低液位位置
喷头高度电机频率	数值型	喷头高度电机运行速度
垂直移动量	数值型	喷头高度电机及喷头垂直移动的距离
液位传感器	数值型	储藏罐液位高度

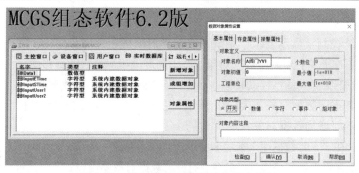

图4.17 添加并设置数据对象基本属性

按表 4.1 所示名称及类型，依次新增"启动按钮""停止按钮""上限位 SQ1""搅拌电机 M"等开关型数据对象，其初始值都设置为 0；新增"喷头高度电机频率""垂直移动量"和"液位传感器"数值型数据对象，初始值都为 0。因为喷头高度电机频率设定范围为−50～50Hz，则将频率设定值的初值设置为 0，最小值设置为−50，最大值设置为 50，工程单位为 Hz，如图 4.18 所示。其他各数值型数据对象的初值都设置为 0，最小值和最大值不设置，工程单位不设置。

添加完毕，得到自动喷涂系统实时数据库所需基本数据对象，如图 4.19 所示。

图4.18　喷头高度电机频率数据对象设置

图4.19　实时数据库

拓展与提升

一、位图构件功能

MCGS 位图构件主要用于添加并显示静态图像，在 MCGS5.5 以后的版本中，位图构件的功能得到了加强，增加的功能包括以下几方面。

（1）支持多种格式的图像文件，包括：

① 位图文件 (*.bmp)；

② JPEG 文件 (*.jpg;*.jpeg)；

③ PNG 文件　(*.png)；

④ 图标文件 (*.ico)；

⑤ Tiff 文件 (*.tiff;*.tif)；

⑥ TGA 文件　(*.tga)；

⑦ PCX 文件　(*.pcx)。

（2）支持透明颜色位图功能。用户可以指定图像中的一种颜色为透明色，在显示时，该颜色的部分将进行透明处理。

（3）支持多达 256 级的半透明显示。用户可以指定图像显示的半透明属性，即透明度，当透明度设置为 255 时，图像为不透明；当透明度为 0 时，图像完全透明。

（4）可以对位图进行基本的旋转、无级缩放及自动调整大小等。

（5）支持简单的图像处理，包括颜色反转和转换为灰度图像等功能。

（6）可以指定图像存储在 MCGS 组态工程内部或者将图像文件存储在工程外部，而只存储文件名。

二、位图装载

在工程监控画面制作过程中，可以添加实际物体图片作为监控画面的图形，如本项目中的储藏罐、液位传感器和工件等，方法如下。

在用户窗口的"工具箱"中单击"位图"按钮 ，按住鼠标左键在用户窗口上拖到适当的大小，释放鼠标左键，完成构件的添加，如图 4.20 所示。

选中位图构件，单击鼠标右键，在弹出的快捷菜单中选择"装载位图"命令，如图 4.21 所示，打开"从文件中装载图像"对话框，如图 4.22 所示。

图4.20　添加位图构件

图4.21　装载位图

图4.22　"从文件中装载图像"对话框

单击"文件名称"输入框右侧的 ▦ 按钮，或在"文件名称"输入框中手动输入文件名，单击"确认"按钮后，就可以将图像文件装载进构件。装载图像文件时，可以指定将图像文件存储到工程文件内部或只存储文件名，而将图像文件保留在工程文件外。

成果检查（见表 4.2）

表 4.2　自动喷涂系统窗口组态及数据对象定义成果检查表（20 分）

内容		评分标准	学生自评	小组互评	教师评分
自动喷涂系统	储藏罐制作（1分）	1.选择带颜色块显示的储藏罐； 2.储藏罐大小、比例合理； 3.储藏罐层次排列正确； 4.储藏罐与管道连接处美观。 不符合要求之处每处扣 0.5 分			

内容		评分标准	学生自评	小组互评	教师评分
自动喷涂系统	阀门的制作（1分）	1.选择带按钮输入和填充颜色动画连接的3个阀门； 2.阀门大小、位置合理。 不符合要求之处每处扣0.5分			
	液位传感器制作（1分）	1.选择合适的液位传感器； 2.液位传感器大小、位置合理； 3.液位传感器层次排列合理，在罐内可见。 不符合要求之处每处扣0.5分			
	电机制作（1分）	1.正确添加符合搅拌功能的电机，大小、比例合理； 2.添加喷涂泵和喷头高度电机，大小、比例合理； 3.喷涂泵和喷头高度电机与管道连接处美观。 不符合要求之处每处扣0.5分			
	管道的制作（1分）	1.管道直径与阀门、电机端口连接平整，无错位； 2.弯管与直管连接平整，无错位。 不符合要求之处每处扣0.5分			
	喷涂箱的制作（1分）	大小、形状、位置合理。不符合要求之处每处扣0.5分			
	工件绘制（1分）	工件为圆柱体。不符合要求之处每处扣0.5分			
	限位开关（2分）	1.大小、位置合理； 2.3个位置的图形为两个颜色不同的直角三角形合成单元。 不符合要求之处每处扣0.5分			
	液位刻度绘制（1分）	从工具箱选用合适的"刻度"制作，大小、位置、层次合理。不符合要求之处每处扣0.5分			
	文字标签制作（1分）	标签文字正确、大小合适，与标注的对象位置合理。 不符合要求之处每处扣0.5分			
	界面切换按钮（1分）	1.有"手动工作模式"和"自动工作模式"2个按钮； 2.按钮名称显示正确。 缺少一个或名称显示不正确之处每处扣0.5分			
手动喷涂界面（2分）		根据示例界面要求，完成手动喷涂界面中按钮、矩形、圆、箭头及标签制作。制作不正确或缺少之处每处扣0.5分			
自动喷涂界面（2分）		1.根据示例界面要求，完成自动喷涂界面中按钮、矩形、圆、标签制作； 2.制作储藏罐及百分比填充图形；百分比填充与储藏罐液位等高，外观显示符合示例要求。 制作不正确或缺少之处每处扣0.5分			
数据对象（4分）		数据对象名称简单易懂、对象定义及类型正确。数据对象缺失、不合理或设置错误之处每处扣0.5分			
合计					

思考与练习

1. 使用 Windows 系统自带画图软件绘制本任务中的一个工件，保存名称为"工件.bmp"，在组态软件中装载工件。

2. 将本任务中绘制的圆柱体工件加入元件库。

3. 本任务添加的垂直移动量是什么类型数据对象？其作用是什么？在后续的动画连接中，垂直移动量应该和什么动画关联？

••• 任务 4.2　自动喷涂系统动画组态 •••

任务目标

1. 对自动喷涂系统项目控制及显示要求进行分析，整体构思系统动画。
2. 按控制及显示要求正确设置自动喷涂系统动画类型，完成动画连接。

学习导引

本任务组态包括以下内容。

1. 将"自动喷涂系统"界面的"手动工作模式"和"自动工作模式"按钮，设置成打开和关闭用户窗口属性。

2. 将"自动喷涂系统"界面中的 A 阀门 YV1、B 阀门 YV2 和供料阀门 YV3 连接对应的表达式（数据对象），完成动画连接设置；完成液位变化动画；完成位置一、位置二、位置三的颜色动画。

3. 将"手动喷涂系统"界面中的各按钮设置对应的操作属性；设置各种图形元件的颜色填充属性；设置上升和下降箭头的可见度属性。

4. 将"自动喷涂系统"界面中的各按钮设置对应的操作属性；设置各种图形元件的颜色填充属性；设置储藏罐的液位动画并用百分比填充构件显示；设置矩形框的显示输出属性，用于显示喷头高度电机频率。

任务实施

一、自动喷涂系统界面动画设置

1. 储藏罐动画连接

双击储藏罐，进入其"单元属性设置"对话框，进入"动画连接"选项卡，选择第 1 行的"组合图符"，单击其右侧的 > 按钮，进入"大小变化"选项卡，完成属性设置，如图 4.23 所示。

2. 阀门动画连接

① 双击 A 阀门，进入其"单元属性设置"对话框，进入"动画连接"选项卡。

4.5　自动喷涂系统界面动画设置

图4.23　储藏罐动画连接

② 鼠标选中第 1 行"矩形"，单击其右侧的 > 按钮，进入矩形的"动画组态属性设置"对话框。按图 4.24 所示设置填充颜色，按图 4.25 所示设置按钮动作。

③ 选中"动画连接"选项卡中第 3 行的"组合图符"，单击其右侧的 > 按钮进入"按钮动作"选项卡，也按图 4.25 所示设置按钮动作属性。

图 4.24（彩图）

图4.24 第1个矩形填充颜色动画连接

图4.25 第1个矩形按钮动作动画连接

按同样的方法，设置 B 阀门和供料阀门。数据对象分别为"B 阀门 YV2"和"供料阀门 YV3"。

3. 电机动画连接

（1）搅拌电机

① 选中搅拌电机，单击鼠标右键，在弹出的快捷菜单中选择"排列"→"分解单元"命令。

② 选中分解后的搅拌电机左侧椭圆，双击进入其"动画组态属性设置"对话框，选中"闪烁效果"特殊动画连接。

③ 进入"闪烁效果"选项卡，按图 4.26 所示设置属性。单击"确认"按钮，按提示添加"搅拌电机正转 or 搅拌电机反转"表达式。

按同样的方法设置分解后的搅拌电机右侧椭圆，设置"当表达式非零时"为"对应图符可见"。设置完毕后重新选定搅拌电机各部分，单击鼠标右键，在弹出的快捷菜单中选择"排列"→"合成单元"命令。

（2）喷涂泵电机

① 选中喷涂泵电机，双击进入"单元属性设置"对话框，选中"动画连接"选项卡的第 1 行"组合图符"，如图 4.27 所示。

图4.26 设置搅拌电机椭圆闪烁效果

图4.27 选择"组合图符"

② 单击第 1 行右侧的 > 按钮，进入"属性设置"选项卡，选中"填充颜色"复选框，如图 4.28 所示。进入"填充颜色"选项卡，增加 2 个分段点，表达式为"0"时填充"灰色"，表达式为"1"时填充"绿色"，如图 4.29 所示。

图4.29（彩图）

图4.28 添加填充颜色动画

图4.29 设置填充颜色动画属性

（3）喷头高度电机

① 选中喷头高度电机，双击进入"单元属性设置"对话框，选中"动画连接"选项卡的第 1 行"组合图符"，单击其右侧的 > 按钮，进入"属性设置"选项卡，选中"垂直移动"复选框，如图 4.30 所示。

② 进入"垂直移动"选项卡，按图 4.31 所示设置动画属性。

图4.30 添加喷头高度电机垂直移动动画

图4.31 设置垂直移动动画属性

4. 限位开关动画连接

（1）限位开关 SQ1、SQ2

① 双击 SQ1 对应的矩形，进入"动画组态属性设置"对话框，选中"填充颜色"和"按钮动作"复选框，如图 4.32 所示。

② 进入"填充颜色"选项卡，按图 4.33 所示设置属性，表达式为"上限位 SQ1"分段点为"0"时填充"红色"，分段点为"1"时填充"绿色"。

③ 进入"按钮动作"选项卡，按图 4.34 所示设置。

用同样的方法设置下限位开关 SQ2，表达式改为"下限位 SQ2"。

（2）位置一、位置二、位置三

① 双击位置一对应的单元图形，进入"单元属性设置"对话框。

图4.32 添加SQ1填充颜色动画　　图4.33 设置SQ1填充颜色属性

② 选择"动画连接"选项卡的第 1 行的"直角三角形"，单击其右侧的 ▷ 按钮。

③ 进入"属性设置"选项卡，选中"填充颜色"和"按钮动作"复选框，如图 4.35 所示。

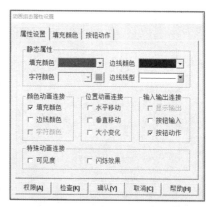

图4.34 设置SQ1按钮动作属性　　图4.35 添加按钮动作动画连接

④ 进入"填充颜色"选项卡，按图 4.36（a）设置直角三角形的"填充颜色"动画属性，表达式为"位置一"，分段点为"0"时填充"红色"，分段点为"1"时填充"绿色"。

⑤ 进入"按钮动作"选项卡，按图 4.36（b）设置直角三角形的"按钮动作"动画属性。

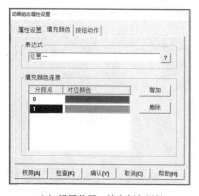

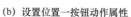

（a）设置位置一填充颜色属性　　（b）设置位置一按钮动作属性

图4.36 设置位置一的填充颜色和按钮动作属性

用同样的方法设置位置二、位置三单元图形的动画连接，对应表达式分别修改为"位置二"

"位置三"。

5. 工作模式按钮动画连接

① 在"自动喷涂系统"用户窗口中，选中"手动工作模式"按钮，单击鼠标右键，在弹出的快捷菜单中选择"属性"命令，进入"标准按钮构件属性设置"对话框。

② 在"操作属性"选项卡，选中"打开用户窗口"复选框，单击其右侧的下拉按钮，在下拉列表中选择"手动喷涂界面"，如图4.37所示。

③ 进入"脚本程序"选项卡，输入以下脚本。

```
手自动切换=0
系统工作=0
A阀门YV1=0
B阀门YV2=0
供料阀门YV3=0
喷涂泵M1=0
搅拌电机正转=0
搅拌电机反转=0
喷头高度上升=0
喷头高度下降=0
```

手动工作模式按钮脚本程序设置如图4.38所示。单击"确认"按钮，完成设置。

图4.37　手动工作模式按钮操作属性设置　　　图4.38　手动工作模式按钮脚本程序设置

用同样的方法，设置"自动工作模式"按钮属性，在"操作属性"选项卡选中"打开用户窗口"复选框，在右侧下拉列表中选择"自动喷涂界面"，在"脚本程序"选项卡输入以下脚本。

```
手自动切换=1
系统工作=0
A阀门YV1=0
B阀门YV2=0
供料阀门YV3=0
喷涂泵M1=0
搅拌电机正转=0
搅拌电机反转=0
喷头高度上升=0
喷头高度下降=0
```

4.6　手动喷涂界面动画设置

二、手动喷涂界面动画设置

1. 限位开关动画设置

① 在"手动喷涂界面"用户窗口中，选中上限位显示矩形框，单击鼠标右

键，在弹出的快捷菜单中选择"属性"命令，进入"动画组态属性设置"对话框，在"属性设置"选项卡中，选中"填充颜色"和"按钮动作"复选框，如图 4.39 所示。

② 进入"填充颜色"选项卡，表达式选择"上限位 SQ1"；在"填充颜色连接"区域，单击"增加"按钮，增加分段点。双击颜色条，将分段点 0 设置为"红色"，分段点 1 设置为"绿色"，如图 4.40 所示；按图 4.41 设置按钮功能。

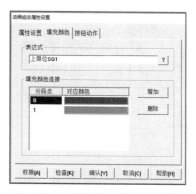

图 4.40（彩图）

图4.39　上限位属性设置　　　　图4.40　上限位填充颜色属性设置

用同样的方法完成位置一、位置二、位置三、下限位对应矩形的填充颜色和按钮动作动画属性设置，连接的数据对象分别为"位置一""位置二""位置三""下限位 SQ2"。

2. 指示灯动画设置

双击用于搅拌电机状态显示的圆，打开其"动画组态属性设置"对话框，进入"填充颜色"选项卡，按图 4.42 设置搅拌电机动画连接属性。

图 4.42（彩图）

图4.41　上限位按钮功能设置　　图4.42　搅拌电机状态显示填充颜色动画设置

按同样的方法设置用于喷涂泵、喷头高度电机和系统工作状态显示的圆的填充颜色动画属性，表达式分别连接"喷涂泵 M1""喷头高度上升=1or 喷头高度下降=1and 上限位 SQ1=0and 下限位 SQ2=0""系统工作"。

3. 按钮动画设置

① 双击"上升"按钮，进入"上升"按钮的"标准按钮构件属性设置"对话框，在"操作属性"选项卡中，选中"数据对象值操作"复选框，操作类型选择"按 1 松 0"，数据对象选择"手动上升"，如图 4.43 所示。用同样的方法设置"下降"按钮，数据对象选择"手动下降"。

② 按"上升"按钮的属性设置方法同样设置搅拌电机控制"启动"按钮，数据对象连接选择"搅拌电机控制"；设置喷涂泵"启动"按钮，数据对象连接选择"喷涂泵控制"；设置系统

"启动""停止""复位"按钮，数据对象分别选择"启动按钮""停止按钮""复位按钮"，操作属性都选择"按 1 松 0"。

③ 双击"主界面"按钮，进入"标准按钮构件属性设置"对话框，在"操作属性"选项卡中，选中"打开用户窗口"复选框，并在右侧下列列表选择"自动喷涂系统"；选中"关闭用户窗口"复选框，并在右侧下拉列表中选择"手动喷涂界面"，如图 4.44 所示。

图4.43 上升按钮属性设置

图4.44 主界面按钮属性设置

4. 喷头高度上升与下降箭头

① 选中向右的箭头，双击进入"动画组态属性设置"对话框，打开"可见度"选项卡。

② 设置可见度"表达式"为"手动下降=1 AND 下限位 SQ2=0"，"当表达式非零时"为"对应图符可见"，如图 4.45 所示。用同样的方法设置向左的箭头，"表达式"设置为"手动上升=1 AND 上限位 SQ1=0"，如图 4.46 所示。

图4.45 喷头下降箭头可见度设置

图4.46 喷头上升箭头可见度设置

三、自动喷涂界面动画设置

1. 储藏罐当前液位属性设置

① 双击储藏罐当前液位显示标签，进入标签"动画组态属性设置"对话框，在"属性设置"选项卡，选中"显示输出"复选框，如图 4.47 所示。

② 进入"显示输出"选项卡，"表达式"选择"液位传感器"，"输出值类型"选择"数值量输出"，"输出格式"选择"向中对齐"，"整数位数"选择"3"，"小数位数"选择"1"，如图 4.48 所示。

4.7 自动喷涂界面动画设置

图4.47 选中"显示输出"连接

图4.48 显示输出属性设置

2. 喷头高度电机频率属性设置

用同样的方法完成喷头高度电机频率显示输出设置，在"显示输出"选项卡，"表达式"选择"喷头高度电机频率"，"输出值类型"选择"数值量输出"，"输出格式"选择"向中对齐"，"整数位数"选择"2"，"小数位数"选择"1"，如图4.49所示。

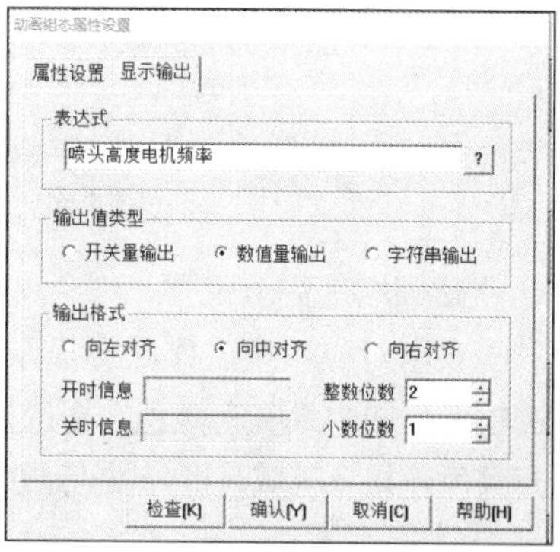

3. 储藏罐属性设置

① 双击储藏罐，进入"单元属性设置"对话框。在"数据对象"选项卡，单击第1行的"大小变化"，再单击其右侧的 ? 按钮，选择"液位传感器"，如图4.50所示。

② 进入"动画连接"选项卡，选中第1行的"组合图符"，单击其右侧的 > 按钮，进入"动画组态属性设置"对话框，在"大小变化"选项卡中，"表达式"选择"液位传感器"，"大小变化连接"中，"最小变化百分比"设置为"0"，对应的"表达式的值"也为"0"，"最大变化百分比"设置为"100"，对应的"表达式的值"也为"100"，"变化方向"选择 ↑，"变化方式"选择"剪切"，如图4.51所示。

图4.49 喷头高度电机频率显示设置

图4.50 大小变化数据对象连接

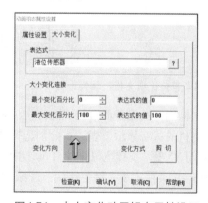

图4.51 大小变化动画组态属性设置

4. 百分比填充设置

① 双击"百分比填充"构件，进入"百分比填充构件属性设置"对话框。

② 在"基本属性"选项卡，构件颜色分别选择背景颜色"白色"、填充颜色"红色"、字符颜色"黑色"，边界类型选择"三维边框"，如图4.52所示。

③ 在"刻度与标注属性"选项卡，刻度的主划线数目选择"5"，次划线数目选择"10"，如图 4.53 所示。

④ 在"操作属性"选项卡，表达式选择"液位传感器"，在"填充位置和表达式值的连接"中，"0%对应的值"为"0.0"，"100%对应的值"为"100.0"，如图 4.54 所示。

图 4.52（彩图）

图4.52　构件颜色设置

图4.53　刻度属性设置

5. 状态显示设置

双击对应系统工作状态显示的"圆"，进入"动画组态属性设置"对话框。在"属性设置"选项卡，选中"填充颜色"复选框，进入"填充颜色"选项卡，表达式选择"系统工作"，在"填充颜色连接"区域，将分段点"0"设置为"红色"，分段点"1"设置为"绿色"，如图 4.55 所示。

图4.54　百分比填充操作属性设置

图4.55　系统工作状态显示设置

图 4.55（彩图）

用同样的方法设置低液位、高液位、A 阀门、B 阀门、供料阀门、搅拌电机、喷涂泵、喷头高度电机的状态显示，表达式分别选择"低液位""高液位""A 阀门 YV1""B 阀门 YV2""供料阀门 YV3""搅拌电机正转=1 or 搅拌电机反转=1""喷涂泵 M1""喷头高度上升=1 or 喷头高度下降=1"，在"填充颜色连接"区域，都将分段点"0"设置为"红色"，分段点"1"设置为"绿色"。

6. 按钮属性设置

参照手动喷涂界面中的"启动""停止""复位"和"主界面"按钮的操作属性设置，完成自动喷涂界面按钮属性设置。

一、百分比填充构件刻度设置

不同的项目，对于百分比填充构件所要求显示的属性也有所不同，因此，要想设置完全符合系统或画面要求的刻度状态显示，就要知道刻度设置的每个属性参数含义。刻度主划线数目是指整个百分比填充构件等分为几个大的刻度区间，次划线数目是指在主划线的大刻度区间下，再等分的小刻度数目。以本项目中液位刻度显示为例，如图 4.56 所示，主划线数目 5 是把整个高度为 100 的刻度等分为 5 个区间，每个区间为 20 的间隔，因此在百分比填充构件上，最后显示的数值只有 0、20、40、60、80、100；次划线数目 10 是把每个 20 的区间间隔再等分为 10 个小间隔，每个间隔为 0.2，但次划线所对应的数值不会在窗口显示。如果将刻度的主划线数目设置为 4、次划线设置为 5，窗口中显示的百分比填充构件刻度如图 4.57 所示。

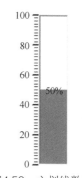

图4.56　主划线数目 5、次划线数目10

二、通用棒图构件

液位高度除了可以使用项目中储藏罐图形自带动画效果或通过百分比构件显示，也可以使用通用棒图构件实现图形化的显示。通用棒图构件的主要功能是将数值变量的值实时地以棒图或累加棒图的形式显示出来。

通用棒图的基本属性设置如图 4.58 所示。

"基本属性"选项卡用于设置构件名称、构件网格和棒图背景。

"棒图标识"选项卡用于设置每个棒图显示的对象、颜色、高度，以及棒图数量、棒图方向等。图 4.59 中使用棒图构件的"棒图 0"连接"液位传感器"来显示液位高度。

图4.57　主划线数目 4、次划线数目5

图 4.58（彩图）

图 4.59（彩图）

图4.58　通用棒图的基本属性设置　　图4.59　棒图标识设置

"标注属性"选项卡用来设置棒图 x 轴和 y 轴方向的标注属性。图 4.60 中，将 y 轴"最大值"修改为"100"，对应液位最大值。

在"高级属性"选项卡中，用户可以设置棒图的一些其他属性，如不显示网格、不显示边框、不显示棒图边框、不显示棒图外框及棒图运行时实时刷新间隔等属性，如图 4.61 所示。其中，当用户在"标注属性"选项卡中将棒图底部标注的方向设置为从上到下或从下到上时，应考虑使用"底标注高固定"复选框，使构件在底部预留足够的高度，以显示标注。

 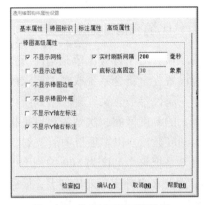

图4.60　棒图标注属性设置　　　　　　图4.61　棒图高级属性设置

进入运行环境，若液位传感器的值发生变化，棒图红色块的高度将对应变化。

成果检查（见表4.3）

表 4.3　自动喷涂系统动画组态成果检查表（30 分）

内容	评分标准	学生自评	小组互评	教师评分
主界面动画设置（15分）	主界面储藏罐、3 个阀门、3 台电机、5 个限位开关、2 个按钮都设置了动画连接，且设置正确。缺少或设置不正确之处每处扣 1 分			
手动喷涂界面动画设置（6分）	手动喷涂界面 5 个限位开关、2 个箭头、8 个按钮、4 个指示灯都设置了动画连接，且设置正确。缺少或设置不正确之处每处扣 1 分			
自动喷涂界面动画设置（9分）	自动喷涂界面储藏罐、百分比填充、储藏罐当前液位、喷头高度电机频率、9 个指示灯、4 个按钮都设置了动画连接，且设置正确。缺少或设置不正确之处每处扣 1 分			
合计				

思考与练习

1. 用菜单和按钮都可以方便地进入不同的用户窗口。在用户窗口"工具箱"中有一个构件为"下拉框"，使用下拉框也可以根据选项的不同进入不同的窗口。请建立一个组态工程，添加两个用户窗口，分别命名为"窗口 A"和"窗口 B"。在两个窗口中分别放置一个下拉框，设置下拉框的属性，进入运行环境后，可以单击下拉框右侧的倒三角按钮，通过选择选项进入"窗口 A"和"窗口 B"。

2. 添加一个数值型数据对象为"大小"，在用户窗口制作一个直径为 100 像素的圆和一个滑动输入器，当滑动输入器滑动块从左（0）拉至最右（100）时，圆的直径变为 200 像素。

3. 组态软件有很多系统函数和系统变量，其中 "!SetTime(n1,n2,n3,n4,n5,n6)" 为设置当前系统时间，"$Year""$Month""$Day""$Hour""$Minute""$Second" 分别为系统变量 "年""月""日""时""分""秒"。请设置一个按钮名为 "设置时间"，在按钮的属性设置脚本程序页利用 "!SetTime( )" 设置当前时间为 "2022 年 5 月 1 日 10 点 30 分 59 秒"。再制作 6 个标签并排用于显示系统时间，每个标签分别使用 "显示输出" 动画连接显示 "年、月、日、时、分、秒"。进入运行环境，按下按钮，6 个标签一起显示 "2022 年 5 月 1 日 10 点 30 分 59 秒"。

••• 任务 4.3　自动喷涂系统运行调试 •••

任务目标

1. 完成自动喷涂系统组态工程脚本程序调试。
2. 完成 MCGS+PLC 的自动喷涂系统联机调试。

学习导引

本任务包括以下内容。

1. 编写脚本程序并模拟调试。

（1）按喷涂系统控制要求，分别编写复位控制脚本程序、手动模式脚本程序、自动模式脚本程序、停止脚本程序和越程故障脚本程序。

（2）按喷涂系统控制要求，完成复位控制、手动模式控制、自动模式控制、停止控制及越程故障的各项功能调试。

2. 组态控制设备（PLC），编写程序，设置变频器参数，完成系统联调。

（1）设计 PLC 变量与组态软件数据对象对照表。

（2）根据自动喷涂系统要求编写 PLC 程序。

（3）设置变频器 MM440 参数。

（4）设计系统接线图并完成系统硬件连接。

（5）组态 MCGS 与 PLC 的连接。

（6）按联机运行要求修改组态工程。

（7）根据自动喷涂系统要求完成系统联调。

任务实施

一、自动喷涂系统脚本程序调试

1. 设置定时器策略

① 回到 MCGS 工作台，进入 "运行策略" 选项卡，如图 4.62 所示。

② 右击 "循环策略"，在弹出的快捷菜单中选择 "属性" 命令，打开 "策略属性设置" 对话框，设置策略循环时间为 100ms，即每 100ms 执行一次，如图 4.63 所示，单击 "确认" 按钮退出。

4.8　自动喷涂系统脚本程序调试

图4.62　"运行策略"选项卡

图4.63　设置策略循环时间

③ 双击"循环策略"，进入"循环策略"组态窗口。右击 图标，在弹出的快捷菜单中选择"策略工具箱"和"新增策略行"命令，也可以直接从工具栏单击 按钮新增策略行。

④ 从策略工具箱中拖出"定时器"移动至一个策略行图标最右边的 图标上，再单击鼠标左键，完成添加，得到一个定时器1策略行。

⑤ 设置定时器。

双击"定时器"策略构件 ，对定时器进行图4.64所示设置，单击"确认"按钮，按提示要求新增"定时器1启动""定时器1复位"和"时间到1"开关型数据对象。

用同样的方法新增策略行，添加定时器构件，按图4.65所示完成定时器2设置。单击"确认"按钮，按提示要求添加"定时器2启动""定时器2复位"和"时间到2"开关型数据对象。

图4.64　定时器1设置

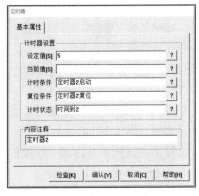

图4.65　定时器2设置

添加定时器后的循环策略如图4.66所示。

图4.66　添加定时器后的循环策略

2．编写脚本程序

（1）复位脚本程序

① 在"循环策略"组态窗口继续添加一个策略行，从工具箱中找到"脚本程序"，拖动到

策略行右边的策略块███，单击鼠标左键，添加脚本程序构件。

②双击脚本程序构件🔧，进入脚本程序编写界面，在最下方的标注处输入"复位脚本程序"，在脚本编写区域输入如下程序。

```
if 复位按钮=1 then
复位=1
系统工作=0
A 阀门 YV1=0
B 阀门 YV2=0
供料阀门 YV3=0
喷涂泵 M1=0
搅拌电机正转=0
搅拌电机反转=0
喷头高度上升=0
喷头高度下降=0
endif
if 复位=1 then
喷头高度下降=1
endif
if 复位=1 and 喷头高度下降=1 and 位置三=1 then
喷头高度下降=0
复位=0
endif
if 喷头高度下降=1 then
垂直移动量=垂直移动量+2
endif
```

第 1 段和第 2 段的"if...endif"语句用于实现复位控制，为使复位动作能保持至位置三动作，加入了开关型数据对象"复位"。

第 3 段用于控制喷头高度电机下降至位置三停止。

第 4 段用于实现喷头下降的动画。

单击"确认"按钮，按提示添加"复位"开关型数据对象。

（2）手动模式脚本程序

再次新增一个脚本程序构件的策略行，进入脚本程序编写界面，在最下方的标注处输入"手动模式脚本程序"，在脚本编写区域输入如下程序。

```
'在初始位置且手动模式下按下启动按钮，系统工作
if 手自动切换=0 and 位置三=1 and 启动按钮=1 then
系统工作=1
endif
'手动模式工作状态下
if 手自动切换=0 and 系统工作=1 then
'喷头高度上升手动控制的显示
if 手动上升=1 AND  上限位 SQ1=0 then
喷头高度上升=1
else
喷头高度电机=0
endif
'喷头高度下降手动控制的显示
if 手动下降=1 AND  下限位 SQ2=0 then
喷头高度下降=1
else
```

```
喷头高度下降=0
endif
'搅拌电机手动控制的显示
if 搅拌电机控制=1 then
搅拌电机正转=1
endif
'喷涂泵电机手动控制的显示
if 喷涂泵控制=1 then
喷涂泵 M1=1
endif
'手动模式工作状态下的停止控制
if 停止按钮=1 then
系统工作=0
endif
endif
'手动模式工作状态下喷头高度电机上升动画
if 喷头高度上升=1 and 上限位 SQ1=0 then
垂直移动量=垂直移动量-2
endif
'手动模式工作状态下喷头高度电机下降动画
if 喷头高度下降=1 and 下限位 SQ2=0 then
垂直移动量=垂直移动量+2
endif
```

⚠ **注意**

在每一行的前面加上英文单引号""，表示后面的文字为注释。

（3）自动模式脚本程序

再次新增一个脚本程序构件的策略行，进入脚本程序编辑界面，在最下方的标注处输入"自动模式脚本程序"，在脚本编写区域输入如下程序。

```
'自动模式开始并设置流程步
if 手自动切换=1 and 位置三=1 and 启动按钮=1 then
系统工作=1
步=1
endif
'加液
if 步=1 and 低液位=1  then
A 阀门 YV1=1
B 阀门 YV2=1
步=2
endif
'停止加液，并设置循环搅拌的启动条件（搅拌=1）和循环初始次数
if 步=2 and 80=<液位传感器   then
A 阀门 YV1=0
B 阀门 YV2=0
循环次数=0
步=3
搅拌=1
endif
'循环搅拌条件（步=3）
if 步=3 then
'正转
```

```
if 搅拌=1 or 时间到 2=1 and 循环次数<2 then
搅拌=0
搅拌电机正转=1
搅拌电机反转=0
定时器 1 启动=1
endif
'反转
if 时间到 1=1  then
搅拌电机正转=0
搅拌电机反转=1
定时器 1 启动=0
定时器 1 复位=1
定时器 2 复位=0
定时器 2 启动=1
endif
'一个正反搅拌周期结束
if 时间到 2=1 then
定时器 2 启动=0
定时器 2 复位=1
循环次数=循环次数+1
定时器 1 复位=0
endif
endif
'循环搅拌结束，进入第 4 步
if 步=3 and 循环次数=2  then
步=4
endif
'进入第 5 步
if 步=4  and 位置二=1 then
步=5
endif
'进入第 6 步
if 步=5 and 位置一=1 then
步=6
endif
'低液位时，喷头高度电机立即结束上升，直接进入第 6 步，下降
if 步=4 or 步=5 and 低液位=1  then
步=6
endif
'低液位时，喷头高度电机完成下降，回到初始位置，返回第 1 步，重新进料
if 步=6 and 位置三=1 and 低液位=1  then
喷头高度下降=0
步=1
endif
'高液位时，喷头高度电机完成下降，回到初始位置，启动再次喷涂
if 步=6 and 位置三=1 and 高液位=1 then
步=4
endif

'喷头高度电机从位置三→位置二时的动作
if 步=4 then
搅拌电机反转=0
搅拌电机正转=0
定时器 2 复位=0
供料阀门 YV3=1
喷涂泵 M1=1
```

179

```
喷头高度上升=1
喷头高度下降=0
位置三=0
endif
'喷头高度电机从位置二→位置一时的动作
if 步=5 then
供料阀门 YV3=1
喷涂泵 M1=1
喷头高度上升=1
喷头高度下降=0
位置二=0
endif
'喷头下降时的动作
if 步=6  then
位置一=0
位置二=0
供料阀门 YV3=0
喷涂泵 M1=0
喷头高度上升=0
喷头高度下降=1
endif
'液位指示
if 液位传感器<20 then
低液位=1
高液位=0
endif
if 80=<液位传感器 then
低液位=0
高液位=1
endif
'液位变化动画
if A阀门 YV1=1 and B阀门 YV2=1 then
液位传感器=液位传感器+0.5
endif
if 供料阀门 YV3=1 then
液位传感器=液位传感器-0.5
endif
'移动动画
if 步=4 then
垂直移动量=垂直移动量-1
endif
if 步=5 then
垂直移动量=垂直移动量-1.5
endif
if 步=6 then
垂直移动量=垂直移动量+2
endif
'搅拌动画
if 搅拌电机正转=1 or 搅拌电机反转=1 and 搅拌电机 M可见度=0 then
搅拌电机 M可见度=1
else
搅拌电机 M可见度=0
endif
'频率显示
if 步=4 then 喷头高度电机频率=20
if 步=5 then 喷头高度电机频率=30
```

```
if 步=6 then 喷头高度电机频率=-40
if 步=1 then 喷头高度电机频率=0
```

编辑完毕,单击"确认"按钮,按提示要求新增"搅拌"开关型数据对象,增加"步"和"循环次数"数值型数据对象。

（4）停止脚本程序

再次新增一个脚本程序构件的策略行,进入脚本程序编辑界面,在最下方的标注处输入"停止脚本程序",在脚本编辑区域输入如下停止控制程序。

```
if 停止按钮=1 then
停止=1
A 阀门 YV1=0
B 阀门 YV2=0
搅拌电机正转=0
搅拌电机反转=0
供料阀门 YV3=0
喷涂泵 M1=0
喷头高度下降=0
喷头高度上升=0
endif
if 启动按钮=1 then
停止=0
endif
```

编辑完毕,单击"确认"按钮,按提示要求新增"停止"开关型数据对象。

（5）越程故障脚本程序

再次新增一个脚本程序构件的策略行,进入脚本程序编辑界面,在最下方的标注处输入"越程故障脚本程序",在脚本编辑区域输入如下越程故障控制程序。

```
if 上限位 SQ1=1 or 下限位 SQ2=1 then
喷涂泵 M1=0
供料阀门 YV3=0
喷头高度上升=0
喷头高度下降=0
endif
if 复位=1 then
上限位 SQ1=0
下限位 SQ2=0
endif
```

各部分脚本程序构件添加并编辑完毕后,循环策略如图 4.67 所示。

图4.67 自动喷涂系统循环策略

3. 设置脚本程序执行条件

为保证执行手动程序时对自动模式的工作无影响，执行自动程序时对手动模式的工作无影响；按下停止按钮时自动脚本程序停止执行，重新启动后按原来的工作步继续，设置手动模式脚本程序和自动模式脚本程序策略行的条件属性。

（1）双击手动模式脚本程序策略的条件构件 ，进入"表达式条件"对话框，在"表达式"中填入"手自动切换=0"，如图 4.68 所示。

（2）双击自动模式脚本程序策略的条件构件，进入"表达式条件"对话框，在"表达式"中填入"手自动切换=1 and 停止=0"，如图 4.69 所示。

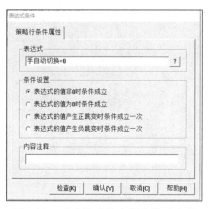
图4.68　手动模式脚本程序策略条件

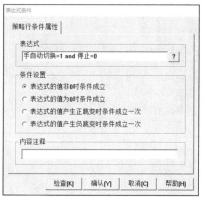
图4.69　手自动模式脚本程序策略条件

"手自动切换=1 and 停止=0"表示没有按下停止按钮，且选择自动模式时执行自动模式脚本程序，一旦按下停止按钮，则条件不满足，自动模式脚本不能执行，但是"步"数保持不变，一旦重新启动，则从停止之前运行的步继续运行。

4. 脚本程序调试

为便于在自动模式下观察主界面运行情况，在"自动喷涂系统"主界面添加手自动切换按钮，并将自动模式界面的"启动""停止""复位"按钮复制粘贴至"自动喷涂系统"用户窗口。

（1）手自动切换按钮的制作与设置

① 选择"工具箱"→"插入元件"→"对象元件库管理"→"按钮99"，添加至"自动喷涂系统"用户窗口，并调节大小和位置，如图 4.70 所示。

② 选中"按钮99"，单击鼠标右键，在弹出的快捷菜单中选择"排列"→"分解单元"命令。

③ 双击分解后的绿色按钮，进入其"动画组态属性设置"对话框，在"属性设置"选项卡，选中"按钮动作"和"可见度"复选框，并按图4.71设置按钮动作属性，按图4.72设置按钮"可见度"属性。再用同样的方法添加红色按钮动画连接，设置表达式非零时"对应图符不可见"。

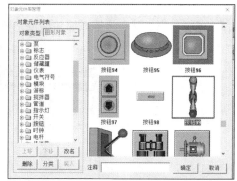
图4.70　添加"按钮99"

④ 设置完毕，全选红色和绿色按钮及底座，单击鼠标右键，在弹出的快捷菜单中选择"排列"→"合成单元"命令。

脚本程序调试的"自动喷涂系统"用户窗口如图4.73所示。

图4.71 设置绿色按钮操作属性

图4.72 设置绿色按钮可见度属性

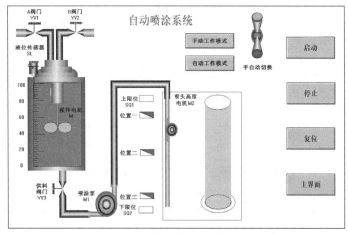

图4.73 自动模式主界面优化

图 4.73（彩图）

（2）设置启动窗口

回到工作台，进入"用户窗口"，选中"自动喷涂系统"用户窗口，单击鼠标右键，在弹出的快捷菜单中选择"设置为启动窗口"命令。

（3）保存工程

选择菜单"文件"→"保存工程"命令。

（4）运行调试

① 单击工具栏的 按钮，进入自动喷涂系统运行环境。

② 单击"复位"按钮，喷头高度电机 M2 下降，单击位置三，M2 停止下降，复位完成。

③ 单击"手自动切换"红色按钮开关，绿色按钮可见；按下启动按钮，A 阀门和 B 阀门打开，液位上升，完成自动模式喷涂过程，观察液位变化及主界面其他图形动画。

④ 单击"自动工作模式"按钮，进入"自动喷涂界面"。观察自动喷涂界面动画及指示灯状态、液位高度显示、喷头高度电机频率显示。

⑤ 在自动喷涂过程中，按下"停止"按钮，观察系统是否停止。再次按下"启动"按钮，观察系统是否继续之前的工作。

⑥ 在自动喷涂过程中，操作"上限位 SQ1"或"下限位 SQ2"，观察系统状态。按下"复位"按钮之后回到初始位置，重新按下"启动"按钮，观察系统是否能重新开始工作。

⑦ 回到主界面，将工作模式切换至手动，单击"手动工作模式"按钮，进入"手动喷涂界面"。

⑧ 单击"复位"按钮，回到位置三。按下"启动"按钮，按手动工作模式要求完成操作，观察喷头高度电机上升、下降箭头动画及状态显示区各指示灯变化。

二、自动喷涂系统联调

本系统中，复位、启动和停止在上位机上操作；PLC 与变频器之间采用 USS 协议通信。使用 S7-200PLC（CPU224XP）作为控制设备，完成主要控制要求，上位机组态软件主要作为监控设备，故自动喷涂系统的控制部分主要由 PLC 编程实现，而在组态策略中主要编写实现动画的脚本程序。

1. I/O 地址分配及与组态数据对象对照表

根据系统输入、输出信号确定自动喷涂系统 PLC I/O 地址分配如表 4.4 所示。

表 4.4　自动喷涂系统 I/O 地址分配表

I（输入继电器）	功能（数据对象）	Q（输出继电器）	功能（数据对象）
I0.0	上限位	Q0.0	喷涂泵 M1
I0.1	下限位	Q0.1	搅拌电机正转
I0.2	位置一	Q0.2	搅拌电机反转
I0.3	位置二	Q0.3	喷头高度上升
I0.4	位置三	Q0.4	喷头高度下降
		Q0.5	A 阀门 YV1
		Q0.6	B 阀门 YV2
		Q0.7	供料阀门 YV3

由于自动喷涂系统需在上位机实现系统启动、停止、复位控制，显示储藏罐当前液位高度值及喷涂高度、运行频率值、各阀门和电机等的工作状态显示、储藏罐液位变化动画等，故组态软件与 PLC 之间还必须加上这些数据交换通道，最后得到表 4.5 所示的 PLC 变量与组态软件实时数据对象对照表，后续还将完成组态软件通道连接。

2. PLC 程序编写

根据自动喷涂系统控制要求并考虑上位机信号编写 PLC 控制程序。

表 4.5　PLC 变量与组态软件实时数据对象对照表

地址	数据对象	地址	数据对象
I0.0	上限位	M0.5	启动按钮
I0.1	下限位	M0.6	停止按钮
I0.2	位置一	M0.7	复位按钮
I0.3	位置二	M1.0	手动上升
I0.4	位置三	M1.1	手动下降

地址	数据对象	地址	数据对象
M1.2	搅拌电机控制（手动）	Q0.5	A 阀门 YV1
M1.3	喷涂泵控制（手动）	Q0.6	B 阀门 YV2
M2.0	手自动切换	Q0.7	供料阀门 YV3
Q0.0	喷涂泵 M1	M2.1	低液位（指示）
Q0.1	搅拌电机正转	M2.2	高液位（指示）
Q0.2	搅拌电机反转	M2.3	系统工作（指示）
Q0.3	喷头高度电机上升	VW4	液位传感器（显示）
Q0.4	喷头高度电机下降	VD12	喷头高度电机频率（显示）

（1）符号表

PLC 控制程序符号表如表 4.6 所示。

表 4.6 PLC 控制程序符号表

序号	符号	地址	注释
1	上限位	I0.0	
2	下限位	I0.1	
3	位置一	I0.2	
4	位置二	I0.3	
5	位置三	I0.4	
6	搅拌电机正转	Q0.1	搅拌电机输出
7	搅拌电机反转	Q0.2	搅拌电机输出
8	阀门 A	Q0.5	阀门 A 指示灯
9	阀门 B	Q0.6	阀门 B 指示灯
10	供料阀	Q0.7	供料阀指示灯
11	启动	M0.5	MCGS 控制
12	停止	M0.6	MCGS 控制
13	复位	M0.7	几种情况的复位
14	手动上升	M1.0	MCGS 喷头高度电机手动控制
15	手动下降	M1.1	MCGS 喷头高度电机手动控制
16	搅拌电机控制	M1.2	MCGS 手动控制
17	喷涂泵控制	M1.3	MCGS 手动控制
18	复位开始	M1.4	中间变量
19	越程故障	M1.5	中间变量
20	喷头高度电机上升	Q0.3	喷头高度上升
21	喷头高度电机下降	Q0.4	喷头高度下降
22	系统工作	M2.3	传送至上位机显示
23	低液位	M2.1	MCGS 低液位指示
24	高液位	M2.2	MCGS 高液位指示
25	喷头高度电机速度设定值	VD8	USS 频率设定百分比

序号	符号	地址	注释
26	喷头高度电机频率	VD12	MCGS 频率显示
27	液位传感器	VW4	液位高度数字量
28	步进步数	MW6	中间变量
29	喷涂泵	Q0.0	喷涂泵输出
30	手自动切换	M2.0	MCGS 主界面按钮

（2）程序

① 主程序。自动喷涂系统 PLC 控制主程序如图 4.74 所示。

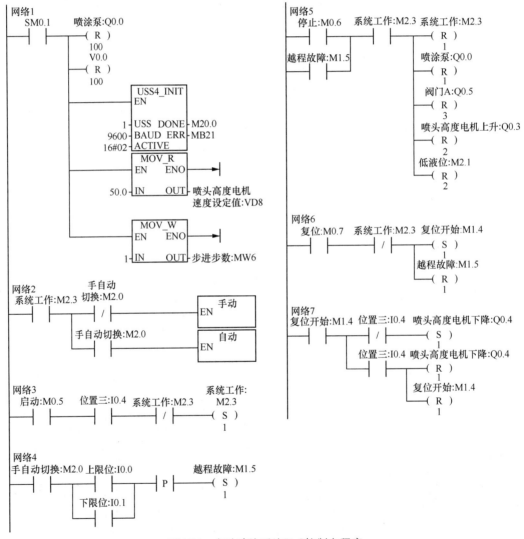

图4.74　自动喷涂系统PLC控制主程序

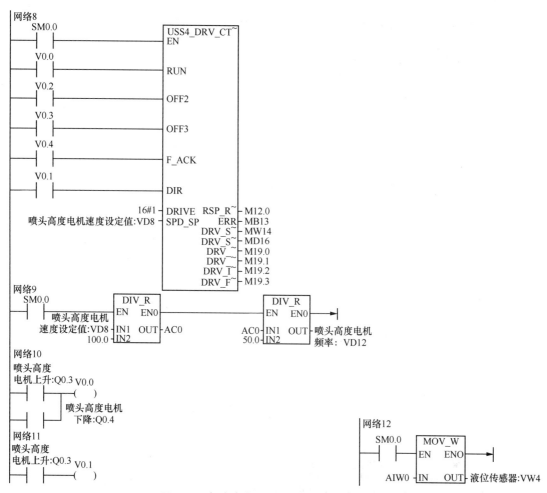

图4.74 自动喷涂系统PLC控制主程序（续）

② 手动子程序。自动喷涂系统手动控制子程序如图 4.75 所示。

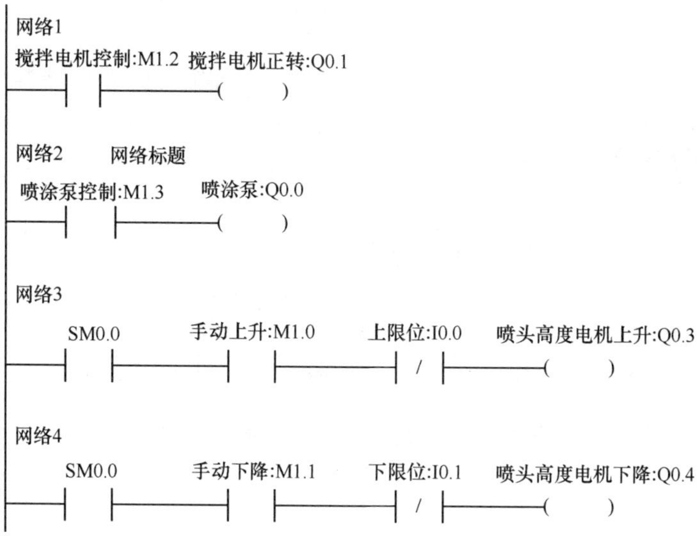

图4.75 自动喷涂系统手动控制子程序

③ 自动子程序。自动喷涂系统自动控制子程序如图 4.76 所示。

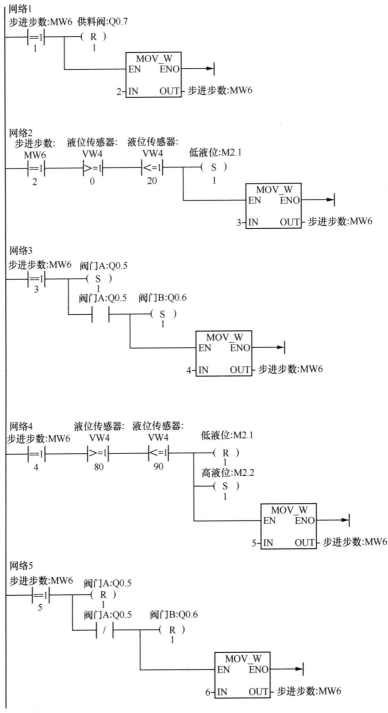

图4.76 自动喷涂系统自动控制子程序

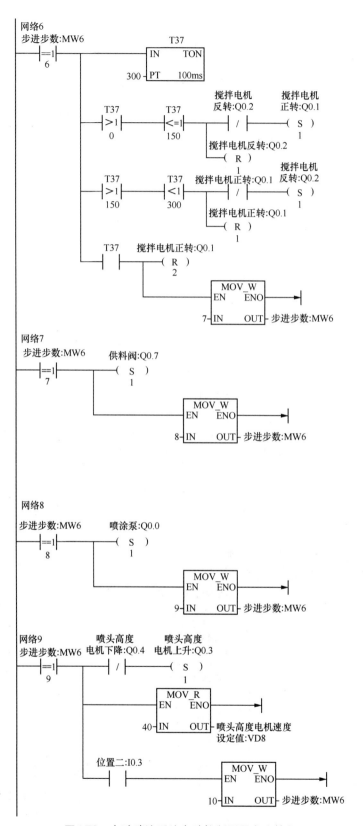

图4.76 自动喷涂系统自动控制子程序（续）

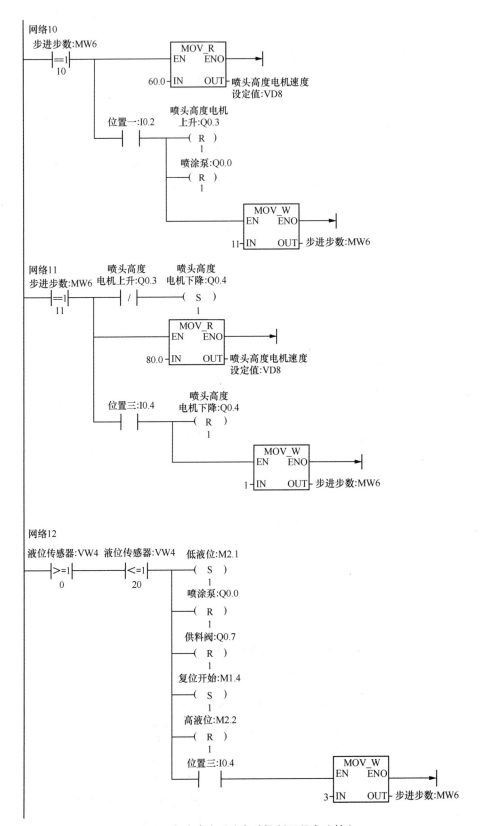

图4.76 自动喷涂系统自动控制子程序（续）

3．变频器参数设置

本系统中，变频器采用 MM440，PLC 与变频器之间采用 USS 协议通信，变频器参数设置如下。

P700=5；

P1000=5；

P304=额定电压；

P305=额定电流；

P307=额定功率；

P310=额定频率；

P311=额定转速；

P1080=最小转速；

P1082=最大转速；

P1120=1（斜坡上升时间）；

P1121=1（斜坡下降时间）；

P0010=0。

4．系统接线与调试

① 根据系统 I/O 分配表，完成 PLC 接线图，如图 4.77 所示，主电路为喷涂泵的连续运行、搅拌电机和喷头高度电机的正反转主电路。PLC 和计算机之间通过 PC/PPI 电缆连接。

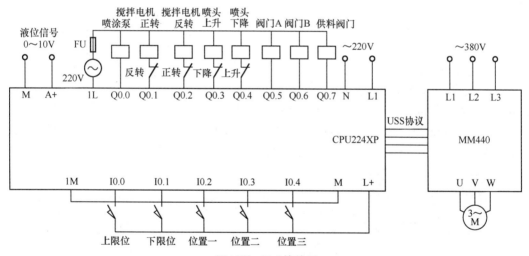

图4.77 PLC接线图

② 按系统接线图完成接线后，下载 PLC 程序，完成程序调试。

5．组态 PLC 设备

（1）添加 PLC 设备

① 单击工作台的"设备窗口"标签，进入"设备窗口"选项卡。

② 单击"设备组态"按钮进入"设备组态"窗口。

③ 打开"工具箱"，从"设备管理"中选中"通用串口父设备"和"西门子_S7200PPI"，双击添加至"选定设备"栏，如图 4.78 所示。

④ 双击"设备管理"中的"通用串口父设备"，然后双击"西门子

4.9 自动喷涂系统设备组态

_S7200PPI"，将其添加至"设备组态"窗口，如图 4.79 所示。

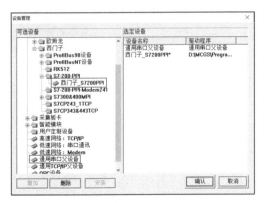

图4.78　添加"西门子_S7200PPI"和　　　图4.79　添加"西门子_S7200PPI"和"通用
　　　　"通用串口父设备"　　　　　　　　　　串口父设备"至"设备组态"窗口

（2）设置通用串口父设备属性

双击"通用串口父设备 0-[通用串口父设备]"，打开"通用串口设备属性编辑"对话框，进入"基本属性"选项卡，"最小采集周期"设置为"100"，"串口端口号"按实际端口设置，通信波特率设置为"6-9600"，"数据位位数"设置为"1-8 位"，"停止位位数"设置为"0-1 位"，"数据校验方式"设置为"2-偶校验"，"数据采集方式"设置为"0-同步采集"，如图 4.80 所示。

（3）设置 PLC 设备属性

双击"西门子_S7200PPI"，进入"设备属性设置：-[设备 0]"对话框，子设备的名称及初始工作状态等属性可以按

图4.80　设置父设备基本属性

需求修改，设备地址按实际 PLC 地址填写。在"基本属性"选项卡选中第 1 行，单击其最右边的█按钮，如图 4.81 所示，进入"西门子_S7200PPI 通道属性设置"对话框，如图 4.82 所示。

图4.81　子设备基本属性

图4.82　"西门子_S7200PPI通道属性设置"对话框

单击"全部删除"按钮，删除原有通道。然后单击"增加通道"按钮，依次增加表 4.5 中所有通道。

I 通道的增加方法如图 4.83 所示；Q 的增加方法如图 4.84 所示，选择操作方式为"只读"。M 的添加方法与此基本相同，对于在上位机上操作的信号选择"只写"，从下位机读取的信号选择"只读"。

图4.83 增加I0.0～I0.4

图4.84 增加Q0.0～Q0.7

液位值和频率值对应的通道添加方法如图 4.85 和图 4.86 所示，方式为"只读"。

图4.85 增加VW4

图4.86 增加VD12

完整的通道如图 4.87 所示。

序号	设备通道	读写类型
1	只读I000.0	只读数据
2	只读I000.1	只读数据
3	只读I000.2	只读数据
4	只读I000.3	只读数据
5	只读I000.4	只读数据
6	只读Q000.0	只读数据
7	只读Q000.1	只读数据
8	只读Q000.2	只读数据
9	只读Q000.3	只读数据
10	只读Q000.4	只读数据
11	只读Q000.5	只读数据
12	只读Q000.6	只读数据
13	只读Q000.7	只读数据
14	只写M000.5	只写数据
15	只写M000.6	只写数据
16	只写M000.7	只写数据
17	只写M001.0	只写数据
18	只写M001.1	只写数据
19	只写M001.2	只写数据
20	只写M001.3	只写数据
21	只写M002.0	只写数据
22	只读M002.1	只读数据
23	只读M002.2	只读数据
24	只读M002.3	只读数据
25	只读VWB004	只读数据
26	只读VDF012	只读数据

图4.87 自动喷涂系统设备通道

（4）设置通道连接

进入"通道连接"选项卡，在"对应数据对象"栏分别填入表 4.5 中对应的数据名称，如图 4.88 所示，单击"确认"按钮完成。

通道	对应数据对象	通道类型
0		通讯状态
1	上限位SQ1	只读I000.0
2	下限位SQ2	只读I000.1
3	位置一	只读I000.2
4	位置二	只读I000.3
5	位置三	只读I000.4
6	喷涂泵M1	只读Q000.0
7	搅拌电机正转	只读Q000.1
8	搅拌电机反转	只读Q000.2
9	喷头高度上升	只读Q000.3

10	喷头高度下降	只读Q000.4
11	A阀门YV1	只读Q000.5
12	B阀门YV2	只读Q000.6
13	供料阀门YV3	只读Q000.7

14	启动按钮	只写M000.5
15	停止按钮	只写M000.6
16	复位按钮	只写M000.7
17	手动上升	只写M001.0
18	手动下降	只写M001.1
19	搅拌电机控制	只写M001.2
20	喷涂泵控制	只写M001.3
21	手自动切换	只写M002.0

22	低液位	只读M002.1
23	高液位	只读M002.2
24	系统工作	只读M002.3
25	液位传感器	只读VWB004
26	喷头高度电机频率	只读VDF012

图4.88 自动喷涂系统通道连接

6. 组态修改

使用 PLC 程序完成自动喷涂系统主要控制功能后，对组态工程脚本进行修改。

（1）进入"运行策略"窗口，删除定时器 1 和定时器 2 策略行，删除停止脚本程序策略行和越程故障脚本程序策略行。

（2）进入复位脚本程序编辑区，删除控制脚本，仅保留如下动画脚本。

```
if 喷头高度下降=1 then
垂直移动量=垂直移动量+2
endif
```

（3）进入手动模式脚本程序编辑区，删除控制脚本，仅保留如下动画脚本。

```
if 喷头高度上升=1 and 上限位 SQ1=0 then
垂直移动量=垂直移动量-2
endif
if 喷头高度下降=1 and 下限位 SQ2=0 then
垂直移动量=垂直移动量+2
endif
```

（4）进入自动模式脚本程序编辑区，删除控制脚本，仅保留如下动画脚本。

```
'液位指示
if 液位传感器<20 then
低液位=1
高液位=0
endif
if 80=<液位传感器 then
低液位=0
高液位=1
endif
'液位变化动画
if A 阀门 YV1=1 and B 阀门 YV2=1 then
液位传感器=液位传感器+0.5
endif
if 供料阀门 YV3=1 then
液位传感器=液位传感器-0.5
endif
'移动动画
if 喷头高度电机频率=20 then
垂直移动量=垂直移动量-1
endif
if 喷头高度电机频率=30 then
垂直移动量=垂直移动量-1.5
endif
if 喷头高度电机频率=-40  then
垂直移动量=垂直移动量+2
endif
'搅拌动画
if 搅拌电机正转=1 or 搅拌电机反转=1 and 搅拌电机 M可见度=0 then
搅拌电机 M可见度=1
else
搅拌电机 M可见度=0
endif
```

⚠ 注意

　　"步=4"修改为"喷头高度电机频率=20"，"步=5"修改为"喷头高度电机频率=30"，"步=6"修改为"喷头高度电机频率=-40"。

7. 系统联调

（1）按图 4.77 完成 PLC 接线，并完成主电路接线。下载 PLC 程序，完成后关闭 PLC 编程软件，打开自动喷涂系统组态工程，进入运行环境。

（2）单击"复位"按钮，喷头高度电机 M2 下降，操作外部开关"位置三"，M2 停止下降，复位完成。

（3）单击"手自动切换"红色按钮开关，绿色按钮可见，切换至自动模式；按下上位机"启动"按钮，A 阀门和 B 阀门打开，液位上升，操作外部"位置二""位置一"和"位置三"开关，完成自动模式喷涂过程，观察液位变化及主界面其他图形动画。

（4）单击"自动工作模式"按钮，进入"自动喷涂界面"。按流程操作外部"位置二""位置一"和"位置三"开关，观察自动喷涂界面动画及指示灯状态、液位高度显示和喷涂泵频率显示。

（5）在自动喷涂过程中，按下上位机"停止"按钮，观察系统是否停止。再次按下上位机"启动"按钮，观察系统是否继续之前的工作。

（6）在自动喷涂过程中，手动操作外部"上限位 SQ1"或"下限位 SQ2"，观察系统状态。按下"复位"按钮之后回到初始位置，重新按下"启动"按钮，观察系统是否能重新开始工作。

（7）回到主界面，将工作模式切换至手动，单击"手动工作模式"按钮，进入"手动喷涂界面"。

（8）单击"复位"按钮，回到位置三。按下"启动"按钮，按手动工作模式要求完成操作，观察喷头高度电机上升、下降箭头动画及状态显示区各指示灯变化。

拓展与提升

报警的形式有多种，如项目二中的报警显示构件、指示灯报警等。有时需要在系统运行时加入报警声音作为提示，为此 MCGS 组态软件提供了音响输出策略构件及系统函数播放声音等。

一、音响输出策略构件

音响输出策略构件的主要功能为：精确控制语音输出，同时，可用相应的数据对象值来监视语音输出的状态。其可用于报警声音提示以及需要声音和图像动画同步协调工作的场合。

（1）声音文件

本构件只能播放".wav"格式的声音文件，此处要正确输入声音文件所在的路径和文件名称，操作按钮，打开文件选取对话框，选取对应的声音文件；单击"预览"按钮，播放一遍所选取（输入）声音文件的内容，如声音文件不存在或格式错误，则没有任何声音。声音文件可用操作系统提供的工具来录制。注意：MCGS 不把对应的声音文件存入组态结果数据库中，运行时，要确保对应的声音文件存在。

（2）播放方式

选择声音文件的播放方式，本构件中可设置以下 4 种播放方式。

立即播放：中断（停止）当前 MCGS 正在播放的其他内容，立即播放本构件指定的声音文件（只播放一遍）。

循环播放：循环播放本构件指定的声音文件，直到有"立即播放"指令或"停止播放"指令或退出 MCGS 指令，才停止播放。

等待播放：排队等待 MCGS 系统播放完成其他内容后，再播放本构件指定的声音文件。"立即播放"指令或"停止播放"指令可中断（停止）当前正在播放的内容并清除排队等待队列中的所有内容。

停止播放：中断（停止）当前 MCGS 正在播放的内容。

（3）延时执行

该功能用于指定延时播放的时间，单位为秒。通过调整延时时间，协调声音和图形动画的同步性（人为地在声音文件前面增加一段静音）。

（4）对应数据对象

把构件的播放状态和数据对象建立连接，当构件的播放状态发生变化时，对应数据对象的值也随之变化。其基本属性设置如图 4.89 所示。

图4.89 音响输出基本属性设置

播放状态：和开关型数据对象建立连接，当构件开始播放时，对应数据对象的值为 1；当构件播放完毕时，对应数据对象的值为 0。

播放开始：和数值型数据对象建立连接，当构件开始播放时，对应数据对象的值在当前值的基础上加 1。

播放结束：和数值型数据对象建立连接，当构件播放完毕时，对应数据对象的值在当前值的基础上加 1。

自动喷涂系统中，若要求当喷头高度电机 M2 出现越程（上、下超行程限位开关分别为两端微动开关 SQ1、SQ2），系统自动停止，并自动播报"报警提示音"，解除报警后，按下"复位"按钮，所有阀门及电机恢复到初始状态；系统从初始状态重新开始运行。通过对音响输出构件属性的设置，可实现报警提示音的自动报警。

双击"循环策略"，进入"策略组态"窗口，新增策略行，在策略工具箱中找到"音响输出"，待光标变为小手形状，单击新增策略行末端的方块，将"音响输出"构件添加至策略行，如图 4.90 所示。

图4.90 添加音响输出策略构件

双击"音响输出"构件打开"音响输出"对话框，在"基本属性"选项卡，单击"声音文件"右侧的···按钮，选择需要输出的".wav"音频文件，"播放方式"选择"立即播放"，"延时执行"选择"0"秒，对应的数据对象不填，如图 4.91 所示。

为保证在喷头高度发生越程时进行音响报警，设置音响输出策略行的表达式和条件，如图 4.92 所示，设置表达式为"上限位 SQ1=1 or 下限位 SQ2=1"。

二、"!Beep( )"或"!PlaySound( )"

"!Beep( )"表示发出蜂鸣声，可以在需要时调用该函数。"!PlaySound(SndFileName,Op)"表示播放声音文件。

图4.91 设置音响输出属性

图4.92 表达式设置

在自动喷涂系统"循环策略"窗口中新增一行策略行,并添加"脚本程序"策略构件。双击该构件,进入"脚本程序"编辑窗口,输入"!Beep( )"和"!PlaySound("C:\Users\Administrator\Desktop\报警.wav",1)",如图 4.93 所示。

图4.93 "!Beep( )"和"!PlaySound( )"报警

【埃夫特的"中国式创新之路"】

埃夫特智能装备股份有限公司是国产机器人行业的第一梯队企业。为打破国外喷涂机器人对高铁行业的垄断,同时解决高铁白车身制造过程中,特别是喷涂过程中遇到的痛点和堵点,埃夫特旗下的"喷涂专家,希美埃"潜心研发,攻克了喷涂机器人中空手腕技术、机器人防爆技术、离线编程技术和大型复杂曲面构件机器人喷涂集成等关键技术,研制出基于 GR6150HW 喷涂机器人的高铁白车身智能喷涂成套解决方案,实现了在轨道交通领域部分龙头企业的成功应用。GR6150HW 喷涂机器人现已推广使用于轨道交通、集装箱、汽车零部件等众多细分制造行业,并在 2019 年和国外市场竞争中顺利赢下意大利 FCA 汽车的订单,成功应用于豪华汽车玛莎拉蒂白车身的喷漆。

2021 年 4 月 20 日,"喷涂专家,希美埃"科研成果"高铁表面处理智能喷涂机器人系统研发"荣获安徽省科学技术进步奖。

"机会是留给那些敢于创新和勇于坚持的人的。"同学们要努力培养自身的创新实践能力。它是学用结合的最佳路径,既可以增强自身的动手实践能力,更好地适应社会需要,也是增强自身竞争力、解决自身就业问题的途径。

成果检查(见表 4.7)

表 4.7 自动喷涂系统运行调试成果检查表(50 分)

内容	评分标准	学生自评	小组互评	教师评分
设备组态(10 分)	正确添加 PLC 设备,完成通信设置及通信连接。通信设置错误,缺少通道连接或连接不正确之处每处扣 1 分			

续表

内容	评分标准	学生自评	小组互评	教师评分
PLC 程序编写及下载调试（10分）	编程熟练，会下载调试，程序能正确实现自动喷涂系统手动与自动模式控制。程序不合理或调试不正确之处每处扣1分			
系统接线（5分）	系统接线正确，工艺良好，无交叉、无毛刺。不正确每处扣1分，存在工艺缺陷之处每处扣0.5分			
变频器参数设置（5分）	按要求正确设置变频器参数。参数缺少或设置错误之处每处扣1分			
脚本程序编写（10分）	脚本编写正确，能完整实现脚本程序控制模式下自动喷涂系统监控功能；能完成PLC+MCGS联调下上位机监控功能。功能缺失或不正确之处每处扣1分			
系统联调（10分）	联机运行操作流程正确，手动与自动模式调试结果功能正确，上位机显示正确。不符合要求或不正确之处每处扣1分			
合计				

思考与练习

1. 本项目已经完成，请设置工程登录密码"rmyd"对工程进行登录保护。

2. 在自动喷涂系统主界面上方制作文字"人民邮电出版社欢迎您"，文字从左至右移动，当最后一个字"人"移出窗口时，文字从"您"开始又由窗口左边进入，不断循环。

3. 本项目中搅拌电机是如何实现搅拌动画效果的？请使用"工具箱"内的管道和椭圆等工具绘制搅拌电机，并设置4个椭圆，如图4.94所示，设置当搅拌电机正转时椭圆1和3闪烁，搅拌电机反转时椭圆2和4闪烁，从而实现搅拌动画效果。

4. 在"用户窗口"中绘制一个矩形，大小为400像素×200像素。在矩形的左下角放置一个直径为10像素的绿色圆，如图4.95所示。要求当系统运行时，圆绕逆时针方向沿着矩形各边移动，且当圆绕一周离原点距离100像素时发出一次提示音，当圆绕行3周后自行停止在原点。

图4.94　搅拌电机

图4.95　题4图

图4.95（彩图）

工件分拣系统组态设计与调试

••• 项目描述 •••

物料分拣在生产及生活中的应用非常普遍，例如快递分拣、药品分拣、食品分拣及工厂流水线工件分拣等。本项目对象为一个工件分拣系统，由传送和分拣机构、传送带驱动机构、变频器模块、电磁阀组、PLC 模块及按钮、指示灯等构成。系统 PLC 为 S7-200smart，触摸屏采用 TPC7062Ti，变频器采用 G120C 紧凑型，PLC、触摸屏及编程计算机通过交换机构成局域网连接。系统工作目标是完成对白色塑料工件、黑色塑料工件和银色金属工件的分拣，为了在分拣时准确推出工件，要求使用旋转编码器进行定位检测。

1. 系统工作流程

（1）设备电源和气源接通后，若分拣系统的 3 个气缸均处于缩回位置，则正常工作的"准备"指示灯 HL1 常亮，表示设备已准备好；否则，该指示灯以 1Hz 的频率闪烁。

（2）若设备已准备好，按下启动按钮，系统启动，"运行"指示灯 HL2 常亮。

（3）当人工放下工件，并被传送带入料口漫射式光电传感器（以下简称入料口传感器）检测到时，将信号传输给 S7-200smart PLC，通过 PLC 程序启动变频器，电机运转（频率在 30～50Hz 可调，在 MCGS 触摸屏上设置）驱动传送带工作，把工件带进分拣区。

（4）如果工件为白色塑料（颜色由光纤传感器检测），则该工件到达 1 号滑槽中间，传送带停止，工件被推到 1 号槽中；如果工件为黑色塑料，则该工件到达 2 号滑槽中间，传送带停止，工件被推到 2 号槽中；如果工件为银色金属（材质由金属传感器检测），则该工件到达 3 号滑槽中间，传送带停止。工件被推出滑槽后，该工作单元的一个工作周期结束。

（5）仅当工件被推出滑槽后，才能再次向传送带下料。

（6）如果在运行期间按下停止按钮，该工作单元在本工作周期结束后停止运行。

该系统的基本结构如图 5.1 所示。

2. 工件分拣系统组态设计要求

（1）制作用户窗口界面为"工件分拣系统"，显示分拣系统示意图。

（2）能对分拣系统流程进行动态显示。有电机运行、停止显示、传送带运行动画、工件移动动画、阀杆推出、缩回动画等。

（3）有系统启动、停止按钮，白色塑料工件、黑色塑料工件、银色金属工件模拟选择按钮，工件累计数量清零按钮。

（4）指示灯。

① 就绪指示灯：若分拣系统的两个气缸均处于缩回位置，则表示正常工作的"准备"指示

灯 HL1 常亮，表示设备已准备好；否则，该指示灯以 1Hz 的频率闪烁。

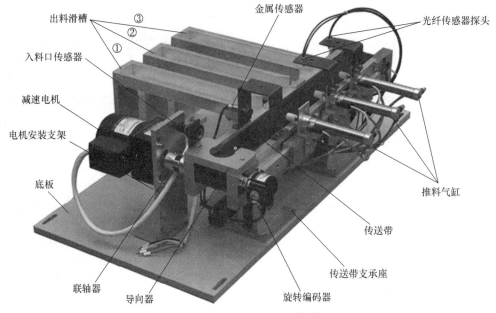

图5.1　工件分拣系统基本结构

若设备已准备好，按下启动按钮，系统启动，设备"运行"指示灯 HL2 常亮；按下停止按钮，则 HL2 熄灭。

② 数据输出显示：白色塑料工件累计、黑色塑料工件累计、银色金属工件累计。

③ 数据输入：变频器频率给定。

最终参考效果如图 5.2 所示。

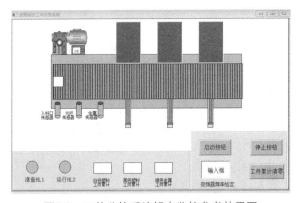

图5.2　工件分拣系统组态监控参考效果图

••• 学习目标 •••

【知识目标】

1. 掌握 MCGS 嵌入版组态软件结构体系。

2. 掌握 MCGS 嵌入版开发流程。

3. 熟悉 MCGS 嵌入版各窗口开发。

4. 掌握 MCGS 上位机与下位机的连接。

5. 掌握 MCGS TPC 参数设置及组态工程下载方法。

6. 掌握 MCGS 嵌入版组态工程模拟运行与联机运行方法。

【能力目标】

1. 能根据系统要求熟练开发 MCGS 嵌入版组态工程。

2. 能熟练完成 MCGS TPC 触摸屏连接。

3. 能熟练完成 MCGS 嵌入版与 PLC 的硬件组态。

4. 能熟练下载 MCGS 嵌入版组态工程并运行。

5. 能根据系统要求进行组态工程的软、硬件调试。

【素质目标】

1. 培养勤恳认真、脚踏实地的工作作风。

2. 培养严谨细致、精益求精、勇于创新的工匠精神。

3. 培养勇于担当、甘于奉献的精神。

4. 培养分析问题、解决问题的能力。

••• 任务 5.1　MCGS 嵌入版组态软件及 TPC7062Ti 触摸屏认知 •••

任务目标

1. 掌握 MCGS 嵌入版组态软件的安装与简单使用。

2. 掌握 MCGS 触摸屏以太网的连接与设置。

3. 掌握嵌入版组态工程下载配置、模拟运行与联机运行。

学习导引

本任务包括以下内容。

1. 了解 MCGS 嵌入版的软件结构、MCGS 嵌入版与通用版的异同。

2. 下载和安装 MCGS 嵌入版组态软件。

3. 创建 MCGS 嵌入版组态工程并模拟运行。

4. 了解 MCGS 触摸屏产品系列，熟悉 TPC7062Ti 触摸屏接口。

5. 使用以太网连接上位机与 TPC7062Ti 触摸屏，设置上位机地址与触摸屏系统参数，下载组态工程至触摸屏，实现连接运行。

任务实施

一、认知 MCGS 嵌入版组态软件

1. MCGS 嵌入版组态软件的体系结构

嵌入式通用监控系统（Monitor and Control Generated System for Embeded，MCGSE）是在

MCGS 通用版的基础上开发的，是昆仑通态科技有限公司推出的三大系列产品（嵌入版、通用版及网络版）之一，是基于 RTOS（Real-Time Multi-Tasks Operating System，实时多任务系统），专门应用于嵌入式计算机监控系统的组态软件。MCGS 嵌入版处于工控系统的最下层，通过对现场数据的采集处理，以动画显示、报警处理、流程控制和报表输出等多种方式向用户提供解决实际工程问题的方案，在自动化领域有着广泛的应用，适应于对功能、可靠性、成本、体积、功耗等综合性能有严格要求的专用计算机系统。

MCGS 嵌入版组态软件开发与通用版基本相同。由 MCGS 嵌入版生成的用户应用系统，其结构与通用版相同，也由主控窗口、设备窗口、用户窗口、实时数据库和运行策略 5 个部分构成，如图 5.3 所示。

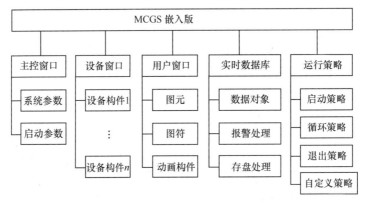

图5.3　嵌入版工程结构

与 MCGS 通用版不同的是，MCGS 嵌入版组态软件分为组态环境、模拟运行环境和运行环境 3 部分。它的组态环境能够在基于 Microsoft 的各种 Windows 平台上运行，运行环境则是在实时多任务嵌入式操作系统 WindowsCE 中运行的。此外，MCGS 嵌入版还带有一个模拟运行环境，用于对组态后的工程进行模拟测试，方便用户完成组态过程的调试。

组态环境和模拟运行环境相当于一套完整的工具软件，可以在计算机上运行。用户可根据实际需要减少其中内容。它帮助用户设计和构造自己的组态工程并进行功能测试。而运行环境则是一个独立的运行系统，它按照组态工程中用户指定的方式进行各种处理，完成用户组态设计的目标和功能。运行环境本身没有任何意义，必须与组态工程一起作为一个整体，才能构成用户应用系统。一旦组态工作完成，并且将组态好的工程通过 USB 通信或以太网下载到下位机的运行环境中，组态工程就可以离开组态环境而独立运行在下位机上，从而实现了控制系统的可靠性、实时性、确定性和安全性。

2. 嵌入版与通用版的异同

（1）嵌入版与通用版的相同之处

嵌入版和通用版组态软件有很多相同之处。

① 相同的操作理念。嵌入版和通用版一样，组态环境是简单直观的可视化操作界面，通过简单的组态实现应用系统的开发，无须具备计算机编程的知识，就可以在短时间内开发出一个运行稳定的具备专业水准的计算机应用系统。

② 相同的人机界面。嵌入版的人机界面的组态和通用版人机界面基本相同。可通过动画组态来反映实时的控制效果，也可进行数据处理，形成历史曲线、报表等，并且可以传递控制参

数到实时控制系统。

③ 相同的组态平台。嵌入版和通用版的组态平台是相同的，都是运行于 Windows 95/98/Me/NT/2000 等操作系统。

④ 相同的硬件操作方式。嵌入版和通用版都是通过挂接设备驱动来实现和硬件的数据交互，这样用户不必了解硬件的工作原理和内部结构，通过设备驱动的选择就可以轻松地实现计算机和硬件设备的数据交互。

（2）嵌入版与通用版的不同之处

虽然嵌入版和通用版有很多相同之处，但嵌入版和通用版是适用于不同控制要求的，所以二者之间又有明显的不同。

① 功能作用不同。虽然嵌入版中也集成了人机交互界面，但嵌入版是专门针对实时控制而设计的，应用于实时性要求高的控制系统中，而通用版组态软件主要应用于实时性要求不高的监测系统中，它的主要作用是用来做监测和数据后台处理，比如动画显示、报表等，当然对于完整的控制系统来说二者都是不可或缺的。

② 运行环境不同。嵌入版运行于嵌入式系统；通用版运行于 Microsoft Windows95/98/Me/NT/2000 等操作系统。

③ 体系结构不同。嵌入版的组态和通用版的组态都是在通用计算机环境下进行的，但嵌入版的组态环境和运行环境是分开的，在组态环境下组态好的工程要下载到嵌入式系统中运行，而通用版的组态环境和运行环境是在一个系统中。

（3）嵌入版新增功能

① 新增模拟环境。嵌入式版本的模拟环境 CEEMU.exe 的使用，解决了用户组态时必须将计算机与嵌入式系统相连的问题，用户在模拟环境中就可以查看组态的界面美观性、功能的实现情况及性能的合理性。

② 嵌入式系统函数。通过函数的调用，可以对嵌入式系统进行内存读写、串口参数设置和磁盘信息读取等操作。

③ 工程下载配置。可以使用 USB 通信或 TCP/IP 进行与下位机的通信，同时可以监控工程下载情况。

（4）嵌入版减少的功能

① 动画构件中的文件播放、存盘数据处理、多行文本、格式文本、设置时间、条件曲线、相对曲线和通用棒图。

② 策略构件中的音响输出、Excel 报表输出、报警信息浏览、存盘数据复制、存盘数据浏览、修改数据库、存盘数据提取和设置时间范围构件。

③ 某些脚本函数不能使用：运行环境操作函数中的 "!SetActiveX" "!CallBackSvr"，数据对象操作函数中的 "!GetEventDT" "!GetEventT" "!GetEventP" "!DelSaveDat"，系统操作中的 "!EnableDDEConnect" "!EnableDDEInput" "!EnableDDEOutput" "!ShowDataBackup" "!Navigate" "!Shell" "!AppActive" "!TerminateApplication" "!Winhelp"，以及 ODBC 数据库函数、配方操作函数。

④ 数据后处理：包括 Access、ODBC 数据库访问功能。

⑤ 远程监控。

二、MCGS 嵌入版组态软件安装

1. 下载软件

从官网下载 MCGS 嵌入版安装包。

2. 安装软件

打开安装包，双击  ，进入安装界面，如图 5.4 所示。程序自动进入安装导向窗口。单击 "下一步" 按钮，继续安装 MCGS 嵌入版主程序，如图 5.5 所示。

图5.4　安装初始界面

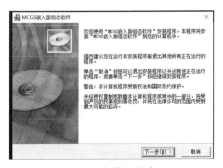

图5.5　安装主程序

按提示步骤操作，随后，安装程序将提示指定安装目录，用户不指定时，系统默认安装到 D:\MCGSE 目录下，如图 5.6 所示，建议使用默认目录，根据向导单击 "下一步" 按钮即可。

MCGS 嵌入版主程序安装完成后，开始安装 MCGS 嵌入版驱动，安装程序将把驱动安装至 MCGS 嵌入版安装目录\Program\Drivers 下，如图 5.7 所示。

图5.6　设置安装目录

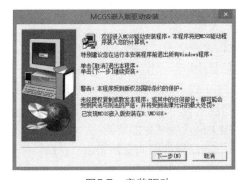

图5.7　安装驱动

单击 "下一步" 按钮，选择要安装的驱动，默认选择所有驱动，包括通用设备、西门子 PLC、欧姆龙 PLC、三菱 PLC 设备和研华模块的驱动等，也可以选择先安装一部分驱动，其余的在需要的时候再安装；也可以选择一次性安装所有的驱动。单击 "下一步" 按钮进行安装，如图 5.8 所示。

选择好后，按提示操作，MCGS 驱动程序安装过程需要几分钟。

安装过程完成后，系统将弹出对话框提示安装完成，建议重新启动计算机后再运行组态软件，结束安装。

安装完毕，在桌面出现组态环境快捷图标 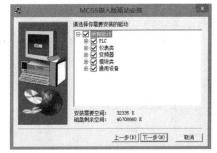 和模拟运

图5.8　选择驱动程序

行环境图标 . 双击组态环境图标即可进入开发环境。

三、MCGS 嵌入版工程组态

使用 MCGS 嵌入版完成一个实际的应用系统，首先必须在 MCGS 嵌入版的组态环境下进行系统的组态生成工作，然后将系统放在 MCGS 嵌入版的运行环境下运行。MCGS 嵌入版工作台各个窗口的开发流程基本与 MCGS 通用版相同，以下介绍 MCGS 嵌入版组态工程的设置与运行。

1. 工程设置

双击 Windows 桌面上的"MCGSE 组态环境"图标，进入 MCGS 嵌入版组态环境。进入 MCGS 嵌入版组态环境后，单击工具条上的"新建"按钮，或执行"文件"→"新建工程"命令，会弹出一个"新建工程设置"对话框，如图 5.9 所示。

5.1 工程创建与模拟运行

在此选择 TPC 类型，设置工程背景色。

单击"确定"按钮后，系统自动创建一个名为"新建工程 X.MCE"的新工程（X 为数字，表示建立新工程的顺序，如 1、2、3 等），同时出现工作台界面，如图 5.10 所示。由图 5.10 可见，MCGS 嵌入版工作台界面与通用版相同，共 5 个标签：主控窗口、设备窗口、用户窗口、实时数据库和运行策略，对应于 5 个不同的选项卡口页面，每个选项卡的作用与通用版也相同。

图5.9　新建工程设置

图5.10　MCGS嵌入版工作台

2. 工程运行

MCGS 嵌入版组态软件包括组态环境、运行环境和模拟运行环境 3 部分。

当组态好一个工程后，可以在上位机的模拟运行环境中试运行，以检查是否符合组态要求，用户可以不必连接下位机，也可以将工程下载到下位机中，在实际环境中运行。以下介绍模拟运行与连接运行的操作流程。

在组态环境下单击工具栏中的"下载工程并进入运行环境"按钮 ，弹出"下载配置"对话框，下载当前正在组态的工程，可进入模拟运行环境或下载至下位机真实运行环境，如图 5.11 所示。

（1）设置背景方案和连接方式

"背景方案"用于设置模拟运行环境屏幕的分辨率。用户

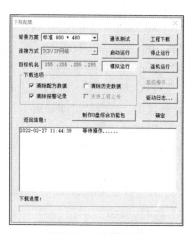

图5.11　下载配置

可根据需要选择。"连接方式"用于设置上位机与下位机的连接方式，包括以下两个选项。

① TCP/IP 网络：通过 TCP/IP 网络连接。选择此项时，下方显示目标机名输入框，用于指定下位机的 IP 地址。

② USB 通信：通过 USB 连接线连接计算机和 TPC。USB 通信方式仅适用于具有 USB 口的 TPC，否则只能使用 TCP/IP 通信方式。

（2）模拟运行

如图 5.12 所示，依次单击"模拟运行""工程下载"按钮，待工程下载成功，再单击"启动运行"按钮，组态工程进入模拟运行环境，如图 5.13 所示。

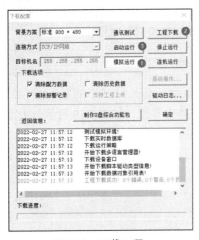

图5.12　下载工程

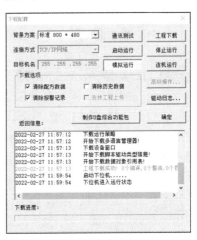

图5.13　启动运行

四、TPC7062Ti 触摸屏应用

1. 认识 TPC7062Ti 触摸屏

MCGSTPC 是一种嵌入式一体化触摸屏。它可以灵活组态各种智能仪表、数据采集模块、控制设备和驱动设备等，用于完成现场数据的采集与监测、处理与控制。其工程组态过程在 MCGS 嵌入版组态软件中完成，通过 USB 线或以太网通信或使用 U 盘综合功能包下载至触摸屏实时运行。

MCGS 触摸屏包括 TPC7062TD、TPC7062TX、TPC7062Ti、TPC1061TD、TPC1061Ti、TPC1061Hn、TPC1162Hi、PC1261Hi 和 TPC1561Hi 等几款产品。产品尺寸包括 7 英寸（1 英寸 =25.4mm）、10 英寸、12 英寸和 15 英寸几种规格。

TPC7062Ti 是一套以先进的 Cortex-A8 CPU 为核心（主频 600MHz）的高性能嵌入式一体化触摸屏。该产品设计采用了 7 英寸高亮度 TFT 液晶显示屏（分辨率 800 像素×480 像素），四线电阻式触摸屏（4096 像素×4096 像素），同时还预装了 MCGS 嵌入式组态软件（运行版），具备强大的图像显示和数据处理功能。

TPC7062Ti（TPC7062TD/TX/Ti 外观及接口相同）产品外观及接口如图 5.14 所示。

2. TPC7062Ti 启动与组态工程下载

（1）启动

使用 24V 直流电源给 TPC 供电，开机启动后屏幕出现"正在启动"进度条，如图 5.15 所示。此时不需任何操作，系统将自动进入工厂运行界面。

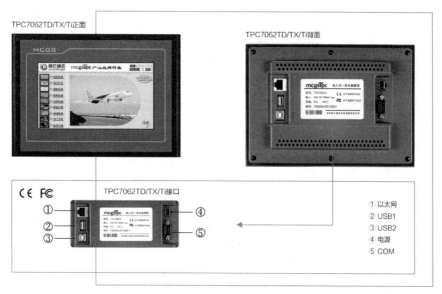

图5.14 TPC7062TD/TX/Ti外观及接口示意图

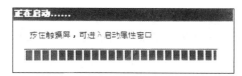

图5.15 启动界面

（2）下载组态工程至 TPC7062Ti

① 使用网线连接 MCGSTPC 以太网口与计算机网口。

② 设置计算机 IP 地址。从计算机控制面板找到本地连接，双击进入"以太网属性"对话框。选中"Internet 协议版本 4（TCP/IPv4）"复选框，如图 5.16 所示。单击"属性"按钮，进入"Internet 协议版本 4（TCP/IPv4）属性"对话框，按图 5.17 设置 IP 地址。注意 IP 地址和默认网关在同一个网段，即前 3 个字节相同（图 5.17 中为 192.168.2），且最后 1 个字节不冲突，并介于 1～254。

图5.16 选择TCP/IPv4

图5.17 设置IP地址

③ 设置触摸屏 IP 地址。

a. 通电启动 MCGSTPC，在进度条状态下按住屏幕，进入"启动属性"对话框，如图 5.18 所示，单击"系统维护"按钮。

b. 在弹出的"系统维护"对话框中单击"设置系统参数"，如图 5.19 所示。

图5.18 "启动属性"对话框

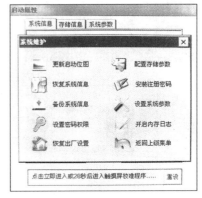

图5.19 "系统维护"对话框

c. 设置触摸屏 IP 地址，如图 5.20 所示。

此处，设置触摸屏 IP 地址与计算机在同一个网段，也只有最后一个字节不同，子网掩码和默认网关与计算机设置相同。修改完毕，单击"设置"按钮，逐级关闭该界面，返回"启动属性"对话框，单击"启动工程"按钮。

④ 下载并运行工程。在计算机组态工程界面单击工具栏中"下载工程并进入运行环境"按钮，进入下载配置，选择连接方式为"TCP/IP 网络"，目标机名设置为触摸屏 IP 地址，即图 5.20 中的"192.168.2.3"。单击"连机运行"→"工程下载"按钮，组态软件完成与下位机的通信并将工程下载至 MCGSTPC 后，再单击"启动运行"按钮，如图 5.21 所示。

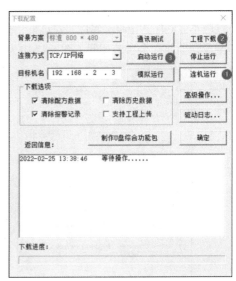

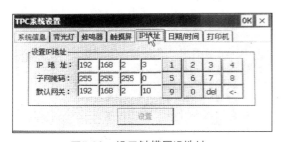

图5.20 设置触摸屏IP地址

图5.21 将工程下载至触摸屏

拓展与提升

一、人机界面

人机界面（Human Machine Interaction，HMI）是人与计算机之间传递、交换信息的媒介和对话接口，是用于连接可编程序控制器、变频器、直流调速器和仪表等工业控制设备，利用显示屏显示，通过输入单元（如触摸屏、键盘、鼠标等）写入工作参数或输入操作命令，实现人与机器信息交互的数字设备。

人机界面产品由硬件和软件两部分组成，硬件部分包括处理器、显示单元、输入单元、通信接口和数据存储单元等，其中处理器的性能决定了 HMI 产品的性能高低，是 HMI 的核心单元。根据 HMI 的产品等级不同，处理器可分别选用 8 位、16 位和 32 位的处理器。HMI 软件一般分为两部分，即运行于 HMI 硬件中的系统软件和运行于计算机 Windows 操作系统下的画面组态软件。使用者都必须先使用 HMI 的画面组态软件制作"工程文件"，再通过计算机和 HMI 产品的串行通信口，把编制好的"工程文件"下载到 HMI 的处理器中运行。

昆仑通态 MCGSTPC 产品是一种人机界面，集成了液晶显示屏、触摸面板、通信接口、控制单元及数据存储单元，具有操作控制、状态监控、报表和曲线显示、数据存储、报表打印、网络通信及视频监控等众多工控计算机的高端功能。产品设计采用高亮度 TFT 液晶显示屏、电阻式触摸屏，同时还预装了微软嵌入式实时多任务操作系统 WinCE. Net（中文版）和 MCGS 嵌入版组态软件。显示屏尺寸从 7 英寸、10.4 英寸、12 英寸再到 15 英寸，为用户提供专业、全方位的解决方案。

二、触摸屏

触摸屏又称为触控屏、触控面板，是一种可接收触头等输入信号的感应式液晶显示装置。它是目前最简单、方便、自然的一种人机交互方式，用户只要用手指轻轻触碰计算机显示屏上的图符或文字就能实现对主机操作，从而使人机交互更为直截了当。

触摸屏应用广泛，在生产生活中随处可见，如银行、电力、税务局等部门的业务查询，个人使用的触控屏计算机、手机，以及工业控制系统、军事指挥系统等各行各业。

三、人机界面与触摸屏的区别

在工业中，人们常把具有触摸输入功能的人机界面产品称为"触摸屏"，但这是不科学的。因为触摸屏仅是人机界面产品中可能用到的硬件部分，是一种替代鼠标及键盘部分功能，安装在显示屏前端的输入设备；而人机界面产品则是一种包含硬件和软件的人机交互设备，从严格意义上来说，两者是有本质上的区别的。

【中国制造】

教育、科技、人才是全面建设社会主义现代化国家的基础性、战略性支撑。必须坚持科技是第一生产力、人才是第一资源、创新是第一动力，深入实施科教兴国战略、人才强国战略、创新驱动发展战略，开辟发展新领域新赛道，不断塑造发展新动能新优势。

在中华民族伟大复兴的路上，有哪些科技成果令你激动不已？

成果检查（见表 5.1）

表 5.1　MCGS 嵌入版组态软件及 TPC7062Ti 触摸屏认知成果检查表（10 分）

内容	评分标准	学生自评	小组互评	教师评分
MCGS 嵌入版组态软件安装（3 分）	独立、成功安装 MCGS 嵌入版组态软件。安装过程需指导扣 1~3 分			
TPC7062Ti 触摸屏通信端口认识（2 分）	正确回答每一个端口（以太网、USB、COM）的作用。每错误一处扣 0.5 分			
组态工程模拟运行（2 分）	正确完成下载配置，操作流程正确，能进入模拟运行环境。设置不正确或不能进入模拟运行环境每处扣 0.5 分			
组态工程联机运行（3 分）	正确设置上位机及触摸屏系统 IP 地址，设置联机下载配置，下载操作流程正确。设置不正确或不能进入联机运行每处扣 1 分			
合计				

思考与练习

1. 使用交换机将 PLC、TPC7062Ti、计算机进行连接，IP 地址的设置有什么要求？
2. 联机下载与模拟下载有什么不同？
3. 如何上传工程？

••• 任务 5.2　工件分拣系统窗口组态及数据对象定义 •••

任务目标

1. 对工件分拣系统控制及显示要求进行分析，整体构思系统监控界面。
2. 使用工具箱中的图形完成工件分拣系统监控界面的制作。
3. 根据工件分拣系统项目要求，设计数据对象名称及类型，添加基本的数据对象。

学习导引

本任务包括以下内容。
1. 按实际设备选择 TPC 类型，建立"工件分拣系统"嵌入版组态工程。
2. 根据工件分拣控制系统监控要求，建立"工件分拣系统"用户窗口，用于动态显示分拣系统流程动画及系统启停控制、变频器频率设置、指示灯变化及工件数量显示等。
3. 使用工具箱中的图形，在"工件分拣系统"用户窗口完成主要设备的布置，包括：分拣系统的主要部件；工件及模拟工件选择按钮；显示面板上的指示灯和工件数量显示标签、控制面板上的启动按钮、停止按钮、工件清零按钮、运行频率设置输入框。
4. 使用"标签"对主要图形进行必要的标注。
5. 根据工件分拣系统组态工程调试的基本需求，在实时数据库中添加对应的数据对象。

任务实施

一、建立工程

（1）双击桌面的"MCGS 组态环境"图标![icon]，打开 MCGS 嵌入版组态环境，第一次使用将进入样例工程。

（2）选择"文件"→"新建工程"命令，打开"新建工程设置"对话框，如图 5.22（a）所示。按触摸屏型号选择"TPC7062Ti"，设置背景色为白色，取消选中"网格"复选框。

(a) 新建工程

(b) 保存工程

图5.22　新建工程并保存

（3）进入新建工程工作台界面后，选择菜单"文件"→"工程另存为"命令，弹出"Save As"对话框，按希望的路径保存文件。输入文件名，如"工件分拣系统"，保存类型为"MCE 文件"，单击"保存"按钮，工程建立完毕，如图 5.22（b）所示。

二、绘制工件分拣系统画面

1. 创建用户窗口

在工作台界面，在"用户窗口"选项卡中单击"新建窗口"按钮，新建一个窗口即"窗口0"，如图 5.23（a）所示。

(a) 新建用户窗口

(b) 设置用户窗口名称

图5.23　新建用户窗口并设置用户窗口名称

选中"窗口 0"，单击鼠标右键，在弹出的快捷菜单中选择"属性"命令，打开"用户窗口属性设置"对话框，在"基本属性"选项卡中，将窗口名称修改为"工件分拣系统"，如图 5.23

（b）所示。设置完毕，单击"确认"按钮。

2. 窗口组态

选中"工件分拣系统"用户窗口图标，单击"动画组态"按钮（或直接双击"工件分拣系统"窗口图标），进入"工件分拣系统"窗口，开始组建监控画面。

（1）制作工件分拣系统基本结构

① 制作基座及传送带。从"工具栏"中单击"工具箱"按钮，打开工具箱，单击"矩形"按钮，在窗口绘制一个填充颜色为灰色的矩形框（552 像素×152 像素，大小可自定）。继续选择矩形，在灰色框中间绘制填充颜色为深绿色的矩形框（546 像素×99 像素），用来表示基座及传送带，如图 5.24（a）所示。

为制作运行时传送带移动效果，绘制较窄的矩形框（5 像素×99 像素），利用菜单中的"复制""粘贴"命令完成多个小矩形框的制作，将最左的矩形框靠近传送带左边，最右的矩形框靠近传送带右边。选中所有小矩形，通过顶端对齐、横向等间距进行对齐排列操作，最后利用菜单中的"排列"→"构成图符"命令进行合并，如图 5.24（b）中的 A 所示。选中该图形，利用"复制""粘贴"命令形成另一个图形 B，将两个图形交错排列，如图 5.24（b）所示。

图 5.24（彩图）

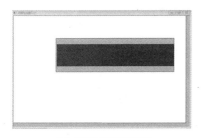

(a) 基座与传送带制作　　　　　(b) 传送带移动动画图形制作

图5.24　基座与传送带制作以及传送带移动动画图形制作

选中交错排列的两个图形，通过"排列"→"对齐"→"上对齐"命令，拖动至传送带，与传送带上边对齐，并靠近传送带左边，最终效果如图 5.25 所示。

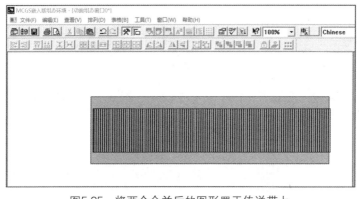

5.2　制作基座及传送带

图5.25　将两个合并后的图形置于传送带上

② 绘制传感器。利用矩形框及椭圆绘制 3 个传感器，并进行排列，分别表示入料口传感器、光纤传感器和金属传感器，上部椭圆填充颜色为"亮绿色"，并使用"标签"按钮进行文字标注。

③ 绘制推料气缸与阀杆。利用矩形图形制作推料气缸与阀杆，阀杆由气缸内部两个小矩形

经"构成图符"命令制作而成。

④ 制作滑槽。单击工具箱的"常用图符"按钮 ，打开常用图符工具箱，单击"凹平面"按钮 ，拖曳至合适大小，填充"蓝色"。选中凹平面，利用"复制""粘贴""排列"命令制作完成 3 个间距一致、与 3 个气缸分别纵向对齐的滑槽。

⑤ 绘制电机。选择工具箱中的"插入元件" → "马达" → "马达 4"，将马达 4 插入画面适当位置并排列至最后面。

制作的工件分拣系统结构如图 5.26 所示。

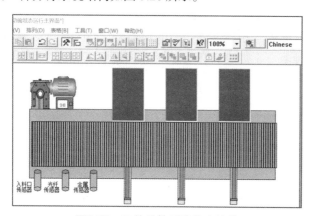

图 5.26（彩图）

5.3 制作工件分拣系统其他部件

图5.26 工件分拣系统基本结构

（2）制作工件手动模拟选择按钮

① 从工具箱中选择"标准按钮" ，在画面中拖出一个一定大小的按钮。

② 调整其大小和位置。

③ 双击按钮，弹出"标准按钮构件属性设置"对话框，在"基本属性"选项卡中，将"抬起"和"按下"对应的文本修改为"白色塑料"，其他属性不做修改，单击"确认"按钮保存设置。

④ 选中画好的按钮，通过 2 次复制、粘贴，并修改基本属性，制作完成白色塑料、黑色塑料和银色金属 3 个标准按钮，并排列 3 个按钮的位置和间距，如图 5.27 所示。

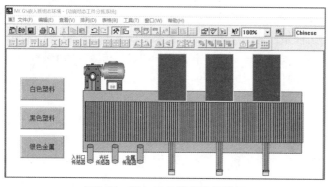

5.4 制作工件手动模拟选择按钮

图5.27 添加工件模拟选择按钮

（3）制作工件

从工具箱中单击"矩形"按钮 ，在窗口绘制一个填充颜色为"白色"、黑边的矩形框的矩形（30 像素×30 像素）。通过"复制""粘贴"命令生成新的矩形，修改其静态属性，填充颜色选择"黑色"。再次复制、粘贴，生成第 3 个 30 像素×30 像素的矩形，修改其静态属性，填充颜色选择"浅灰"（代表银色金属工件）。将 3 个矩形排列，经左对齐、上对齐，最后移动至传送带左侧，将工件左侧边与传送带左侧边基本对齐，如图 5.28 所示，实际上为 3 个工件，但银色工件在最上层，黑色工件在中间，白色工件在工件最底层。

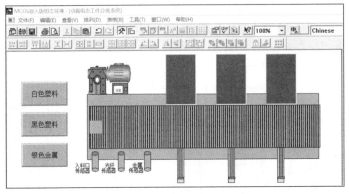

图5.28 添加3个工件

5.5 制作工件

（4）制作控制面板

① 制作启动、停止按钮。

再次选中画好的工件手动模拟选择按钮，通过两次复制、粘贴，制作两个标准按钮，修改第 1 个标准按钮，其"基本属性"下"抬起"和"按下"对应的文本为"启动按钮"，第 2 个为"停止按钮"。

5.6 制作控制面板和显示面板

② 制作工件累计清零按钮。

选中画好的启动按钮，通过复制、粘贴，制作一个标准按钮，拖曳至合适大小。修改该标准按钮，其"基本属性"下"抬起"和"按下"对应的文本为"工件累计清零"。

③ 制作变频器频率设置输入框。

从工具箱中单击"输入框"按钮 abl，在画面中绘制输入框，再拖曳至合适大小。利用工具箱的"标签"按钮 A 在输入框下方标注"变频器频率给定"。

④ 制作凹槽平面。单击工具箱中的"常用图符"按钮 ，打开常用图符工具箱，选择"凹槽平面"，在窗口中绘制 4 个凹槽平面，将启动按钮、停止按钮、工件累计清零按钮、变频器频率设置输入框拖曳至凹槽平面内。选中凹槽平面，选择"排列"→"最后面"命令，将各构件排列至合适的位置，如图 5.29 所示。

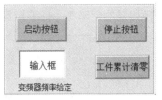

图5.29 控制面板制作效果

（5）制作显示面板

① 制作指示灯。从工具箱中选择"椭圆"至画面，拖曳成圆形，修改大小及位置。在圆下方使用"标签"标注"HL1"。选中"圆"和"HL1"，利用复制、粘贴，制作第 2 个圆和文字标签。将标签修改为"HL2"。将两个"圆"和"文字"利用"排列"命令对齐。

② 制作工件累计显示框。从工具箱中单击"标签"按钮 A，拖曳至画面，修改大小，设置其填充颜色为"白色"，无文本内容。在该标签下方再次利用"标签"按钮 A 标注"白色塑料工件累计"，设置其"静态属性"为"没有填充""没有边线"，"扩展属性"文本内容填入"白色塑料工件累计"，如图 5.30 所示。

③ 制作凹槽平面。在窗口中绘制凹槽平面，将两个指示灯、3 个工件累计输出显示框拖曳至凹槽平面内，选中凹槽平面，选择"排列"→"最后面"命令，将各构件排列至合适的位置，

如图 5.31 所示。

最后将各部分合理排列，得到图 5.32 所示界面。

图5.30　工件数量累计属性设置

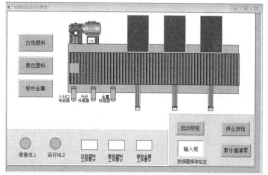

图5.31　显示面板制作效果　　　　图5.32　工件分拣系统窗口界面

三、定义数据对象

根据控制及显示要求，系统至少需要建立启动按钮、停止按钮、指示灯 HL1 和 HL2、入料口传感器（漫射式光电传感器）、光纤传感器（检测颜色）、金属传感器（检测材质）、工件累计清零等多个开关型数据对象；为了能够对组态系统进行模拟运行调试，可建立白色塑料工件、黑色塑料工件和银色金属工件模拟选择按钮。为显示各种工件累计数量，需建立白色塑料工件累计、黑色塑料工件累计和银色金属工件累计输出显示数值量数据对象；为调节传送带速度，可在上位机上建立变频器频率设置数值型数据对象。

另外，考虑工件在传输带和滑槽中的移动动画、阀杆的推出和缩回动画，可添加对应 3 种工件完成水平方向和垂直方向动画的数值型对象及对应阀杆推出、缩回移动动画的数值型对象。

因此，本系统可建立表 5.2 所示的数据对象，在动画设置或脚本编写过程中，可根据需要随时增加数据对象。

表 5.2　工件分拣系统数据对象

名称	类型	注释
启动按钮	开关型	控制系统启动，按下为 1，松开为 0
停止按钮	开关型	控制系统停止，按下为 1，松开为 0
白色塑料工件	开关型	手动模拟选择白色塑料工件

续表

名称	类型	注释
黑色塑料工件	开关型	手动模拟选择黑色塑料工件
银色金属工件	开关型	手动模拟选择银色金属工件
HL1	开关型	准备指示灯，常亮表示准备就绪，1Hz 频率闪烁表示未就绪
HL2	开关型	运行指示灯，常亮表示运行，停止时熄灭
工件累计清零	开关型	工件达到一定数量后手动清零
入料口传感器	开关型	检测入料口是否有工件到达
光纤传感器	开关型	检测工件颜色（白色、银色还是黑色）
金属传感器	开关型	区分工件材质（金属还是塑料）
白色塑料工件累计	数值型	分拣的白色塑料工件数量
黑色塑料工件累计	数值型	分拣的黑色塑料工件数量
银色金属工件累计	数值型	分拣的银色金属工件数量
频率设定值	数值型	调节传送带速度
水平移动量1	数值型	白色塑料工件水平移动
垂直移动量1	数值型	白色塑料工件垂直移动
阀杆移动量1	数值型	白色塑料工件滑槽对应阀杆推出与缩回移动量
水平移动量2	数值型	黑色塑料工件水平移动
垂直移动量2	数值型	黑色塑料工件垂直移动
阀杆移动量2	数值型	黑色塑料工件滑槽对应阀杆推出与缩回移动量
水平移动量3	数值型	银色金属工件水平移动
垂直移动量3	数值型	银色金属工件垂直移动
阀杆移动量3	数值型	银色金属工件滑槽对应阀杆推出与缩回移动量

回到工作台，打开"实时数据库"选项卡，单击"新增对象"按钮。

1. 添加开关型数据对象

按表 5.2 添加启动按钮、停止按钮、白色塑料工件、黑色塑料工件、银色金属工件、HL1、HL2、工件累计清零、入料口传感器、光纤传感器和金属传感器数据对象。基本属性设置如图 5.33 所示，除"对象名称"不同，其他设置都相同，即"对象初值"设置为"0"，"对象类型"选择"开关"，"存盘属性"和"报警属性"不需要修改。

2. 添加数值型数据对象

继续按表 5.2 添加白色塑料工件累计、黑色塑料工件累计、银色金属工件累计、频率设定值、水平移动量1、垂直移动量1、阀杆移动量1、水平移动量2、垂直移动量2、阀杆移动量2、水平移动量3、垂直移动量3、阀杆移动量3 共 13

图5.33 开关型数据对象设置

个数值型数据对象。因为频率设定范围为 30～50Hz,则将频率设定值的"对象初值"设定为"30"，"最小值"设置为"30"，"最大值"设置为"50"，"工程单位"为"Hz"，如图 5.34 所示，其他各数值型数据对象的"对象初值"都设置为"0"，"最小值""最大值"及"工程单位"不设置。

全部添加及设置完毕，得到实时数据库如图 5.35 所示。

图5.34 数值型数据对象设置

图5.35 工件分拣系统实时数据库

拓展与提升

在工作台的"用户窗口"栏中组态出来的窗口就是用户窗口。在 MCGS 嵌入版中，根据打开窗口的不同方法，用户窗口可分为"标准窗口"和"子窗口"两种类型。

一、标准窗口

标准窗口是最常用的窗口，作为主要的显示画面，用来显示流程图、系统总貌及各个操作画面等。可以使用动画构件或策略构件中的打开/关闭窗口或脚本程序中的 SetWindow 函数来打开和关闭标准窗口。标准窗口有名称、位置、大小和可见度等属性，如图 5.36 所示。

图5.36 窗口属性

二、子窗口

在组态环境中，子窗口和标准窗口一样组态。子窗口与标准窗口不同的是，在运行时，子窗口不是用普通打开窗口的方法打开的，而是在某个已经打开的标准窗口中，使用 OpenSubWnd 方法打开，此时子窗口就显示在标准窗口内。即用某个标准窗口的 OpenSubWnd 方法打开的标准窗口就是子窗口（嵌入版不支持嵌套窗口的打开）。子窗口总是在当前窗口的前面，所以子窗口最适合显示某一项目的详细信息。

1. 使用 OpenSubWnd 打开子窗口

用户窗口的打开方法如图 5.37 所示。

OpenSubWnd 功能为打开子窗口，格式为：OpenSubWnd(参数1,参数 2,参数 3,参数 4,参数 5,参数 6)。

返回值：字符型，如成功就返回子窗口 *n*，*n* 表示打开的子窗口个数。

图5.37 用户窗口的打开方法

参数 1：用户窗口名。

参数 2：数值型，打开子窗口相对于本窗口的 x 坐标。

参数 3：数值型，打开子窗口相对于本窗口的 y 坐标。

参数 4：数值型，打开子窗口的宽度。

参数 5：数值型，打开子窗口的高度。

参数 6：数值型，打开子窗口的类型。参数 6 是一个 32 位的二进制数。其中：

0 位：是否模式打开，使用此功能，必须在此窗口中使用 CloseSubWnd 来关闭本子窗口，子窗口外部的构件对鼠标操作不响应。

1 位：是否菜单模式，使用此功能，一旦在子窗口之外按下按钮，则子窗口关闭。

2 位：是否显示水平滚动条，使用此功能，可以显示水平滚动条。

3 位：是否显示垂直滚动条，使用此功能，可以显示垂直滚动条。

4 位：是否显示边框，选择此功能，在子窗口周围显示细黑线边框。

5 位：是否自动跟踪显示子窗口，选择此功能，在当前鼠标位置上显示子窗口。此功能用于鼠标打开的子窗口，选用此功能则忽略 "iLeft,iTop" 的值，如果此时鼠标位于窗口之外，则在窗口中显示子窗口。

6 位：是否自动调整子窗口的宽度和高度为默认值，使用此功能则忽略 iWidth 和 iHeight 的值。

例如 "用户窗口.工件分拣系统.OpenSubWnd(显示窗口,1,368,518,109,1)" 表示在 "工件分拣系统" 用户窗口界面打开名为 "显示窗口" 的子窗口，子窗口的位置 x 方向 1、y 方向 368，"显示窗口" 的宽度为 518，高度为 109，使用模式打开。

2. 使用 CloseSubWnd 关闭子窗口

子窗口的关闭办法分为直接关闭所有窗口名称相同的子窗口和使用 CloseSubWnd 关闭指定窗口下的子窗口。

CloseSubWnd 的格式为：CloseSubWnd(参数 1)。

返回值：浮点型，=1 为操作成功，<>0 为操作失败。

参数 1：子窗口的名字。

而 CloseAllSubWnd 表示关闭窗口中的所有子窗口。

返回值：数值型，=0 为操作成功，<>0 为操作失败。

例如 "用户窗口.工件分拣系统.CloseSubWnd(显示窗口)" 表示关闭 "工件分拣系统" 中名为 "显示窗口" 的子窗口。

在 "工件分拣系统" 中，如果要将指示灯 HL1、HL2 和工件数量累计显示在子窗口，可以按如下流程操作。

（1）新增用户窗口。命名为 "显示窗口"，如图 5.38 所示。

（2）组态 "显示窗口"。将 "工件分拣系统" 用户窗口界面左下角显示部分的图形选中，通过剪切、粘贴至显示窗口左上角，在凹槽平面的最右边新增状态文本为 "关闭子窗口" 的标准按钮，如图 5.39 所示。

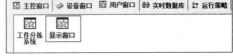

图5.38　新建显示窗口

（3）设置打开子窗口

在 "工件分拣系统" 窗口添加标准按钮，设置状态文本为 "打开子窗口"，如图 5.40 所示。

打开"打开子窗口"按钮的"标准按钮构件属性设置"对话框，设置"脚本程序"为"用户窗口.工件分拣系统.OpenSubWnd(显示窗口,1,368,518,109,1)"，如图5.41所示。则运行时，在"工件分拣系统"单击"打开子窗口"按钮，将在该窗口中打开子窗口，子窗口显示在"工件分拣系统"窗口之上。

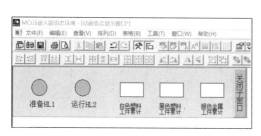

图5.39　组态显示窗口

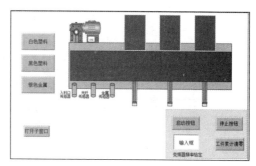

图5.40　设置"打开子窗口"按钮

（4）设置关闭子窗口。

在"显示窗口"窗口，打开"关闭子窗口"按钮的"标准按钮构件属性设置"对话框，设置"脚本程序"为"用户窗口.工件分拣系统.CloseSubWnd（显示窗口）"，如图5.42所示。

图5.41　设置"打开子窗口"按钮脚本

图5.42　设置"关闭子窗口"按钮脚本

成果检查（见表5.3）

表5.3　工件分拣系统窗口组态及数据对象定义成果检查表（20分）

内容	评分标准	学生自评	小组互评	教师评分
分拣系统的制作（5分）	基座、传送带、传感器、气缸、阀杆及滑槽绘制大小合理，位置、层次与实物基本相符；选择带启停显示的电机。不符合要求之处每处扣1分			
工件手动模拟选择按钮（1分）	大小、形状、位置合理。不符合要求之处每处扣0.5分			
工件制作（2分）	3个工件大小、颜色合适，位置、排列合理。不符合要求之处每处扣1分			

内容	评分标准	学生自评	小组互评	教师评分
控制面板（4分）	控制面板中的按钮、输入框、文本、凹槽要素齐全，命名正确，使用合理的图形绘制排列整齐，大小、位置、层次合理。不符合要求之处每处扣0.5分			
显示面板制作（3分）	显示面板指示灯、显示输出框、文本要素齐全，使用合理的图形绘制，排列整齐、大小合适、位置合理。不符合要求之处每处扣0.5分			
数据对象（5分）	数据对象名称简单易懂，对象定义及类型正确。不合理或错误之处每处扣0.5分			
合计				

思考与练习

1. 本系统分别添加了对应的白色塑料工件、黑色塑料工件和银色金属工件的水平移动和垂直移动的数据对象，其作用是什么？

2. 变频器频率设定采用了"输入框"动画构件，能否用"标签"替代，根据 MCGS 通用版所学知识，若采用"标签"替代，应设置什么属性？

3. 新增一个名为"控制面板"的子窗口，在"工件分拣系统"窗口中打开"控制面板"子窗口，要求子窗口大小为 280 像素×160 像素，水平方向位置为 521 像素、垂直方向位置为 317 像素，在子窗口外任意位置单击即关闭该子窗口。

••• 任务 5.3　工件分拣系统动画组态 •••

任务目标

1. 完成工件分拣系统监控界面图形与数据对象的连接。

2. 按工件分拣系统控制及显示要求正确设置工件分拣系统各图形动画属性或操作属性。

学习导引

本任务组态包括以下内容。

1. 将画面启动按钮、停止按钮、工件累计清零按钮、3 个模拟工件选择按钮分别与各数据对象连接，并设置操作属性。

2. 设置各图形的动画连接。

（1）设置传感器的填充颜色动画连接，用于表示对应工件经过时传感器的动作。

（2）设置工件水平移动、垂直移动动画，用于表示工件在传送带上的移动及在滑槽中的移动；设置工件可见度属性，用于表示放置工件与取走工件。

（3）设置传送带上两个组成图符的可见度属性，用于显示传送带的运行与停止。

（4）设置阀杆垂直移动动画，用于显示阀杆推出与缩回。

（5）设置电机可见度与填充颜色属性，用于显示电机运行与停止。

（6）设置3个标签的显示输出动画，用于显示每种工件的数量。

（7）设置两个指示灯的填充颜色及闪烁动画，用于显示系统就绪状态及运行状态。

（8）设置输入框的操作属性，用于修改变频器频率。

任务实施

一、按钮动画连接

1. 启动按钮和停止按钮

在"工件分拣系统"用户窗口中，选中启动按钮，单击鼠标右键，在弹出的快捷菜单中选择"属性"命令，进入"标准按钮构件属性设置"对话框，如图5.43所示。在"操作属性"选项卡中，选中"数据对象值操作"复选框，选择操作类型为"按1松0"，单击右侧的 ? 按钮，在弹出的"变量选择"对话框中，"变量选择方式"选中"从数据中心选择|自定义"单选项，在"对象名"列表中双击选择"启动按钮"，如图5.44所示，单击"确认"按钮退出。

选中"停止按钮"，双击，进入"标准按钮构件属性设置"对话框，将对应数据对象连接选择"停止按钮"数据对象，其他与启动按钮设置相同。

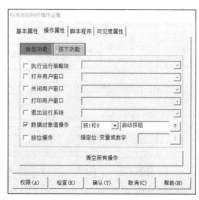

图5.43 启动按钮操作属性设置

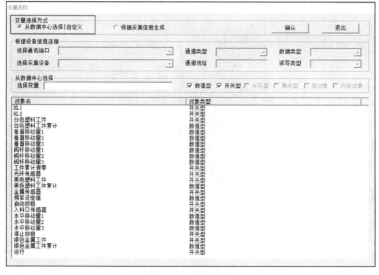

图5.44 变量选择

5.7 按钮动画连接

2. 工件模拟选择按钮

在"工件分拣系统"用户窗口中，选中白色塑料按钮，双击或单击鼠标右键，在弹出的快捷菜单中选择"属性"命令，打开"标准按钮构件属性设置"对话框，在"操作属性"选项卡中，选中"数据对象值操作"复选框，设置操作类型为"按1松0"，连接数据对象选择"白色塑料工件"，如图5.45所示。

依次设置黑色塑料按钮和银色金属按钮，连接的数据对象分别为"黑色塑料工件""银色金属工件"。

3．工件累计清零按钮

在"工件分拣系统"用户窗口中，选中工件累计清零按钮，双击或单击鼠标右键，在弹出的快捷菜单中选择"属性"命令，打开"标准按钮构件属性设置"对话框，在"操作属性"选项卡下，选中"数据对象值操作"复选框，设置操作属性为"按1松0"，连接数据对象选择"工件累计清零"，如图5.46所示。

图5.45　工件选择按钮操作属性设置　　　图5.46　工件累计清零按钮操作属性设置

二、传感器动画连接

在"工件分拣系统"用户窗口中，选中入料口传感器顶端椭圆部分，双击或单击鼠标右键，在弹出的快捷菜单中选择"属性"命令，打开"动画组态属性设置"对话框，在"填充颜色"选项卡，表达式连接数据对象选择"入料口传感器"，分段点为"0"，对应颜色分段点为"红色"，分段点为"1"时，对应颜色为"绿色"，如图5.47所示。

按同样的方法，设置光纤传感器和金属传感器的动画连接。

三、工件动画连接

选中最上层的银色金属工件，双击进入"动画组态属性设置"对话框。选中"水平移动""垂直移动"和"可见度"3种动画连接复选框。

5.8　传感器和工件动画连接

图5.47　传感器填充颜色设置

进入"水平移动"选项卡，添加表达式为"水平移动量3"，"最小移动偏移量"为"0"时，对应表达式的值为"0"，"最大移动偏移量"为"50"时，"表达式的值"为"50"。用同样的方法设置"垂直移动"选项卡。因为工件推入滑槽时 y 方向数值减小，故最大移动偏移量写入了一个负数，如"–10"，"表达式的值"根据脚本是增加还是减小，从而填入正数或者负数，在此填入"–10"，则脚本程序中当工件被推入滑槽时，垂直移动量3每周期应设置为减小。工件的移动属性设置如图5.48所示。

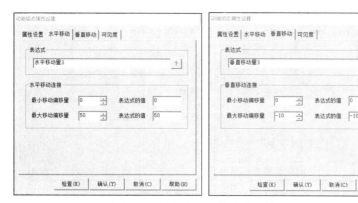

图5.48 银色金属工件移动属性设置

偏移量和表达式值的对应关系只表示运动速度，可以修改对应值，但为保证运动距离的准确性，应根据脚本进行调试。以水平移动量 3 为例，工件从初始位置至横向最远距离可以在传送带上画一根直线，起点为工件中心，终点为传送带横向中心线与滑槽 3 纵向中心线的交点。选中"查看"菜单的"状态条"选项，在窗口右下角查看直线宽度为 440、高度为 0，如图 5.49 所示。

由此可知，银色金属工件在传送带上的水平移动距离应为 440。若设置脚本程序每 0.1s 执行一次，每次增加 2，根据"水平移动"选项卡的设置，表示式"水平移动量 3"增加 2，则移动偏移量也增加 2，故表达式增加至 440 时，移动偏移量也增加至 440。故将移动偏移量修改为 1，对应表达式的值修改为 1，其移动效果是一致的，即只要"最大移动偏移量/表达式对应值"保持不变，工件的移动速度就保持不变，且在脚本中编写程序使"440<=水平移动量"，则"水平移动量 3=0"，则银色金属工件移动到阀杆 3 的位置将停止水平方向的移动。

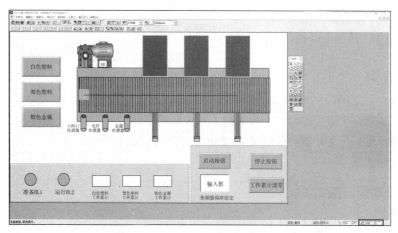

图5.49 测量移动距离

最后设置工件可见度属性。提前在数据库中添加"银色工件可见"数据对象，或直接在"可见度"选项卡的"表达式"输入框中填入"银色工件可见"，设置当表达式非零时"对应图符可见"，单击"确认"按钮，出现未知数据对象提示，单击"是"按钮添加"银色工件可见"数据对象。银色金属工件可见度及基本属性设置如图 5.50 所示。

将上层银色金属工件移开，选中黑色塑料工件，依以上方法，同样设置黑色塑料工件动画连接，水平移动和垂直移动的表达式选择"水平移动量 2"和"垂直移动量 2"，可见度属性连接"黑色工件可见"数据对象。

图5.50　银色金属工件移动属性设置

再移开黑色塑料工件，选中底层白色塑料工件，再次设置白色塑料工件动画连接，水平移动和垂直移动的表达式选择"水平移动量1"和"垂直移动量1"，可见度属性连接"白色工件可见"数据对象。

工件动画属性设置完毕，再次将所有工件以白色工件为参考中心对齐（ ）。

四、传送带动画连接

选中居左的传送带组合图符，双击进入"动画组态属性设置"对话框，选中"可见度"动画连接复选框。进入"可见度"选项卡，设置可见度对应表达式为"传送带可见"，当表达式非零时，选择"对应图符可见"，如图5.51所示。单击"确认"按钮，出现"传送带可见"未知数据对象提示，单击"是"按钮，添加"传送带可见"为开关型数据对象。

选中靠右的传送带组合图符，同样设置可见度属性，但是选择"对应图符不可见"。

图5.51　传送带动画属性设置

如上设置，则两个组合图符一个可见时、另一个不可见，只要保证传送带运行时，"传送带可见"数据对象按一定频率在0和1之间变化，则看到的效果是两个组合图符交替闪现，呈现传送带运行的效果。

五、阀杆动画连接

选中左边气缸中的阀杆1，双击进入"动画组态属性设置"对话框。选中"垂直移动"动画连接复选框，设置垂直移动对应表达式为"阀杆移动量1"。"最小移动偏移量"为0，对应"表达式的值"为0，"最大移动偏移量"为36，对应"表达式的值"为36。因为阀杆是往上推出的，所以偏移量为正，脚本程序中当阀杆推出时，"阀杆移动量1"的值是增加的，故"表达式的值"也为正，阀杆1的垂直移动动画设置如图5.52所示。阀杆2和阀杆3的垂直移动动画依此设置，只是连接对象分别选择"阀杆移动量2"和"阀杆

图5.52　阀杆1垂直移动属性设置

移动量 3"。

六、电机动画连接

选中电机，双击进入"单元属性设置"对话框，进入"动画连接"选项卡，选择第 1 行的标签，单击第 1 行右侧的 > 按钮，进入"标签动画组态属性设置"对话框，在"可见度"选项卡，设置表达式内容为"传送带"，当表达式非零时，选中"对应图符不可见"单选项，如图 5.53 所示。

同样设置第 2 行标签的属性，表达式依然为"传送带"，但是当表达式非零时，选中"对应图符可见"单选项。

鼠标再次选中第 3 行的矩形，单击其右侧的 > 按钮，进入"动画组态属性设置"对话框。在"填充颜色"选项卡中，"表达式"填入"传送带"，分段为"0"时对应颜色为"红色"，分段为"1"时对应颜色为"绿色"，"按钮动作"选项卡不设置，如图 5.54 所示。可见度和填充颜色设置完毕后，电机属性设置结果如图 5.55 所示。

图5.53 电机第1个标签的
可见度属性设置

图5.54 电机填充颜色属性设置

图5.55 电机属性设置

图 5.54（彩图）

5.10 显示面板
及频率设定值
动画连接

七、工件累计动画连接

选中白色塑料工件累计文字上方的白色标签，双击进入"标签动画组态属性设置"对话框，选中"显示输出"输入输出连接复选框。进入"显示输出"选项卡，添加"表达式"为"白色塑料工件累计"，"输出值类型"选择"数值量输出"，输出格式为"浮点输出""自然小数位"，如图 5.56 所示，单击"确认"按钮。

依此，同样设置"黑色塑料工件累计"和"银色金属工件累计"标签的显示输出属性。

八、指示灯动画连接

选中 HL1 上方的圆，双击进入"动画组态属性设置"对话框，选中"填充颜色"和"闪烁效果"复选框。进入"填充颜色"选项卡，在"表达式"中输入"阀杆移动量 1=0 and 阀杆移

图5.56 工件累计属性设置

动量 2=0 and 阀杆移动量 3=0 and 运行=0"，分段点为"0" 0 对应"灰色"，为"1"时对应"绿色"，如图 5.57 所示。

进入"闪烁效果"选项卡，添加"表达式"为"HL1"，选中"用图元属性的变化实现闪烁"单选项，"填充颜色"选择"绿色"，"闪烁速度"选择"快"，如图 5.58 所示。单击"确认"按钮，添加"运行"开关型数据对象，表示系统正常就绪情况下，已经按下"启动按钮"后的状态。

图 5.57（彩图）

图 5.58（彩图）

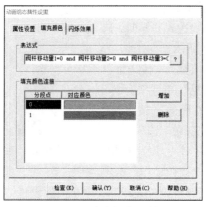

图5.57　HL1填充颜色属性设置

图5.58　HL1闪烁效果属性设置

按同样的方法设置 HL2 的填充颜色动画连接，表达式为"HL2"。

九、频率设定值动画连接

选中文字"变频器频率给定"上方的输入框，双击进入"输入框构件属性设置"对话框，在"操作属性"选项卡，"对应数据对象的名称"填入（或单击右侧的 ? 按钮选择）"频率设定值"，选中"使用单位"复选框，并填入"Hz"，"最小值"填入"30"，"最大值"填入"50"，如图 5.59 所示。

图5.59　频率设定值输入框属性设置

拓展与提升

窗口事件

在窗口或图形对象上单击鼠标右键时将出现右键快捷菜单，如图 5.60 所示，是在窗口任意位置单击鼠标右键时出现的选项列表。"粘贴""撤销"等选项都很容易理解,下面来分析最后一个"事件"选项的作用。

图 5.61 所示为在"工件分拣系统"窗口中任意位置单击鼠标右键,在快捷菜单中选择"事件"命令后出现的对话框。

单击某一个事件时,进入相应的组态画面,可以对每一个事件进行设置。

1. Click

Click 表示鼠标单击。单击图 5.61 第 1 行右侧的█按钮,进入图 5.62 所示的鼠标单击组态界面。单击"事件连接脚本"按钮,将出现脚本编辑器,可以编辑该鼠标单击所要连接的脚本。

图5.60 右键快捷菜单　图5.61 工件分拣系统窗口事件组态对话框　图5.62 Click事件组态对话框

2. MouseDown

MouseDown 表示鼠标按下。鼠标按下事件,有 4 个参数,其具体设置如下。

参数 1:鼠标按下时的鼠标按键信息,最低位为 1 时,表示左键按下,第 2 位为 1 时,表示右键按下,第 3 位为 1 时,表示中键按下。

参数 2:鼠标按下时的键盘信息,最低位为 1 时,表示"Shift"键按下,第 2 位为 1 时,表示 Ctrl 键按下,第 3 位为 1 时,表示"Alt"键按下。

参数 3:鼠标按下时的 x 坐标。

参数 4:鼠标按下时的 y 坐标。

可以在连接变量列直接输入参数 1~4 对应的变量。单击"事件连接脚本"按钮,同样将出现脚本编辑器,可以编辑按下鼠标时所要连接的脚本。MouseDown"事件参数连接组态"对话框如图 5.63 所示。

图5.63 MouseDown "事件参数连接组态"对话框

3. MouseMove

MouseMove 表示鼠标移动。鼠标移动事件有 4 个参数,其具体设置如下。

参数 1:鼠标移动时按下鼠标按键的信息,最低位为 1 时,表示左键按下,第 2 位为 1 时,表示右键按下,第 3 位为 1 时,表示中键按下。

参数 2:鼠标移动时按下的键盘信息,最低位为 1 时,表示"Shift"键按下,第 2 位为 1 时,表示"Ctrl"键按下,第 3 位为 1 时,表示"Alt"键按下。

参数 3:鼠标按下时的 x 坐标。

参数 4：鼠标按下时的 y 坐标。

单击"事件连接脚本"按钮，同样将出现脚本编辑器，可以编辑按下鼠标时所要连接的脚本。MouseMove"事件参数连接组态"对话框与 MouseDown"事件参数连接组态"对话框相同。

4．MouseUp

MouseUp 表示鼠标抬起。鼠标抬起事件也有 4 个参数，其具体设置如下。

参数 1：鼠标抬起后，前一时刻鼠标按下时的鼠标按键信息。鼠标抬起后，最低位为 1 时，表示左键曾经按下；第 2 位为 1 时，表示右键曾经按下；第 3 位为 1 时，表示中键曾经按下。

参数 2：鼠标抬起后，前一时刻按下的键盘信息。鼠标抬起后，最低位为 1 时，表示"Shift"键曾经按下；第 2 位为 1 时，表示"Ctrl"键曾经按下；第 3 位为 1 时，表示"Alt"键曾经按下。

参数 3：鼠标按下时的 x 坐标。

参数 4：鼠标按下时的 y 坐标。

单击"事件连接脚本"按钮，同样将出现脚本编辑器，可以编辑鼠标抬起时所要连接的脚本。MouseUp"事件参数连接组态"对话框与 MouseMove"事件参数连接组态"的对话框相同。

5．KeyDown

KeyDown 表示键盘按下按键。按下键盘按键事件，有两个参数，其具体设置如下。

参数 1：整型，按下按键的 ASCII 码。

参数 2：整型，0～7 位是按键的扫描码。

KeyDown 也可以连接脚本。KeyDown"事件参数连接组态"对话框如图 5.64 所示。

6．KeyUp

KeyUp 表示键盘按键抬起。键盘按键抬起事件，有两个参数，其具体设置如下。

参数 1：整型，按键抬起前按下的按键的 ASCII 码。

参数 2：整型，按键抬起前 0～7 位按键的扫描码。

KeyUp 也可以连接脚本。KeyUp"事件参数连接组态"对话框如图 5.64 所示，与 KeyDown"事件参数连接组态"对话框一样。

图5.64　KeyDown"事件参数连接组态"对话框

7．Load、Unload 和 Resize

只有在用户窗口界面任意位置单击鼠标右键，在快捷菜单中选择"事件"命令时才会出现这 3 个事件，分别表示装载窗口、关闭窗口和改变窗口大小。这 3 个事件没有参数，只能连接脚本。

成果检查（见表 5.4）

表 5.4 工件分拣系统动画组态成果检查表（25 分）

内容	评分标准	学生自评	小组互评	教师评分
按钮动画连接（3 分）	正确设置启动按钮、停止按钮、工件累计清零按钮、3 个模拟工件选择按钮操作属性。表达式连接或操作类型不正确之处每处扣 0.5 分			
传感器动画连接（1.5 分）	表达式连接正确，颜色填充合理。不正确或不合理之处每处扣 0.5 分			
工件动画连接（6 分）	工件水平移动、垂直移动与可见度动画属性设置正确。不正确之处每处扣 1 分			
传送带动画连接（2 分）	可见度连接连接正确，动画设置合理。不正确或不合理之处每处扣 1 分			
阀杆动画连接（3 分）	阀杆垂直移动表达式连接正确，动画设置合理。不正确或不合理之处每处扣 1 分			
电机动画连接（3 分）	表达式连接及可见度设置正确，填充颜色分段点及颜色选择合理。不正确或不合理之处每处扣 1 分			
工件累计显示动画连接（1.5 分）	显示输出表达式连接正确，数据显示格式合理。不正确或不合理之处每处扣 0.5 分			
指示灯动画连接（3 分）	HL1 和 HL2 表达式连接正确，HL1 填充颜色及可见度设置合理，HL2 填充颜色设置合理。不正确或不合理之处每处扣 1 分			
频率设置输入框动画连接（2 分）	输入框数据对象连接正确，数据显示格式合理，不正确或不合理之处每处扣 1 分			
合计				

思考与练习

1. 工件的水平移动连接中，"最大移动偏移量"设置为 50，对应"表达式的值"也是 50，如果"最大移动偏移量"设置为 1，要达到同样的移动速度，对应"表达式的值"应为多少？

2. 窗口 X 和 Y 的基准点在什么位置，阀杆向上移动是哪个量发生变化？是增加还是减小？

3. 项目选取的"马达 4"动画属性中第 1 个标签代表什么？第 2 个标签代表什么？

4. 制作 3 个圆，中心对齐，如图 5.65（a）所示，静态填充颜色全为灰色。连接数值型数据对象"圆"，设置当"圆"=1 时，中心小圆为红色；"圆"=2 时，小圆之处红色，中圆环黄色；"圆"=3 时，小圆红色，中圆环黄色，大圆环蓝色，如图 5.65（b）所示。

图 5.65（彩图）

（a）　　　　（b）

图5.65　圆的动画效果

••• 任务 5.4　工件分拣系统运行调试 •••

任务目标

1. 完成脚本程序实现的工件分拣系统模拟调试。
2. 完成 MCGS+PLC 的工件分拣系统联机调试。

学习导引

本任务包括以下内容。

1. 使用监控界面 3 个工件选择按钮模拟不同工件到达，编写脚本程序模拟运行，调试工件分拣系统各部分监控功能。

2. 连接控制设备（PLC）、驱动设备 G120C，完成系统联调。

（1）设计 PLC 变量与组态软件数据对象对照表。

（2）设计系统接线图并完成系统硬件连接。

（3）根据工件分拣系统要求编写 PLC 程序。

（4）设置变频器参数。

（5）设置组态软件与 PLC 的连接。

（6）按联机运行结果修改组态工程。

（7）根据工件分拣要求完成系统联调。

任务实施

一、模拟运行调试

1. 白色塑料工件控制

（1）添加策略行

在"运行策略"窗口，双击打开"循环策略"，选中 ▣▣，单击鼠标右键，在弹出的快捷菜单中选择"属性"命令，打开"策略属性设置"对话框，将循环时间修改为"100ms"，如图 5.66 所示，单击"确认"按钮。在工具栏单击"新增策略行"按钮 ☷，在"循环策略"窗口出现一个新策略。单击工具栏中

5.11　白色塑料工件控制

的"工具箱"按钮 🔧，打开工具箱，从中找到"脚本程序"并单击，待光标变为小手形状，单击新增策略行末端的方块，将"脚本程序"构件添加至策略行，如图 5.67 所示。

单击策略行右侧方块，右击，在弹出的快捷菜单选择"属性"命令，打开"脚本程序"对话框，在下方添加内容标注为"白色塑料工件脚本程序"，如图 5.68 所示，单击"确定"按钮。

再次在循环策略下添加一个新的策略行，从工具箱中选择"定时器"策略构件，用相同的操作添加至策略行末端的方块。定时器用于完成白色塑料工件推动到滑槽底端后延时 2s 再取走的工作过程，定时器的设置如图 5.69 所示，内容注释修改为"定时器 1"。单击"确认"按钮之后，再添加"定时器启动 1""定时器复位 1""时间到 1"3 个开关型数据对象，最后得到的循环策略行显示如图 5.70 所示。

图5.66 设置循环时间

图5.67 添加脚本程序策略构件

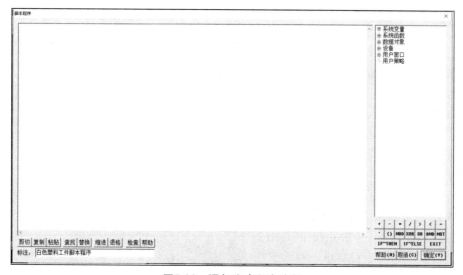

图5.68 添加脚本程序注释

图5.69 设置定时器属性

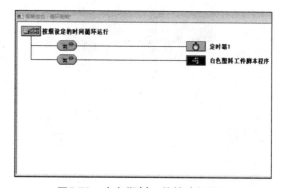

图5.70 白色塑料工件策略行设置

（2）编写白色塑料工件控制脚本

① 启停控制。双击"脚本程序"策略行末端的图标■，出现"脚本程序"编辑窗口。输入如下的程序清单。

```
if 启动按钮=1 then
```

```
运行=1
endif
if 停止按钮=1 then
停止运行=1
endif
if 水平移动量1=0 and 停止运行=1 then
运行=0
停止运行=0
endif
```

因为启动按钮和停止按钮的操作属性设置的是"按1松0"，故在此使用"运行"和"停止运行"两个数据对象来记忆或者保持启动按钮和停止按钮的操作。

第3段"if...then...endif"中的"水平移动量1=0 and 停止运行=1"表示白色塑料工件运行到滑槽底端并取走，白色塑料工件重新出现在传送带起始端，同时在白色塑料工件运行的过程中按下停止按钮，则"运行"为0，系统停止运行，同时"停止运行"数据对象复位为0。

单击工具栏中的 ▦ 按钮，下载工程并进入运行环境，出现"下载配置"对话框，如图5.71所示。

图5.72（彩图）

在"模拟运行"模式下，单击"工程下载"按钮，下载完毕，返回信息中出现"工程下载成功"提示后，单击"启动运行"按钮，进入模拟运行环境，单击"启动按钮"，出现图5.72所示界面，HL2显示绿色，电机显示绿色"on"。按下"停止按钮"，HL2恢复灰色，电机显示红色"stop"，如图5.73所示。

图5.73（彩图）

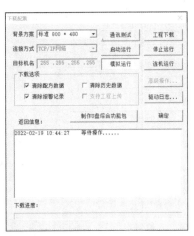

图5.71　"下载配置"对话框

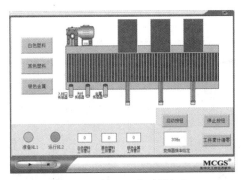

图5.72　按下"启动按钮"

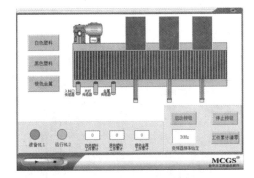

图5.73　按下"停止按钮"

② 传送带动画脚本。编写的白色工件可见度及传送带控制脚本如下。

```
if 运行=1 and 白色塑料工件=1 then
白色工件可见=1
传送带=1
endif
if 传送带=1 and 传送带可见=0 then
传送带可见=1
```

```
else
传送带可见=0
endif
```

第1段if语句表示按下"启动按钮",系统进入运行状态后,如果在传送带起始端放下了白色塑料工件,则命名为"白色工件可见"数据对象赋值为1。在此为了表示工件的可见与不可见,添加了开关型数据对象"白色工件可见"。

第2段if语句只为实现传送带的传动效果。新增开关型数据对象"传送带可见",初始值为"0",则只要传送带开始运行,传送带可见一直在"1"和"0"之间变化。进入运行环境,启动运行并加入白色塑料工件,可见传送带上的两个合成图形呈现闪烁变化效果,视觉上为传送带往右运动。

③ 工件移动及阀杆推出与缩回控制的脚本程序如下。

```
if 传送带=1 and 白色工件可见=1 then
水平移动量1=水平移动量1+2*频率设定值/30
endif
if 白色工件可见=1 and 200=<水平移动量1 and 移动范围1=0 then
传送带=0
电磁阀1=1
移动范围1=1
endif
if 电磁阀1=1 then
阀杆推出1=1
阀杆移动量1=阀杆移动量1-4
endif
if 阀杆移动量1 <=-36 then
限位1=1
endif
if 限位1=1 then
电磁阀1=0
阀杆推出1=0
阀杆缩回1=1
垂直移动量1=垂直移动量1-30
endif
if 阀杆缩回1=1 then
阀杆移动量1=阀杆移动量1+4
endif
if 0=<阀杆移动量1 then
阀杆缩回1=0
endif
if 垂直移动量1<=-150 then
定时器复位1=0
定时器启动1=1
限位1=0
endif
if 时间到1=1 then
白色工件可见=0
垂直移动量1=0
水平移动量1=0
定时器启动1=0
定时器复位1=1
移动范围1=0
白色塑料工件累计=白色塑料工件累计+1
endif
```

在此，添加了开关型数据对象"移动范围 1""电磁阀 1""阀杆推出 1""限位 1"和"阀杆缩回 1"。

第 1 段 if 语句表示如果传送带在运行，并且是白色塑料工件，则白色塑料工件水平方向的移动量每个周期增加"2×频率设定值/30"。因为频率初始值设定为 30Hz，故在没有修改频率时，白色塑料工件水平移动量每个循环周期增加 2，如果修改了频率值，例如修改为 45，则每个周期增加 3.5。

第 2 段 if 语句表示如果工件运行至滑槽 1 位置，则停止传送带运行，对应电磁阀 1 线圈得电，同时使数据对象"移动范围 1"变为 1，保证工件在垂直方向滑槽中移动时，电磁阀 1 不会保持得电。

第 3 段 if 语句表示当第 1 个电磁阀线圈得电后，阀杆执行推出的动作，阀杆移动量 1 数值减少，阀杆朝上运动。

第 4 段 if 语句表示当阀杆运动到位后，限位开关动作。

第 5 段 if 语句表示限位开关动作以后，电磁阀线圈失电，阀杆执行缩回动作，工件对应垂直方向的移动量减小，工件朝滑槽底部快速移动。

第 6 段 if 语句表示当阀杆执行缩回动作时阀杆位置的变化速度，每个循环周期朝下移动 4。

第 7 段 if 语句表示当阀杆往下回到原位时，阀杆不再执行缩回的动作。

第 8 段 if 语句表示工件移动到滑槽底端时启动定时器定时 2s，并且将启动工件往上启动的条件复位。

第 9 段 if 语句表示定时器定时结束，工件被取走，工件实际回到传送到起始端，并将定时器的启动条件复位，复位条件置位。最后白色塑料工件数量加 1。

以上脚本中，水平方向 200 和垂直方向–150 都可通过选中"查看"菜单中的"状态条"选项，然后从工件运动起点至终点画一根直线，在窗口右下方查看直线的长度或高度来获得，也可以通过 x 及 y 坐标相减获得。200 是工件从起始点至第 1 个阀杆纵向中心线的垂直长度，150 是工件顶部至滑槽底部的垂直长度。

脚本编写完毕，再次进入模拟运行环境。按下"启动按钮"，再按下"白色塑料"工件选择按钮，电机启动运行，传送带运行，白色塑料工件出现在传送带左端并按初始速度（电机电源频率 30Hz）朝右移动。工件到达第 1 个阀杆上方，阀杆推出，将白色塑料工件推往第一个滑槽，阀杆缩回。工件到达滑槽底部，延时 2s，工件消失。再次按下"白色塑料"工件选择按钮，重复上述过程。在工件运行过程中，按下"停止按钮"，工件达到滑槽底部并取走后，系统停止运行。下次工作时必须先按下"启动按钮"启动系统，检测到工件，工件分拣系统才会再次开始工作。

2. 黑色塑料工件和银色金属工件控制脚本

按白色塑料工件策略流程再次添加两个脚本策略构件和两个定时器，分别用来编写黑色塑料工件的控制脚本、银色金属工件的控制脚本，设置黑色塑料工件到达第 2 个滑槽底部时的延时、银色金属工件到达第 3 个滑槽底部时的延时。对各脚本行和定时器进行注释，最终得到的策略行如图 5.74 所示。

脚本编写过程中同样需要添加"定时器启动 2""定时器复位 2""时间到 2""定时器启动 3""定时器复位 3""时间到 3"等黑色塑料工件延时定时器 2 的数据对象及银色金属工件延时定时器 3 的开关型数据对象。另外，还需添加"移动范围 2""电磁阀 2""阀杆推出 2""限位 2""阀杆缩回 2"及"移动范围 3""电磁阀 3""阀杆推出 3""限位 3""阀杆缩回 3"等开关型数据对象。

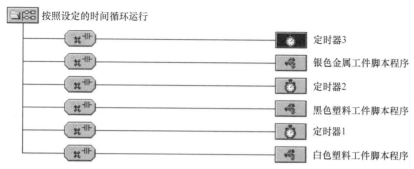

图5.74　策略注释

黑色塑料工件的控制脚本程序如下。

```
if 运行=1 and 黑色塑料工件=1  then
黑色工件可见=1
传送带=1
endif
if 传送带=1 and 黑色工件可见=1 then
水平移动量2=水平移动量2+2*频率设定值/30
endif
if 黑色工件可见=1 and 320=<水平移动量2 and 移动范围2=0 then
传送带=0
电磁阀2=1
移动范围2=1
endif
if 电磁阀2=1 then
阀杆推出2=1
阀杆移动量2=阀杆移动量2-4
endif
if 阀杆移动量2 <=-36 then
限位2=1
endif
if 限位2=1 then
电磁阀2=0
阀杆推出2=0
阀杆缩回2=1
垂直移动量2=垂直移动量2-30
endif
if 阀杆缩回2=1 then
阀杆移动量2=阀杆移动量2+4
endif
if 0=<阀杆移动量2 then
阀杆缩回2=0
endif
if 垂直移动量2<=-150 then
定时器复位2=0
定时器启动2=1
限位2=0
endif
if 时间到2=1 then
黑色工件可见=0
垂直移动量2=0
水平移动量2=0
定时器启动2=0
```

```
定时器复位 2=1
移动范围 2=0
黑色塑料工件累计=黑色塑料工件累计+1
endif
```

控制脚本程序中，水平移动距离改为了 320，这也是黑色塑料工件从起始端到第 2 个滑槽纵向中心线的垂直距离，即黑色塑料工件在传送带上的移动距离。

银色金属工件的控制脚本程序如下。

```
if 运行=1 and 银色金属工件=1  then
银色工件可见=1
传送带=1
endif
if 传送带=1 and 银色工件可见=1 then
水平移动量 3=水平移动量 3+2*频率设定值/30
endif
if 银色工件可见=1 and 440=<水平移动量 3  and 移动范围 3=0 then
传送带=0
电磁阀 3=1
移动范围 3=1
endif
if 电磁阀 3=1 then
阀杆推出 3=1
阀杆移动量 3=阀杆移动量 3-4
endif
if 阀杆移动量 3 <=-36 then
限位 3=1
endif
if 限位 3=1 then
电磁阀 3=0
阀杆推出 3=0
阀杆缩回 3=1
垂直移动量 3=垂直移动量 3-30
endif
if 阀杆缩回 3=1 then
阀杆移动量 3=阀杆移动量 3+4
endif
if 0=<阀杆移动量 3  then
阀杆缩回 3=0
endif
if 垂直移动量 3<=-150 then
定时器复位 3=0
定时器启动 3=1
限位 3=0
endif
if 时间到 3=1 then
银色工件可见=0
垂直移动量 3=0
水平移动量 3=0
定时器启动 3=0
定时器复位 3=1
移动范围 3=0
银色金属工件累计=银色金属工件累计+1
endif
```

控制脚本中，水平移动距离改为了 440，这也是银色金属工件从起始端到第 3 个滑槽纵向中心线的垂直距离，即银色金属工件在传送带上的移动距离。

3. 工件累计清零

在任意一个工件脚本程序对话框中输入以下脚本程序。

```
if 工件累计清零=1 then
白色塑料工件累计=0
黑色塑料工件累计=0
银色金属工件累计=0
endif
```

4. 整体调试与优化

3 个工件的控制脚本程序都编写完毕，再次进入模拟运行环境，发现在任意一个工件的运行过程中按下"停止按钮"时，运行指示灯 HL2 立即熄灭，即系统停止运行，然而此时工件尚在传送之中。另外，传感器指示灯颜色未发生变化，控制要求中系统未准备就绪时，HL1 的闪烁也未设置。

① 停止优化。运行指示灯未按要求亮灭，究其原因是脚本程序中控制"运行=0"的条件各自独立，即只要满足"水平移动量 1=0 and 停止运行=1"或者"水平移动量 2=0 and 停止运行=1"或"水平移动量 3=0 and 停止运行=1"之中任意一个条件都将执行"运行=0"。而系统工件有 3 种情况任意出现，按照控制要求，必须修改为 3 个条件同时满足时停止运行，故删除黑色塑料工件脚本程序中的下段程序。

```
if 水平移动量 2=0  and 停止运行=1 then
运行=0
停止运行=0
endif
```

删除银色金属工件脚本程序中的下段程序：

```
if 水平移动量 3=0  and 停止运行=1 then
运行=0
停止运行=0
endif
```

汇总至白色塑料工件程序中，将下列程序段进行修改。

```
if 水平移动量 1=0  and 停止运行=1 then
运行=0
停止运行=0
endif
```

修改结果如下。

```
if 水平移动量 1=0 and 水平移动量 2=0  and 水平移动量 3=0  and 停止运行=1 then
运行=0
停止运行=0
endif
```

再次进入模拟运行环境，在工件传送过程中按下"停止按钮"，"运行"不会立即变为 0，而是等工件分拣完毕并被取走才变为 0，实现分拣系统控制要求：如果在运行期间按下"停止按钮"，该工作单元在本工作周期结束后停止运行。

② 传感器动作指示。在任务 5.3 中，从左到右 3 个传感器的颜色填充动画分别连接了数据对象"入料口传感器""光纤传感器"和"金属传感器"。但是脚本程序中暂未控制该 3 个数据对象状态的变化，故运行时 3 个传感器都没有变化，下面继续修改脚本程序，添加 3 个传感器的控制程序。

显然，3 个传感器的动作逻辑如下。

入料口传感器：任意一种工件到达都动作。

光纤传感器：白色塑料工件和银色金属工件经过时动作。

金属传感器：银色金属工件经过时动作。

传感器动作脚本可通过工件类型与水平移动量结合来实现。

因为工件初始位置 x 为 200，宽度为 30，而入料口传感器的 x 坐标为 205，传感器宽度为16，故当"0=<水平移动量 and 水平移动量<=21（5+16）"时（此处水平移动量可以是水平移动量 1~3），入料口传感器动作。

光纤传感器左边对应的 x 坐标为 268，宽度仍为 16，故在白色塑料工件和银色金属工件的右边侧到达该位置，即水平移动量 1 或水平移动量 3 的值为 38（268-230）时光纤传感器动作，直到 84（38+30+16），传感器复位。

金属传感器左边对应的 x 坐标为 330，故当银色金属工件右边侧到达该位置，即水平移动量 100（330-230）时金属传感器动作，为 146（100+30+16）时，金属传感器复位。

在任意一个脚本程序（如白色塑料工件脚本程序）中添加如下程序段。

```
if 白色工件可见=1 and 0<=水平移动量1 and 水平移动量1<=21 or 黑色工件可见=1 and 0<=水平移动量2 and 水平移动量2<=21 or 银色工件可见=1 and 0<=水平移动量3 and 水平移动量3<=21 then
    入料口传感器=1
    else
    入料口传感器=0
    endif
    if 38<=水平移动量1 and 水平移动量1<=84 or 38<=水平移动量3 and 水平移动量3<=84 then
    光纤传感器=1
    else
    光纤传感器=0
    endif
    if 100<=水平移动量3 and 水平移动量3<=146 then
    金属传感器=1
    else
    金属传感器=0
    endif
```

再次进入模拟运行环境，启动后，添加白色塑料工件，工件朝右移动，且在入料口传感器和光纤传感器位置时，相应传感器指示灯为绿色。

添加黑色塑料工件后，工件朝右移动，仅在入料口传感器位置，入料口传感器指示灯为绿色，工件经过后，入料口传感器指示灯熄灭。

添加银色金属工件后，工件朝右移动，在入料口传感器、光纤传感器、金属传感器位置时，相应传感器指示灯为绿色。

③ 系统未就绪闪烁设置。系统要求设备上电和气源接通后，若分拣系统的 3 个气缸均处于

缩回位置,则"正常工作"指示灯 HL1 常亮,表示设备已准备好;否则,该指示灯以 1Hz 频率闪烁。常亮指示灯的颜色变化已进行动画连接,且显示正常,但尚未对未就绪的闪烁变化添加控制脚本。

系统准备指示灯的闪烁效果在图 5.58 动画设置中连接了 HL1,因此需要设置 3 个气缸未全部缩回时"HL1"的闪烁效果。

在"运行策略"窗口单击"新建策略"按钮,选择策略类型为"循环策略"。选中新建的策略,单击鼠标右键,在弹出的快捷菜单中选择"属性"命令,打开"策略属性设置"对话框,修改策略名称为"HL1 闪烁",循环时间修改为"500"ms,"策略内容注释"填入"按照 500ms 循环运行",如图 5.75 所示,单击"确认"按钮。

双击打开"HL1 闪烁"循环策略,添加策略行,从工具箱中选择"脚本程序"添加至右边的图标。双击该图标,进入"脚本程序"编写框,输入如下程序。

```
if 0<阀杆移动量 1 or 0<阀杆移动量 2 or 0<阀杆移动量 3 and 运行=0 and HL1=0 then
HL1=1
else
HL1=0
endif
```

在界面制作标签 阀杆移动量1 ,给该标签添加"按钮输入"连接动画,设置动画连接如图 5.76 所示。

图5.75 新建循环策略属性设置

图5.76 阀杆移动量1标签动画连接

5.12 模拟调试整体效果

进入模拟运行环境,单击标签 阀杆移动量1 ,输入"-5","准备指示灯"按 1Hz 频率闪烁。调试完毕,删除标签 阀杆移动量1 。

二、MCGSTPC+PLC 的控制系统软、硬件联调

根据系统要求,使用 S7-200smartPLC SR30 AC/DC/RLY 作为控制设备,完成主要控制要求,上位机组态软件主要作为监控设备,故可将脚本程序的控制部分转由 PLC 编程实现,而在组态策略中主要编写实现分拣系统实时动画的脚本程序。本系统中,PLC 与变频器之间采用 USS 协议通信。

1. I/O 地址分配及与组态数据对象对照表

工件分拣系统 PLC I/O 地址分配如表 5.5 所示。

表 5.5　分拣系统 I/O 地址分配

I（输入继电器）	功能	Q（输出继电器）	功能
I0.0	旋转编码器 A 相	Q0.0	电磁阀1
I0.1	旋转编码器 B 相	Q0.1	电磁阀3
I0.2	入料口传感器	Q0.2	电磁阀2
I0.3	光纤传感器	Q1.0	HL1
I0.4	金属传感器	Q1.1	HL2
I0.5	限位 1		
I0.6	限位 2		
I0.7	限位 3		
I1.0	启动按钮		
I1.1	停止按钮		

由于"工件分拣系统"需在上位机实现频率设置、工件累计清零控制，显示白色塑料工件、黑色塑料工件、银色金属工件数量，实现电机启停显示动画、传送带移动动画等，故组态软件与 PLC 之间还必须加上这些数据交换，最后得到表 5.6 所示的 PLC 变量与组态软件实时数据对象的对照表，此即后续将完成的组态软件通道连接。

表 5.6　PLC 变量与组态软件数据对象对照表

地址	功能（数据对象）	地址	功能（数据对象）
I0.0	旋转编码器 A 相	Q0.0	电磁阀1
I0.1	旋转编码器 B 相	Q0.1	电磁阀3
I0.2	入料口传感器	Q0.2	电磁阀2
I0.3	光纤传感器	Q1.0	HL1
I0.4	金属传感器	Q1.1	HL2
I0.5	限位 1	M1.2	传送带
I0.6	限位 2	VW2000	白色塑料工件累计
I0.7	限位 3	VW2002	黑色塑料工件累计
M10.0	启动按钮	VW2004	银色金属工件累计
M10.1	停止按钮		
M1.7	工件累计清零		
VD150	频率设定值		

2．PLC 程序编写

根据工件分拣系统控制要求并考虑上位机信号编写 PLC 控制程序。

（1）符号表

PLC 符号表如表 5.7 所示。

（2）程序

① 主程序。工件分拣系统 PLC 控制主程序如图 5.77 所示。

表 5.7 PLC 符号表

序号	符号	地址	序号	符号	地址
1	HL2	Q1.1	16	光纤传感器	I0.4
2	HL1	Q1.0	17	入料口传感器	I0.3
3	电磁阀2	Q0.2	18	金属传感器	I0.2
4	电磁阀3	Q0.1	19	光纤保持	M5.0
5	电磁阀1	Q0.0	20	金属保持	M5.1
6	准备就绪	M2.0	21	自然停车	M1.3
7	工件累计清零	M1.7	22	快速停车	M1.4
8	电机启动	M1.2	23	故障复位	M1.5
9	停止运行	M1.1	24	电机转向	M1.6
10	运行	M1.0	25	白色塑料工件	M3.2
11	停止按钮	I2.6	26	黑色塑料工件	M3.3
12	启动按钮	I2.4	27	银色金属工件	M3.4
13	限位3	I0.7	28	白色塑料工件累计	C0
14	限位2	I0.6	29	黑色塑料工件累计	C1
15	限位1	I0.5	30	银色金属工件累计	C2

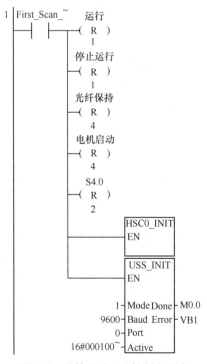

图5.77 分拣系统PLC控制主程序

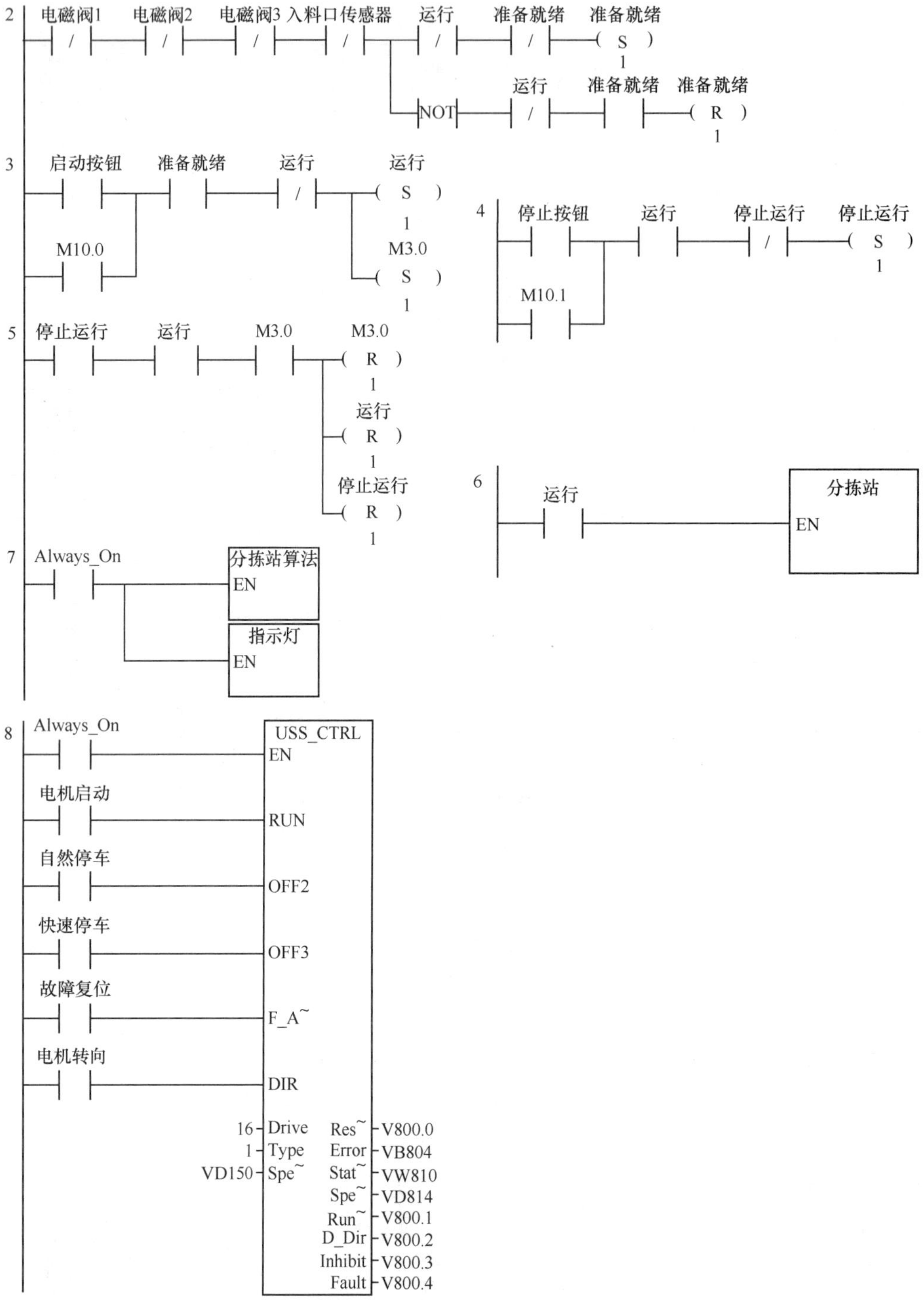

图5.77 分拣系统PLC控制主程序（续）

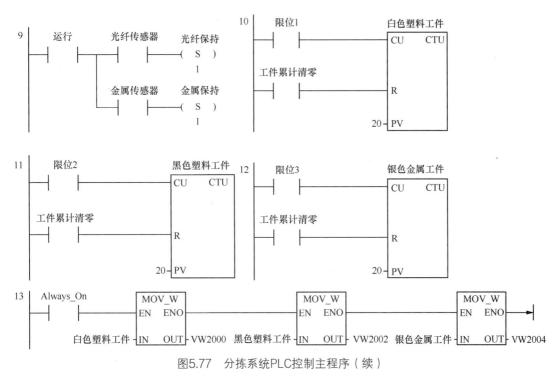

图5.77 分拣系统PLC控制主程序（续）

② 分拣子程序。分拣子程序如图 5.78 所示。

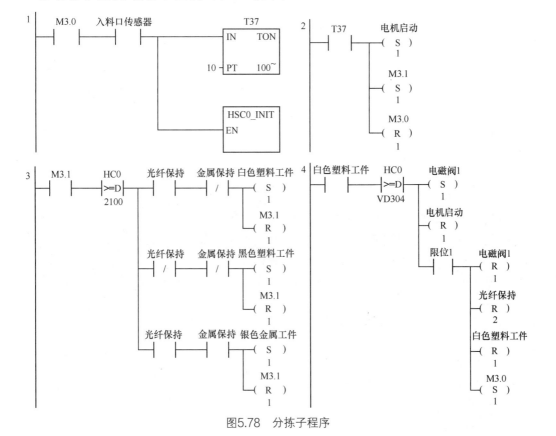

图5.78 分拣子程序

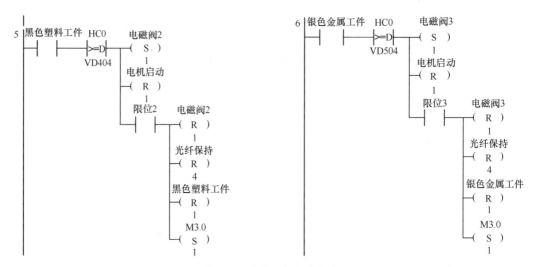

图5.78　分拣子程序（续）

③ 分拣站算法子程序。分拣站算法子程序如图 5.79 所示。

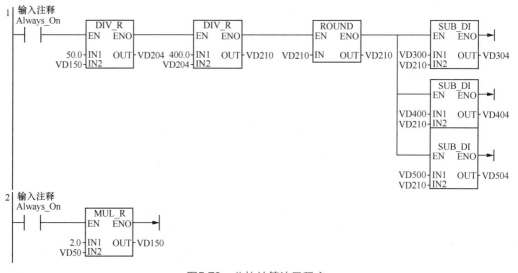

图5.79　分拣站算法子程序

④ 指示灯子程序。指示灯控制子程序如图 5.80 所示。

⑤ 使用向导设置高速计数器计数子程序。从项目树下单击"向导"，双击"高速计数器"，进入"高速计数器向导"，依次按图 5.81 ~ 图 5.89 所示完成设置。

3. 变频器参数设置

使用宏程序 21 设置变频器参数。

P0010=1；

P15=21（宏程序 21）；

P100=0[50Hz]；

P304=额定电压；

P305=额定电流；

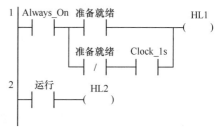

图5.80　指示灯控制子程序

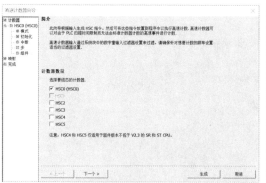

图5.81 使用HSC0计数

图5.82 设置计数器子程序名称

图5.83 选择9号计数模式

图5.84 设置初始化程序

图5.85 不需中断

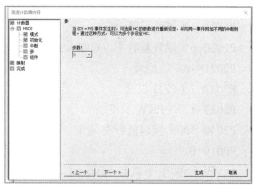

图5.86 无中断时不需设置

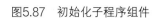

图5.87 初始化子程序组件

图5.88 高速计数信号输入端

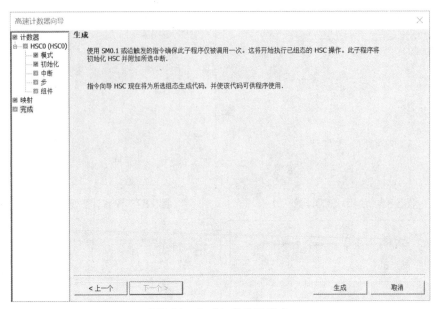

图5.89　生成初始化子程序

P307=额定功率；

P311=额定转速；

P1080=最小转速；

P1082=最大转速；

P1120=1（斜坡上升时间）；

P1121=1（斜坡下降时间）；

P2020=6（设置波特率9 600bit/s）；

P2021=16（站地址）；

P2022=2（PZD长度）；

P2023=127（PKW长度）；

P2040=100（接口监控时间）；

P0010=0。

4．PLC程序下载与调试

（1）完成系统接线图连接，如图5.90所示。

（2）通信设置。

① 设置计算机地址。从控制面板找到"本地连接"，双击进入"以太网属性"对话框，选择"Internet协议版本4（TCP/IPv4）"，如图5.91所示。单击"属性"按钮，进入"Internet协议版本4（TCP/IPv4）属性"对话框，按图5.92所示设置IP地址，注意IP地址和默认网关在同一个网段，即前3个字节相同（图中为192.168.2），且最后1个字节不冲突，并介于1～254。

② 设置CPU地址。在Micro/WIN SMART软件项目树中双击打开"系统块"对话框，单击"通信"选项，在页面右侧设置以太网端口地址，如图5.93所示。

③ 下载。单击![下载]按钮，在打开的"下载"对话框中，选中"程序块""数据块"和"系统块"复选框，如图5.94所示，将CPU设置和分拣系统程序下载至PLC。

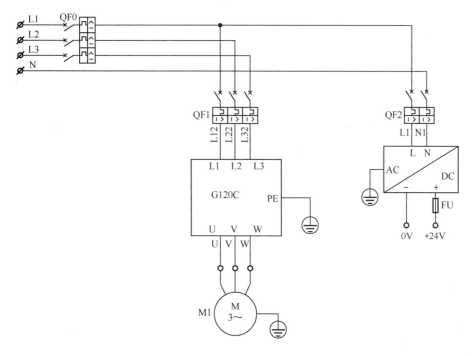

（a）主电路

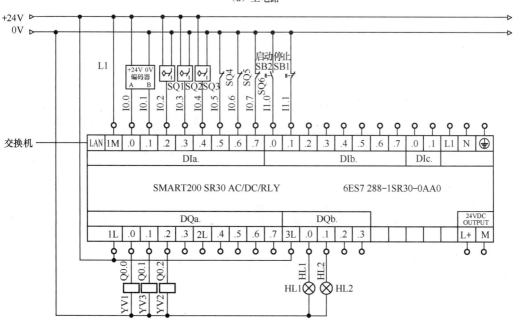

（b）PLC接线图

图5.90 系统接线图

④ 按分拣系统控制要求完成 PLC 程序调试。

5. 组态 PLC 设备

（1）添加 PLC 设备

① 单击工作台的"设备窗口"标签，进入"设备窗口"选项卡。

5.13 通道连接

图5.91　选择"Internet协议版本4（TCP/IPv4）"

图5.92　设置IP地址

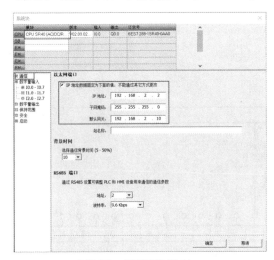

图5.93　设置CPU地址

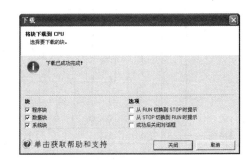

图5.94　下载

② 单击"设备组态"，进入"设备组态"窗口。

③ 打开工具箱，从"设备管理"中选中"西门子_Smart200"，双击添加至"选定设备"栏，如图 5.95 所示。

④ 双击"设备管理"中的"西门子_Smart200"，将其添加至"设备组态"窗口，如图 5.96 所示。

（2）设置 PLC 属性

双击"设备 0-西门子_Smart200"，进入"设备编辑窗口"，填入本机 IP 地址和远程 IP 地址，前面 3 个字节相同，最后一个字节不同，保证计算机与 PLC 处于同一个网段，但是设备地址不同，如图 5.97 所示。

（3）设置通道连接

首先单击"删除全部通道"按钮，再单击"增加设备通道"按钮，按表 5.6 的对应关系增加通道。对于不需要显示的信号可以不增加，例如来自光电编码器送入 I0.0 和 I0.1 高速脉冲信号。

图5.95 添加"西门子_Smart200"

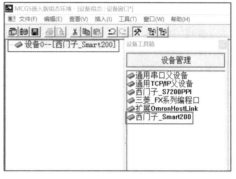

图5.96 "设备组态"窗口添加"西门子_Smart200"

图5.97 修改设备属性

由于"I"不能写，即不能从上位机写入下位机，故需要在触摸屏上操作控制的输入开关量信号用"M"实现，如启动按钮、停止按钮、工件累计清零等，操作模式为"只写"。频率设定值也是从触摸屏上位机向 PLC 写入，连接 32 位浮点数。

仅需读取至上位机的变量用只读模式，如指示灯、传感器动作状态、气缸限位开关和各种工件的累计数量。由于 C 不能直接读取，故在后续编程时将工件数量存放至 16 位的字符型 V 寄存器。通道连接设置结果如图 5.98 所示。

由上可见，启动按钮和停止按钮设置了"只写"模式，故在 PLC 中使用了 M10.0 和 M10.1 存储器，而传感器、电磁阀的输入信号模式为只读，仍然可使用输入继电器 I。

6. 组态修改

使用 PLC 程序完成分拣系统主要控制功能后，对组态工程脚本程序和动画连接进行修改。

（1）修改画面

① 删除工件模拟放置按钮，即"白色塑料""黑色塑料""银色金属"按钮。

② 由于工件在刚放入传送带时，工件类型未知，故删除两个工件，只保留一个工件。

图5.98　通道连接

（2）修改脚本

① 进入运行策略，删除"HL1闪烁"循环策略。

② 删除黑色塑料工件策略行和银色金属工件策略行，删除定时器2和定时器3策略行。将白色塑料工件策略行脚本程序修改如下。

```
'/注释：系统启动后并检测到有工件到达，则工件出现在传送带起始端/
if HL2=1 and 入料口传感器=1  then
工件可见=1
定时器复位1=0
endif
'/注释：传送带闪烁/
if 传送带=1 and 传送带可见=1 then
传送带可见=0
else
传送带可见=1
endif
'/注释：工件在传送带上朝右移动/
if 传送带=1 and 工件可见=1 then
水平移动量=水平移动量+2*频率设定值/30
endif
'/注释：阀杆推出动画/
if 电磁阀1=1 then
阀杆移动量1=阀杆移动量1-4
endif
if 电磁阀1=0 and 阀杆移动量1<0 then
阀杆移动量1=阀杆移动量1+4
endif
if 电磁阀2=1 then
阀杆移动量2=阀杆移动量2-4
endif
if 电磁阀2=0 and 阀杆移动量2<0 then
阀杆移动量2=阀杆移动量2+4
```

```
endif
if 电磁阀 3=1 then
阀杆移动量 3=阀杆移动量 3-4
endif
if 电磁阀 3=0 and 阀杆移动量 3<0 then
阀杆移动量 3=阀杆移动量 3+4
endif
'/注释：工件朝滑槽底部移动且不超过滑槽底部/
if 限位 1=1 or 限位 2=1 or 限位 3=1 then 垂直移动=1
if 垂直移动=1 and -150<垂直移动量 then
垂直移动量=垂直移动量-30
endif
'/注释：工件到达滑槽底部时停止移动并启动延时 2s/
if 垂直移动量<=-150 then
定时器复位 1=0
定时器启动 1=1
垂直移动=0
endif
'/注释：2s 后工件回到传送带起始端并隐藏/
if 时间到 1=1 then
工件可见=0
垂直移动量=0
水平移动量=0
定时器启动 1=0
定时器复位 1=1
endif
```

以上脚本程序删除了控制功能，仅实现工件的可见度和移动动画、传送带的移动效果动画、3 个阀杆的推出与缩回动画。

（3）修改实时数据库

脚本修改过程中增加了“工件可见”和“垂直移动”开关型数据对象，“水平移动量”和“垂直移动量”等数值型数据对象。使用 PLC 实现控制后，可删除模拟运行时的“水平移动量 1”等不需要的数据对象，得到图 5.99 所示的实时数据库。

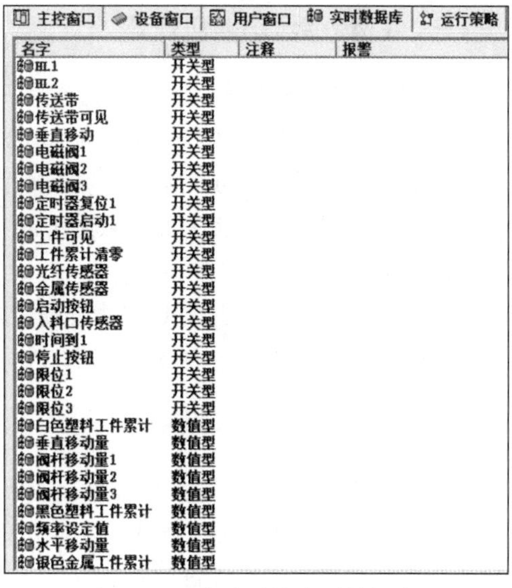
主控窗口 设备窗口 用户窗口 实时数据库 运行策略

名字	类型	注释	报警
HL1	开关型		
HL2	开关型		
传送带	开关型		
传送带可见	开关型		
垂直移动	开关型		
电磁阀1	开关型		
电磁阀2	开关型		
电磁阀3	开关型		
定时器复位1	开关型		
定时器启动1	开关型		
工件可见	开关型		
工件累计清零	开关型		
光纤传感器	开关型		
金属传感器	开关型		
启动按钮	开关型		
入料口传感器	开关型		
时间到1	开关型		
停止按钮	开关型		
限位1	开关型		
限位2	开关型		
限位3	开关型		
白色塑料工件累计	数值型		
垂直移动量	数值型		
阀杆移动量1	数值型		
阀杆移动量2	数值型		
阀杆移动量3	数值型		
黑色塑料工件累计	数值型		
频率设定值	数值型		
水平移动量	数值型		
银色金属工件累计	数值型		

图5.99 修改后的实时数据库

（4）修改图形动画连接

进入“工件分拣系统”用户窗口，双击 HL1 对应的圆形指示灯，进入“动画组态属性设置”对话框，取消选中“闪烁效果”动画连接复选框，将“填充颜色”选项卡对应的“表达式的值”修改为“HL1”。

双击 HL2 对应的圆形指示灯，进入“动画组态属性设置”对话框，将“填充颜色”选项卡对应的“表达式的值”修改为“HL2”。

将保留的工件水平移动动画连接对应的“表达式的值”修改为“水平移动量”，将工件垂直移动动画连接对应的“表达式的值”修改为“垂直移动量”，将可见度表达式修改为“工件可见”。

7. 系统联调

（1）设置 MCGSTPC 系统参数

参考任务 5.1 中的 TPC7062Ti 启动。

（2）下载并运行工程

单击工具栏"下载工程并进入运行环境"按钮，设置目标机名 IP 地址为 MCGSTPC 的 IP 地址。依次单击"连机运行""工程下载"按钮，下载完毕后单击"启动运行"按钮，如图 5.100 所示，完成工件分拣组态工程的下载并进入运行状态。

（3）系统调试

启动"工件分拣系统"，放入工件，观察系统运行情况及监控画面电机、传送带、工件、指示灯、工件累计数量和阀杆等动作或显示是否正确，如不正确，查找原因并修正。观察监控界面工件水平移动速度与实际是否匹配，如不匹配则修改循环策略中脚本程序"水平移动量=水平移动量+2*频率设定值/30"中数字 2 的值，再次运行，直至移动速度与实际工件移动速度匹配。

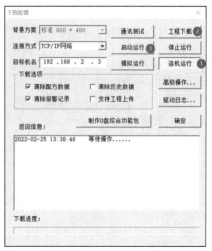

图5.100　将工程下载至触摸屏并启动运行

拓展与提升

组态工程除了可以用通信线下载，还可以通过制作 U 盘综合功能包直接下载。以下介绍功能包的功能及使用。

一、U 盘综合功能包作用

1. MCGSTPC U 盘综合功能包适用范围

（1）U 盘综合功能包只适用于 128MB 和 64MB（606 主板）的 TPC。

（2）TPC 系统不能正常启动、黑屏的 TPC 无法使用 U 盘综合功能包。

（3）因 CeSvr 文件丢失而导致黑屏的 TPC 可以使用 U 盘综合功能包。

2. 功能

（1）用户工程更新：以 U 盘为介质，进行工程下载。

（2）运行环境更新：更新 MCGSTPC 的运行环境。

二、U 盘综合功能包制作

1. 保证工程类型与实际 TPC 类型一致

本工程为 TPC7062Ti，如未按实际设备设置 TPC 类型，可通过"文件"→"工程设置"菜单命令打开"修改工程设置"对话框进行修改，如图 5.101 所示。

2. 制作 U 盘综合功能包

打开工程"下载配置"对话框，如图 5.102 所示。在"下载配置"对话框中单击"制作 U 盘

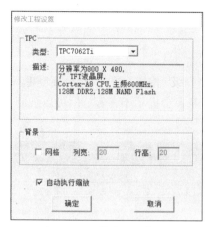

图5.101 修改TPC类型

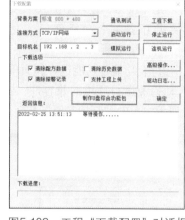

图5.102 工程"下载配置"对话框

综合功能包"按钮，弹出如图 5.103 所示的"U 盘功能包内容选择对话框"，可以选择"更新 MCGS"和"更新工程"中的任意一项或多项（默认选择"更新工程"）。

（1）功能包路径：生成 U 盘综合功能包的路径，MCGS 会自动设置为 U 盘路径，若有多个 U 盘，可能是其中随机的一个。若没有 U 盘，MCGS 会默认为 C 盘，制作好综合功能包，将生成的 tpcbackup 文件夹复制到 U 盘根目录下即可。

图5.103 "U盘功能包内容选择对话框"

（2）更新 MCGS：如果需要更新 TPC 中的 MCGS 运行环境，则选择该项，默认的更新文件为"安装目录\MCGSE\Program\Mcgsce.armv4"，单击"选择"按钮，可以选择其他目录的 McgsCE.armv4 文件，但要求该目录下必须有保存 McgsCE.armv4 文件信息的配置文件：McgsUpdateCfg.ini 文件。

（3）更新工程：如果需要通过 U 盘下载工程到 TPC 中，需选择该项。若工程类型与 TPC 类型不一致，可能导致下载的工程不能正常运行。

单击"确定"按钮，开始制作 U 盘综合功能包，制作完成后提示"U 盘综合功能包制作成功 1"，如图 5.104 所示。

图5.104 U盘综合功能包制作完成

3. 启动 U 盘综合功能包

在 TPC 上插入 U 盘，上电启动之后出现"CeSvr 进度条"，如图 5.105 所示的开机启动进度条。单击进度条，弹出询问是否启动 U 盘综合功能包的对话框，如图 5.106 所示 U 盘综合功能包初始对话框。

图5.105 CeSvr启动进度条

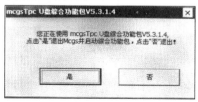

图5.106 U盘综合功能包初始对话框

单击"是"按钮，进入 U 盘综合功能包功能选择界面，如图 5.107 所示。

4. 使用 U 盘综合功能包

（1）运行环境更新

在 U 盘综合功能包功能选择界面单击"应用环境升级"按钮，弹出"运行环境更新"界面，程序会自动检测运行环境的兼容性，如运行环境不兼容会提示不兼容，但可以强制更新，如图 5.108 所示，单击"开始升级"按钮即可升级运行环境。

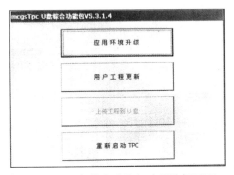

图5.107　U盘综合功能包功能选择界面

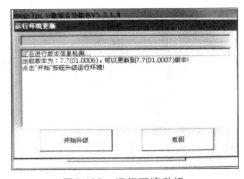

图5.108　运行环境升级

（2）用户工程更新

在 U 盘综合功能包功能选择界面单击"用户工程更新"按钮，弹出"用户工程更新"对话框，如图 5.109 所示，用户工程更新前程序会先检测下位机运行环境与工程是否兼容，若不兼容会提示下位机运行环境与工程不兼容，下载工程会自动更新运行环境，单击"开始"按钮开始用户工程更新，即将组态工程下载至触摸屏。

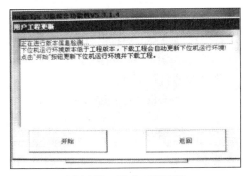

图5.109　用户工程更新

成果检查（见表 5.8）

表 5.8　工件分拣系统运行调试成果检查表（45 分）

内容	评分标准	学生自评	小组互评	教师评分
设备组态（10 分）	正确添加 PLC 设备，完成通信设置及通道连接。不合理或不正确之处每处扣 1 分			
PLC 程序编写及下载调试（10 分）	编程熟练，会下载调试，程序能正确实现工件分拣。程序不合理或调试不正确之处每处扣 1 分			
系统接线（5 分）	系统接线正确，工艺良好，无交叉、无毛刺。不正确之处每处扣 1 分，存在工艺缺陷之处每处扣 0.5 分			
变频器参数设置（5 分）	按要求正确设置变频器参数。参数缺少或错误之处每处扣 1 分			
脚本程序编写（5 分）	脚本程序编写正确，能完整实现工件分拣监控功能。不符合要求或不正确之处每处扣 1 分			

续表

内容	评分标准	学生自评	小组互评	教师评分
系统调试（10分）	联机运行操作流程正确,调试结果功能正确,监控显示正确。不符合要求或不正确每处扣1分			
合计				

【成功，在 190 次失败之后】

屠呦呦和她的课题组成员筛选了 2 000 余个中草药方，整理出了 640 种抗疟药方集，以鼠疟原虫为模型检测了从 200 多种中草药中提取的 380 多种中草药提取物，最后经过 191 次低沸点实验，于 1971 年首次发现抗疟效果为 100% 的青蒿提取物。1972 年，研究人员从这一提取物中提炼出抗疟有效成分——青蒿素。1992 年，针对青蒿素成本高、对疟疾难以根治等缺点，她又发明出双氢青蒿素这一抗疟疗效为前者 10 倍的"升级版"。为了获证青蒿素对人体疟疾的疗效，屠呦呦等人甚至勇敢地在自己身上首先进行了实验。2015 年，屠呦呦获得了诺贝尔生理学或医学奖。

不仅科学研究之路充满艰辛，同学们在学习、工作和生活上也不可能一帆风顺，只有持之以恒，具有不畏艰难、坚韧不拔、顽强拼搏的钢铁意志，具有战胜困难、勇于挑战、突破自我的坚定信念，才能让我们成长、成熟从而走向成功。

思考与练习

1. 开关型数据对象连接哪种类型的 PLC 变量？数值型的数据对象可连接哪种 PLC 变量？

2. 能否从上位机修改 PLC 寄存器 I 的状态？如不能，应如何处理？

3. MCGS 与 PLC 连接时，通道操作模式"只读"和"只写"是什么含义？

4. 使用 PLC 实现系统功能控制后，组态软件脚本主要完成什么功能？

5. 使用 USS 通信实现控制时，USS_CTRL 指令中引脚 SPEED 输入的是什么值？用什么模式表示？

6. 简单说明传送带动画中工件移动速度是如何实现与实际工件移动速度一致的。

7. 用 MCGS 嵌入版组态软件开发图 5.110 所示十字路口交通灯监控系统。当开关旋转至启动位置时，交通灯系统开始运行，交通灯变化规律如图 5.111 所示。

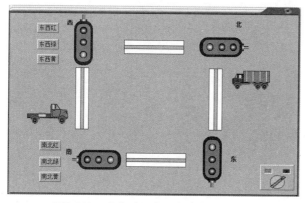

图5.110 十字路口交通灯监控系统

图 5.110（彩图）

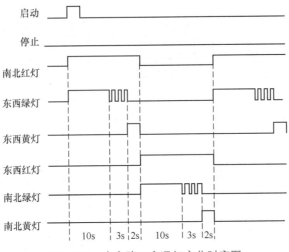

5.14 十字路口
交通灯监控系统

图5.111 十字路口交通灯变化时序图